《中国饮食文化概论》（第二版）部分图例

■ 庖厨图（山东嘉祥出土汉画像石）

■ 《齐民要术》卷轴本（日本）

■ 庖厨图（山东嘉祥出土汉画像石）

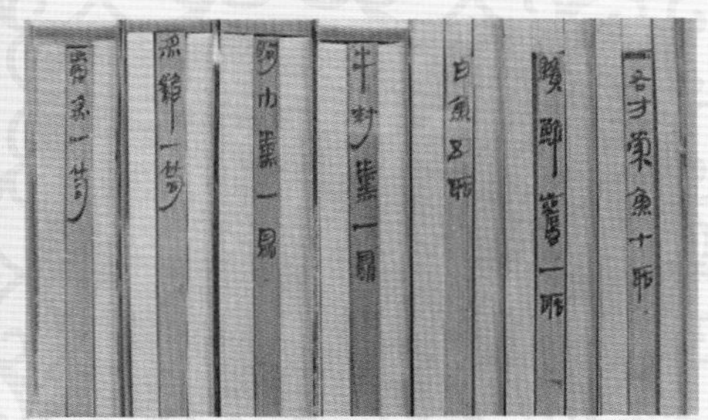

■ 竹简食单（湖南马王堆出土）

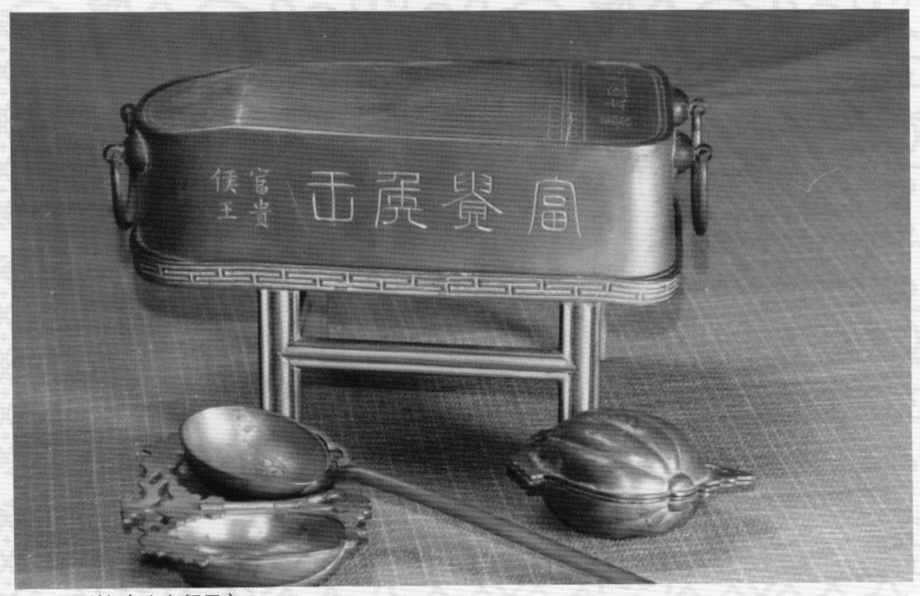

■ 瓜型簋（孔府餐具）

《中国饮食文化概论》（第二版）部分图例

■ 古越龙山酒窖

■ 葡萄酒

■ 传统酿酒工具

■ 葡萄美酒

■ 当朝一品锅（孔府餐具）

■ 伊尹墓遗址

■ 传统筵席台面

■ 游龙戏珠

■ 麻椒蒸鳜鱼

■ 打麦场

■ 荷花酥

■ 诗礼银杏

■ 凤眼鸡肉卷

■ 胖厨炸肉

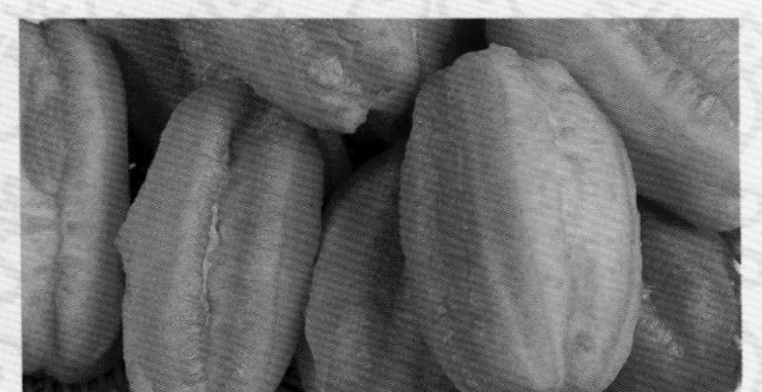

■ 国宴油条

《中国饮食文化概论》（第二版）部分图例

糖醋鲤鱼

佛手海参

和乐面

一卵孵双凤（孔府菜）

砂锅萝卜鲅鱼

武大郎炊饼

干贝泰安豆腐煲

肉夹馍

石锅珍菌炖鲍翅

江南红蒸鲥鱼

胶东礼馍

高等职业教育烹饪工艺与营养专业教材

中国饮食文化概论

（第二版）

Zhongguo Yinshi Wenhua Gailun

金洪霞　赵建民　◎主编

中国轻工业出版社

图书在版编目（CIP）数据

中国饮食文化概论 / 金洪霞，赵建民主编. —2版.
—北京：中国轻工业出版社，2023.8
ISBN 978-7-5184-2163-3

Ⅰ.①中… Ⅱ.①金…②赵… Ⅲ.①饮食—文化—中国
Ⅳ.①TS971.2

中国版本图书馆CIP数据核字（2018）第241078号

责任编辑：方 晓　　责任终审：孟寿萱　　整体设计：锋尚设计
策划编辑：史祖福　　责任校对：晋 洁　　责任监印：张京华

出版发行：中国轻工业出版社（北京东长安街6号，邮编：100740）
印　　刷：三河市国英印务有限公司
经　　销：各地新华书店
版　　次：2023年8月第2版第8次印刷
开　　本：787×1092　1/16　印张：14.75　彩插：2
字　　数：350千字
书　　号：ISBN 978-7-5184-2163-3　定价：38.00元
邮购电话：010-65241695
发行电话：010-85119835　传真：85113293
网　　址：http：//www.chlip.com.cn
Email：club@chlip.com.cn
如发现图书残缺请与我社邮购联系调换
231039J2C208ZBW

本书编委会

主　编　金洪霞（山东旅游职业学院）

　　　　赵建民（山东旅游职业学院）

副主编　孙剑昊（呼和浩特市内蒙古饭店）

　　　　刘　杰（山东城市服务技师学院）

　　　　宫润华（普洱学院）

委　员　郭志刚（山东省东营市技师学院）

　　　　曹成章（山东城市服务技师学院）

　　　　高优美（山东旅游职业学院）

　　　　陈　尘（山东旅游职业学院）

　　　　彭军炜（湖南省商业技师学院）

　　　　吴　晶（无锡旅游商贸高等职业技术学校）

　　　　谢　军（长沙商贸旅游职业技术学院）

　　　　徐海军（浙江农业商贸职业学院）

　　　　郑　帅（安徽工商职业学院）

第二版前言

《中国饮食文化概论》（第一版）是中国轻工业出版社组织国内部分专家学者编写的高职高专“十二五”规划系列教材之一。长期以来，中国轻工业出版社秉承优良的传统理念，在积极推进我国高等职业教育的改革中不遗余力，尽自己之所能鼎力支持我国高等职业教育的改革事业。当前，在党的十九大胜利召开和全面实施“十三五”规划的关键时期，出版社在国家有关职业教育部门的指导下，特组织国内众多高等职业学校的顶尖烹饪专业教师，在全面总结“十二五”高职高专“烹调工艺与营养专业”教材改革经验的基础上，对原高职高专烹调工艺与营养专业“十二五”规划教材进行了修订，使教材能够满足我国高等职业教育的烹调工艺与营养专业教学持续改革的需要。

本教材是在我国高等职业教育“十二五”规划教材的基础上进行修订的，在修订过程中，我们按照《教育部关于推进高等职业教育改革发展的若干意见》《国家高等职业教育发展规划（2011—2015年）（征求意见稿）》中的精神，对教材内容进行了认真负责的审定，在突出高等职业教育特征的基础上，尽可能地吸收烹饪科学教学体系、营养学科与我国餐饮业发展的最新研究成果和发展动态信息。但由于我国饮食文化内涵丰富深厚，不同地域、不同民族饮食有所差异，难以较全面地反映中国饮食文化的全貌，书中肯定存在这样或那样的问题，而书中的许多内容还有待于进一步提炼与完善。

本教材在修订过程中，结合当前的教学特点，适当增加了“微课插播”“社会课堂”等内容，以使教材能够与社会实践教学接近。原教材作者参考、引用了国内外许多同类教材和相关的著作，其书目已分别列在教材之后，在此谨一并向被参考、引用各书的著作者表示衷心的感谢。同时，在本教材的编写、修订过程中更得到了各参编学校领导、教师、专家们的大力支持，更有中国轻工业出版社领导与编辑人员的积极工作与鼓励，在此一并表示衷心的感谢。

《中国饮食文化概论》（第一版）由山东旅游职业学院赵建民、金洪霞主持编写，第二版则由金洪霞老师负责具体修订工作。修订后教材中的错误、缺点在所难免，敬请专家、学者及广大读者提出宝贵意见。

金洪霞

2018年10月谨识

第一版前言

中国饮食文化是中华民族文化宝库中极其重要的组成部分，是最富有民族文化特色的内容之一。它在当代我国餐饮业兴旺发达的背景下具有非常重要的文化产业意义与市场经济价值。尤其是在当前我国餐饮业蓬勃发展的进程中，不仅为改善和提升我国广大人民群众的饮食生活水平提供了基本保障，也为活跃我国的市场经济、拉动内需作出了很大的贡献。

20世纪80年代，我国饮食界、烹饪界、餐饮行业在政府有关部门的大力支持下，提出了“中国烹饪是科学、是艺术、是文化”的响亮论断，这一理论观点在当时具有相当高的前瞻性。此处需要说明的一点是，在学术上，广义的中国烹饪与中国饮食的含义基本相同，至少中国饮食文化与中国烹饪文化是密切相关的。事实证明，30多年前“中国烹饪是科学、是艺术、是文化”的理论总结，对于推动中国烹饪技术的快速发展与饮食业（现在人们更习惯把饮食业称为餐饮业）的繁荣昌盛起到了不可估量的作用。近几十年来，随着我国国民经济的日益繁荣发展与国民饮食生活水平的快速提升，以中国烹饪技术为基础的中国餐饮业已经进入了高速发展的轨道，并且进一步有力证明了“中国烹饪是科学、是艺术、是文化”这一高度概括性论断的伟大意义所在。尤其是在进入21世纪以来，中国传统的饮食烹饪所展示出来的科学力量、艺术内涵与文化底蕴，已经在空前繁荣发展的中国餐饮业中产生了巨大的市场价值，也展示出了无限大的生命活力。

事实证明，中国烹饪是科学。一方面，具有数千年发展历史的中国烹饪在其自身的形成与发展中，是按照中华民族的饮食养生需求，在顺应大自然的生命规律中建立了人与自然和谐相处的前提下积淀而成的，它本身所形成的技术体系就是自然科学发展的结晶；另一方面，中国烹饪在现代科学技术发达的今天，又吸纳、运用了众多现代科学技术成果，建立起了适合现代人饮食需求的饮食烹饪技术体系。特别是在胡锦涛同志提出的“科学发展观”理论的指导下，中国烹饪在运用科学成果促进自身发展的过程中，尤其展示出了前所未有的新气象，当前饮食营养学在人们日常生活中的应用、中国烹饪流行的“分子烹饪”等都是一个个最好的例证。

毫无疑问，中国烹饪是艺术。现如今，人们饮食的目的早已摆脱了“充饥果腹”的基本生理需求，而进入到饮食审美的层面。我们姑且抛开人们对进餐环境美的需求，仅就菜肴的烹饪技术而言，现在的烹饪专业人员如果不能够具备起码的菜肴烹饪审美的要素，包括菜肴烹饪工艺之美、调味之美、装盘之美、盘饰之美等，那几乎是不可想象的事情。如果从菜肴烹饪艺术的外延——饮食的消费过程来看，其对审美艺术的要求就更高了，也更加宽泛。更何况，中国烹饪几乎可以说从诞生的时候起，调味艺术就应运而生了。所以，在中国艺术发展史的研究中，“美食”与“美味”本身就是中国古典美学的来源之一。只不过，饮食审美与烹饪艺术在当今人们的日常生活中所发挥的作用越来越明显、越来越突出罢了。

毋庸置疑，中国烹饪是文化。许多人在表达自己对中国烹饪文化的感受时喜欢运用“历史悠久、博大精深”来描述。数千年华夏儿女的食馔烹饪发展历程，五十六个民族的饮食习俗积累，所蕴含的文化精神与文化底蕴，真的可以用“博大精深、积淀深厚”来表达。如今，我国已经有许多的烹饪技艺项目，如孔府烹饪技艺、直隶官府菜技艺、北京烤鸭技艺等已经被国家文化部门列入了“非物质文化遗产”序列。实际上，在中华民族有史以来的生活历程中，人们从来就没有把饮食活动看成是仅仅为了单纯满足生理需求的行为。待客之道的宴饮活动、人生礼仪的食俗内容、时令节日的种种特色食品、迎来送往的礼食规定、文人聚会、生儿育女、祭先祀祖等，无不与饮食有着密不可分的联系。在如此众多的饮食习俗事项中所积累的物质文明形式与精神文明含义，都是中国饮食文化的内容与蕴含。

令人可喜的是，中国饮食文化的内涵与外延在当今中国餐饮市场的激烈竞争中，已逐渐成为不可缺少的重要资源。无论是在菜肴、筵席的创新应用方面，还是餐饮品牌的策划创意方面，乃至餐饮文化产业的开发运营方面，都显示出了它所具有的举足轻重的重要价值与不可替代的地位。

中国餐饮业近几十年的蓬勃发展，需要大批具有较高文化素养与专业水平的人才队伍，也因此催生了我国餐饮、饭店、烹饪等有关专业领域的职业教育发展。如上所述，现代餐饮业发展所需要的专业人才，已经不仅仅只是某一方面专业技能的培养与学习，尤其是在当前我国餐饮业以发展品牌企业、大打餐饮文化牌、大力推动餐饮产业化为市场目标的视域下，中国饮食文化一类的专业知识与内容就成为现在从事餐饮业、饭店业、烹饪技艺等专门人才学习和掌握的必备要素。

正是基于以上的因素，我们为在“十二五”期间开设有餐饮管理、饭店管理、营养与烹饪等专业的高等职业院校编写出版了《中国饮食文化概论》专用教材，以供各院校相关专业进行专业教学使用。该教材的编写一方面汇集了国内众多高等职业院校的专家学者，集思广益，认真提炼编写内容；一方面借鉴了已有的几种中国饮食文化方面的专业著作成果。但由于中国饮食文化的内容丰厚广博，涉及的知识领域颇多，我们只能根据目前我国高等职业院校的实际情况，有针对性地突出以下几个模块内容：中国饮食文化概述，着重论述中国饮食文化的概念、基本特征与研究内容等；中国饮食文化源流，分别叙述了中国饮食文化的起源与各个发展阶段的特点；中国肴馔文化，从中国菜肴、面点的工艺角度进行了系统介绍；中国饮酌文化，主要介绍中国的饮酒与饮茶文化；中国食俗文化，介绍中国宴席知识以及年节、人生礼仪与饮食密切相关的习俗等；中国饮食养生，则从传统饮食养生保健与现代营养学两个方面进行了论述；中国饮食审美，是从餐饮美学的角度，对就餐环境美化、菜肴鉴赏与饮食文学等方面进行了介绍。尽管以上内容并不是中国饮食文化的全部，但富有代表意义与实用价值。

由于《中国饮食文化概论》高职教材从立项到实施编写，受时间紧迫的影响，加之编写人员的知识欠缺，书中难免会存在问题与舛误，敬请使用该教材的师生与广大读者不吝赐教，予以批评指正。

赵建民谨识
2011年5月于济南

目　录

绪论　中国饮食文化概述

模块一　中国饮食文化源流

模块二　中国菜肴文化

模块三　中国饮酌文化

模块四　中国饮食礼俗文化

模块五　中国饮食养生文化

模块六　中国饮食审美

中国饮食文化概述

■ 本模块提纲

一、中国饮食文化的概念
二、中国饮食文化的基本特征
三、中国饮食文化的研究内容

■ 学习目标

知识目标

认识、了解中国饮食文化的概念和意义，掌握中国饮食文化的特征与研究内容；了解中国饮食文化发展时期的划分，掌握中国饮食文化各个发展时期的历史情况与特点、特征，从而对中国饮食文化的起源与发展过程有一个系统的认识与把握，增强对学习、弘扬中国饮食文化重要性的认识。

能力目标

通过本模块内容的学习，能够掌握学习中国饮食文化的重要性与学习方法，从而加深对中国饮食文化的理解与把握；掌握中国饮食文化在各个阶段的发展背景与特征。

中国饮食文化是中国传统文化宝库中最有个性特色的一个重要组成部分，它的形成历史非常久远，可谓源远流长。中华民族的形成与发展历史以及五千年的文明史无不与中国饮食文化的发展有着密切的关联，因此它的发展过程就显得异常复杂曲折，可谓积微成著，蕴涵丰厚。用一句“源远流长、博大精深”来形容实不为过。

一、中国饮食文化的概念

由于中国饮食文化内涵的丰富性与复杂性，用一句话来给中国饮食文化确定一个概念，是不容易的。因为，文化本身就具有不同的蕴涵与理解，而饮食文化只是文化的一个分支。在了解饮食文化的观念之前，我们需要先简要了解一下文化的含义。

1. 文化的含义

关于“文化”的定义，各国学者提出了众多不尽相同的看法，据《大英百科全书》统计，世界上仅在正式的出版物中给文化所下的定义就达160种之多，可谓众说纷纭，见仁见智，莫衷一是。这也显示出了文化的丰富性与复杂性。

英国人类学家泰勒先后给文化下了两个定义：一个是“文化是一个复杂的总体，包括知识、艺术、宗教、神话、法律、风俗，以及其他社会现象。”另一个是“文化是一个复杂的总体，包括知识、信仰、艺术、道德、法律、风俗，以及人类在社会里所得一切的能力与习惯。”都是非常宽泛的“大文化”的概念。

文化学者顾康伯在他的《中国文化史》自序中则持更宽泛的表述观点：“夫所谓文化者，举如政治、地理、风俗、宗教、军事、经济、学术、思想及其他一切有关人生之事项，无不毕具。”梁漱溟在《东西文化及其哲学》中则认为，文化“是生活的样法”，“文化之本义，应在经济、政治，乃至一切无所不包”。在梁启超尚未写成的《中国文化史目录》一书中，列有28个几乎囊括中国民族生活全部内容的“篇”，其中便有一个独立的“饮食篇”。由此看来，在许多文化学者的研究中，已经自觉或不自觉把饮食列入了文化研究的范畴。

“文化”一词，在我国是古已有之的。不过，它不同于近代的概念。在我国历史上，“文化”一词用来指中国古代封建皇朝所施行的“文治”和“教化”的总称。在先秦典籍中，虽时而见到“文”“化”二字，却还没有粘成一词。《周易》中有“……观乎人文，以化成天下”的句子，可以说是对“文化”最为有意义的解释，而且两个字已有靠近的趋势。

所以，文化可以从两个方面进行诠释：狭义的文化，是指社会意识形态（如思想、道德、风尚、宗教、文学艺术、科学技术、学术等）以及与之相适应的组织和制度；广义的文化，是指人类社会历史实践过程中所创造的物质财富和精神财富的总称。

2. 中国饮食文化的概念

文化有广义的文化与狭义的文化之分，而饮食文化是文化大范畴的一个分支。从这样的意义上看，饮食文化也有广义饮食文化与狭义饮食文化之别。

（1）广义饮食文化　“饮食文化”是一个近代的新名词，其内容涉及自然科学、社会科学及哲学，是介于“文化”的狭义和广义二者之间而又是融通二者的一个边缘不十分清晰的文化范畴。

按照这样的理解，广义的中国饮食文化，是指中华民族在长期的社会生活实践过程中，以饮食对象为主要内容，所创造的物质财富和精神财富积累起来的总称。中国饮食文化的博大精深，在于中华文明的历史悠久。可以毫不夸张地说，在中国传统文化教育中的阴阳五行哲学思想、儒家伦理道德观念、中医营养摄生学说，还有文化艺术成就、饮食审美风尚、民族性格特征诸多因素的影响下，我国劳动人民创造出了彪炳史册的中国食品加工技艺与别具特色的菜肴烹调技艺，并因此影响到人们社会的各个层面，诸如政治、哲学、思想观念、审美情趣、民俗习惯、宗教信仰等，形成了博大精深的中国饮食文化。

（2）狭义饮食文化　饮食文化毕竟是一种以满足人类生命生理需求为首要目的的实践活动，无论是从人类社会史的角度，还是从专门应用学科的角度，饮食文化应该有一个具体的概念，这就是狭义的中国饮食文化。

从这样的意义看来，中国饮食文化应该是指由中华民族社会群体在食物原料开发利用、食品制作和饮食消费过程中积累形成的技术、科学、艺术，以及以饮食为基础延伸形成的习俗、传统、思想和哲学。简单地说，就是中国人的食物生产和饮食生活的方式、过程、功能等内容组合而成的全部饮食事象的总和。

中国人的饮食行为，如果从宽泛的社会生活层面看，是与人类的文明进程、文化积淀关系最为密切的文化内容。众所周知，中国人一向热情好客，大家围在一起吃一顿“大锅饭”似乎更能增进彼此的感情。在宴席酒桌上，好客的主人则会一再地给客人搛菜，热情之状溢于言表。古人云：民以食为天；俗话说：开门七件事，柴米油盐酱醋茶。由此可见，饮食确实是中国人生活中的重要内容。一谈到中国饮食文化，许多人会对中国食谱以及中国菜的色、香、味、形赞不绝口。中国的饮食，在世界上是享有盛誉的，华侨和华裔在海外谋生，经营最为普遍的产业就是餐饮业。

3. 中国饮食文化的意义

众所周知，世界上有影响的、人口在千万以上民族就有近百个，每个民族都有其独特的文化背景与生活特色。而任何一个民族的特质，往往能够形成一种独特的饮食文化。由于不同的国家和地区的发展历史有长有短，疆域面积有大有小，经济实力有强有弱，民族人口有多有少，以及社会构成、宗教信仰、政权性质和经济结构等方面的差异性，就形成了世界各国、各地区丰富多彩的饮食文化类型，呈现出不同的饮食风格与饮食习俗。

（1）中国饮食文化内涵丰厚　从人类历史的发展脉络来看，中国饮食文化绵延170多万年，从蒙昧未开的生食时期到自然用火熟食，再到有意识的烹饪并发展为科学烹饪，是经过了漫长的经验积累与文化积淀的。至今，已经形成了十几个大菜肴体系、6万多种传统菜点，以及不胜枚举的面点、小吃，更有五光十色、流光溢彩的各色筵宴和地方风味。因此，在世界民族之林获得“烹饪王国”的美誉。而且，中国饮食文化内涵丰厚，涉及食源的开发与利用、食具的运用与创新、食品的生产与消费、餐饮的服务与接待、餐饮业与食品业的经营与管理，以及饮食与国泰民安、饮食与文学艺术、饮食与人生境界的关系等。而如果从更加宽泛的视角来看，中国饮食文化无不与科学技术、地域经济、民族宗教、食品食具、消费水平、民俗礼仪、教化功能等多角度、多层面有着密切的联系。展示出了不同的文化品位，体现出了不同的使用价值。真可谓蕴涵深厚，内容广博，异彩纷呈，非一般饮食体系所能够比拟。

（2）中国饮食文化影响深远　中国饮食文化虽然没有孕育发展出像现代营养学的科学体系，但自古以来所形成的“五谷为养，五菜为充，五畜为益，五果为助”的饮食平衡理论与实践，却养育了世界上人口最多的民族群体，已经证明了它具有不可估量的历史意义与科学价值。中国饮食文化还讲究“色、香、味、形、器”俱全的审美风格。至于“五味调和”的饮食境界，“水火相济”的烹调之妙，“娱肠和神”的美食养生观，无不有着不同于世界其他各国饮食文化的特征与本质。

由于历史发展过程的种种原因，中国饮食文化除了在本国得到丰富发展，还通过各种传播方式先后影响到了相邻的日本、蒙古、朝鲜、韩国、泰国、新加坡等国家，是东方饮食文化的代表与发源地之一。与此同时，它还间接影响到欧洲，特别是意大利、英国等，以及美洲、非洲和大洋洲。而中国的素食、豆制品、茶饮、造酱、酿醋、面食、药膳、陶瓷餐具等，几乎传播到了世界各地，其深远的影响是不可估量的。

二、中国饮食文化的基本特征

中国是世界上著名的文明古国之一，久远深厚的历史文化孕育出了内涵丰富的中国饮食文化。在中国饮食文化的每一个层面和领域中，无不凸显出鲜明的民族特性。大致来看，中国饮食文化有以下几个特征。

1. 饮食审美特征

中国的饮食烹饪，不仅技术精湛，而且有讲究菜肴美感的传统，注意食物的色、香、味、形、器的协调一致。对菜肴美感的表现是多方面的，无论是一个胡萝卜，还是一个白菜心，都可以雕出各种造型，独树一帜，达到色、香、味、形、美的和谐统一，给人以精神和物质高度统一的特殊享受。

由于我国幅员辽阔，各地气候、物产、风俗习惯都存在着差异，长期以来，在饮食上也就形成了许多风味。我国一直就有“南米北面”的说法，口味上有“南甜北咸东酸西辣”之分，主要是巴蜀、齐鲁、淮扬、粤闽四大风味。而风味流派的形成就是在以饮食口味为主要审美内容的基础上发展起来的。

中华民族在饮食生活中一向很重视菜肴食品的味道，并一直把它作为衡量美食的最高标准。从历史发展的角度看，中国人素以饮食的“味”为核心，并以此作为衡量食品质量的第一标准。中国长期以来一直把各地烹饪的风味流派称为“帮口”。“口”

就是口味，口味相同或相近的群体饮食体系就是“帮口”，这是区别不同风味流派的重要标志。对饮食味道的重视，就必然导致烹饪水平的不断讲究与提高，因此就能够生产出各种各样的美食来。所以，就中国饮食文化对食品的追求来看，饮食无不以“味”为本，由此食品的味道就成为饮食的灵魂所在。以中国菜肴的烹饪而言，调味就是一种艺术创造活动，故有“五味调和百味香”的理论与实践。在五味调和的过程中，不同滋味巧妙融合，其实质就是相存相依，而非相互排斥。正因如此，才可以使食品发生“口弗能言，志弗能喻”的“精妙微纤”的味觉变化体验。从饮食消费者的角度看，学会“品味”，才是懂得饮食的关键所在。因此，饮食“品味”在中国就是一门审美艺术。并由此外延到了人们生活的各个领域，诸如人情之味，文章之味、诗词之味等，也就是我们常说的“味外之味”。

我国饮食烹饪不仅重视饮食的口味之美，而且很早就注重饮食过程的品味情趣，不仅对饭菜点心的色、香、味有严格的要求，而且对它们的命名、品味的方式、进餐时的节奏、娱乐的穿插等都有一定的要求。中国菜肴的名称可以说出神入化、雅俗共赏。菜肴名称既有根据主、辅、调料及烹调方法的写实命名，也有根据历史掌故、神话传说、名人食趣、菜肴形象来命名的，如“全家福”“将军过桥”“一卵孵双凤”“狮子头”“叫化鸡”“龙凤呈祥”“鸿门宴”“东坡肉”……

趣味链接

东坡肉的历史传说

我国宋代大文学家苏轼，因为写诗得罪了朝廷而被贬黜到湖北黄州，到了黄州后，他自称为“东坡居士”。在黄州他发明了用文火炖猪肉的方法，味道非常美好。苏东坡还提笔写了一首“食猪肉”的诗歌：“黄州好猪肉，价钱如粪土。富者不肯吃，贫者不解煮。慢着火，少着水，火候足时它自美。每日起来打一碗，饱得自家君莫管。”由于“苏东坡”这篇“食猪肉”诗歌的传播，他的这套独特的炖肉方法也被人们看好，老百姓使用他的名字命名，“东坡肉”也就流传下来，直到今天，仍然受到食客们的喜爱。

2. 饮食养生特征

中华民族是一个重视养护生命的群体，而饮食养生则是中国饮食文化中的一个重要内容。所谓养生就是通过各种对生命的养护方式的实施过程，以求得身体保持健康状态并达到长寿的最佳人生效果。如果说饮食的基本目的是维持生存，那么，饮食养生则是追求人的生存质量的问题，表现的是一种健康向上的、积极乐观的人生观。尽管饮食养生是中国古代上层社会的生活内容，但作为一种观念，它已无孔不入地渗透于社会的各个阶层之中。影响所及无论是从纵向的历史层面上，还是从不同阶段的社会层面来看，都是极其深远的，可谓是根深蒂固。

中国人在长期的饮食实践中，逐渐积累形成了一套完整的饮食养生理论体系，这是世界上任何一个民族所不能相比的。对此，本书有专门章节进行介绍。仅以我国的饮食烹饪技术为例，就与医疗、保健、养生有着密切的联系，在几千年前有“医食同源”和“药膳同功”的说法，人们利用食物原料的药用价值，做成各种美味佳肴，达到对某些疾病防治的目的。古代的中国人还特别强调进食与自然节律协调同步的观点。春夏秋冬、朝夕晦明要吃不同性质的食物，甚至加工烹饪食物也要考虑到季节、气候等因素。这些思想早在先秦就已经形成，《礼记·月令》就有明确的记载，而且反对颠倒季节，如春天“行夏令”“行秋令”“行冬令”必有天殃，尤其反对食用反季节食品。孔子说“不时不食”，就包含有两层意思：一是定时吃饭，二是不吃反季节食品，与当代人的意识正相反，有些人吃反季节食品是为了摆阔。西汉时，皇宫中便开始用温室种植“葱韭菜茹”，西晋富翁石崇家也有暖棚。这种强调适应自然节律的思想意识的确是中国饮食文化所独有的核心内容之一。

中国传统的“阴阳五行”学说对中华民族的思维模式与生活行为有着极其重要的影响。人是天、地、人“三才”之一，饮食是人类生活所不可少的，制作饮食的烹饪术必然也要遵循此规律。因此，人们不仅把味道分为五种，并由此产生了“五味”说。用“五味”来泛指人能感觉到的十几种，乃至几十种“味”。“五味”说同样也影响到食物的分类与属性问题，人们把众多的谷物、畜类、蔬菜、水果分别归入“五谷”“五肉”“五菜”“五果”的固定模式。更令人惊奇的是还有“凡饮，养阳气也；凡食，养阴气也”，也就是说只有饮和食与天地阴阳互相协调，这样才能“交与神明”，上通于天，下通于地，从而达到“天人合一”的效果。之所以能够生发出这样的认识与理论，完全是出于人体饮食养生的需要。因此在祭天时要严格遵循阴阳五行之说。这种说法被后来的道教所继承，成为他们饮食理论的一个出发点，认为吃食物是增加人体阴气的，如“五谷充体而不能益寿”“食气者寿”等，人要想长寿就要修炼，要获得阳气就要尽量少吃，最好是不吃食物，只要通过修炼达到摄取自然之“气”就可以了，这就是道教“辟谷”的理论学说。

由此看来，中国饮食文化的一个突出特征，就是重视饮食养生的思想与实践，无论是社会的上层还是一般的平民百姓，乃至秉持宗教信仰的各色人等。

微课插播

中国历史上的长寿之星

在我国有史可查的长寿之星是陈俊，据《永泰县志》第十二卷记载，永泰山区汤泉村，有位名叫陈俊的稀世老人，字克明，生于唐朝僖宗中和辛丑年（公元 881 年），卒于元朝泰定元年（公元 1324 年），终年 443 岁。后人称其为小彭祖，并造庙塑像以作纪念。《世悟》记载，魏明帝时，并州有一鲜卑族妇人，其寿 350 岁。《中国人名大辞典》记载：“慧昭和尚自言姓刘，为唐鄱阳王休业之曾孙，年已290岁，广求为弟子，遁去，不知所终。”道教人物中也有许多高寿者，如吕洞宾寿至190岁时遁去，以后还出山度化有缘之人。

3. 饮食民族性特征

中国饮食文化从它诞生的那一刻起，就打上了中华民族的烙印。作为一种文化形态，只有具备了鲜明的民族个性的文化特征，才能成为世界文化宝库中光彩夺目的瑰宝。中国饮食文化之所以为世人瞩目，一个最为重要的原因就是她具有十分鲜明的民族个性特征，主要表现在饮食文化的技术实用性和意识形态两个方面上。在中国饮食文化的技术实用性方面，烹饪原料的广泛开辟与利用为早期人类的饮食生活提供了可靠的食源保障。中国人对烹饪原料的广泛开发和充分利用是对人类饮食文化的一大贡献。在历史发展进程中，中国人不断地扩大食源范围，发展至今，与西方饮食文化相比，中国饮食文化表现出的用其他民族不入馔的原料制作美味佳肴，这一点最具特色。而蒸、炒、爆、熘等烹饪技艺则是中国饮食文化中独有的工艺文化之花，最为复杂多样的烹调方法，使中国饮食文化呈现出世界上无与伦比的千姿百态的壮观图景。中国林林总总的民族特色、地域风格的风味流派及其饮食风俗，使中国的食俗文化成为世界文化画卷中独具魅力的一轴长卷。在饮食文化的意识形态方面，中国饮食与传统思想观念渗透结合而产生的富有民族性的各种文化现象比比皆是。李曦先生在《中国烹饪概论》一书中总结出的重食、重味、重养、重利、重理等，从最为深刻的层面上反映出的中国饮食文化与宇宙观、社会观、价值观、审美观等的密切结合。中国饮食文化兼收并蓄的气魄和极强的融合力，是中国历史上民族大融合的史实和对外来文化兼收并蓄为我所用的博大胸怀的反映。在中华民族的历史进程中，中原饮食文化一直处在同周边族群如“胡”“番”“狄”“夷”等饮食文化的相互影响、交流、吸收中。直到现在，中国饮食文化还是一个以汉族饮食文化为主体的、与其他民族饮食文化相互兼容的大体系。而对其他国家、民族的饮食文化，中国历史上从来都是广开门户，从不排外。尤其是改革开放的今天，中国对各国的饮食文化更是展笑揖迎、广纳博采。这不仅是历史传统优良作风的延续，而且从根本上讲，是中国饮食文化本身根基深厚、气魄宏大、自信心强、生命力旺盛的表现。

综上所述，中国饮食文化以其悠久的历史、优良的传统、完整的体系、深博的内涵、强大的融合力、鲜明的民族特色和旺盛的生命力，成为世界饮食文化宝库中一颗灿烂的明珠，在世界各族人民心目中，中国饮食文化独具魅力，并得到他们的深深喜爱。

三、中国饮食文化的研究内容

中国饮食文化的构成内容与一般意义上的文化是一致的，包括物质层面与精神层面两大板块。饮食文化的物质层面是以食物物质为中心形成的研究领域，如怎样获得食物、在什么条件下吃、吃什么、怎么吃、吃了以后会怎样等问题。首先是对食物原料的生产、开发、选择、分类等，然后是加工技术和制作工艺、保藏、保鲜手段等，以及加工工具、饮食器具、饮食商业和服务等。饮食文化的精神层面则是与饮食有关联所形成的饮食习俗、制度、心理、观念、思想、审美、哲学等，形成了一个特定的知识体系与文化领域。

1. 饮食文化物质层面

作为中国饮食文化的物质财富，中国饮食主要由主食、副食和饮品三个部分构成。从历史发展的角度看，中国进入农业社会后，农业就成为中国社会的最重要的经济生产部门，在粮食生产逐步增长的同时，中国人的饮食生活也就逐渐形成了以谷物为主食，以其他肉类、蔬菜、瓜果为副食，以茶、酒等为饮品的饮食结构。这种饮食结构延续至今，形成了与西方的饮食结构迥然不同的饮食文化模式。

（1）主食　中国人的主食是在漫长的农业生产的历史条件下逐渐形成并定型的，作为一个概念，中国人的主食就是指中国膳食结构中用以获得人体所需主要营养素的谷物及其制品，如米饭、馒头、面条等。主食主要有米和面两大类。

中国是世界上最早培植小米和大米的国家。早在8000年以前，磁山人和裴李岗人就开始在华北平原上培植小米，到了5000多年以前，黄河流域出现了高粱等农作物的种植。由于北方大部分地区盛产小米、高粱米和玉米，所以北方人常把它们做成米饭或粥作为主食。大约在7000多年以前，长江下游杭州湾的河姆渡人就开始种植籼稻。目前，我国的稻产量占世界稻总产量的1/3，产量居世界第一位，水稻产区集中在长江流域和珠江流域，包括四川、湖南、湖北、广东、浙江、安徽、江西、江苏、贵州、福建等地，华北和东北等地也有产出。大米的主要种类有籼米、粳米、糯米和一些特殊品种的稻米，如黑米、香米等。

一般来说，面类主食是指用小麦磨制加工的一种粉末状原料制成的主食，这种面粉原料又叫小麦粉。由于小麦的产地有别，栽培方法各异，因此小麦的品种有很多，磨制成的粉末质量也不一样。按照小麦加工精度的指标，面粉按照加工精度和不同用途，可分为等级粉和专用粉，其中等级粉又可分为特制粉、标准粉和普通粉三个等级。而专用粉则可分为面包粉、饼干糕点粉、面条粉和家庭用粉。龙山文化、大汶口后期文化的遗存表明，当时不仅有大麦、小麦的种植，而且还出现了粮食加工所用的石磨盘、石磨棒等加工器具，说明面粉在当时已经出现了。面粉是黄河流域以北地区的主粮之一，与南方出产的小麦相比，北方小麦蛋白质含量高，面筋筋性大，韧性强，产量也大于南方。面粉可供制作多种传统主食，如馒头、饼、面条、花卷、饺子、包子等。

（2）副食　它是相对主食而言的菜类食品，是主食的补充食物，如菜肴、小菜等。引申为可供制作菜肴、小菜的原料，如蔬菜、家畜、家禽、蛋类、奶类、豆制品、水产品、调味品、食用油等。就菜类食品而言，以地方风味特色来划分，中国菜可分为鲁菜、粤菜、淮扬菜和川菜四大菜系；以消费对象来划分，中国菜可分为宫廷菜、官府菜、寺院菜和市肆菜；以民族风格来划分，中国菜可分为汉族菜、蒙古族菜、傣族菜、鲜族菜等；以宗教饮食禁忌特点来划分，中国菜可分为寺院菜、清真菜、道家菜等。以菜肴烹制时所使用的原料类别来划分，中国菜又可分为蔬菜类、动物肉类、蛋奶类、豆制品类、调味品类等几大类。

（3）饮品　茶和酒是中国人自古以来十分重视和喜爱的主要饮品，迄今为止，中国各族人民都还保留着本民族在历史文化积淀中传承而来的茶和酒。茶和酒是中国饮食的重要组成部分。

茶是中国的“国饮”。我国是茶树的原产地，中国的西南地区，包括云南、贵州、四川是茶树原产地的中心。六朝以前的史料表明，中国茶业，最初兴起于巴蜀，后向我国的东部、南部渐次传播开来。至唐代以后，中国的茶文化才有了真正的大发展。早在公元7世纪，中国茶就传入了土耳其，并在唐宋以后将茶文化向外辐射，形成了一个亚洲茶文化圈。公元804年，日本高僧最澄来到中国求学，归国之际，带去了中国的茶籽，植于日本国土。次年，日本弘法大师再度入唐，又携去大量中国茶籽，分种日本各地。16世纪末17世纪初，中国茶叶传入俄罗斯、英国、荷兰、丹麦、法国、德国、西班牙等欧洲国家。我国悠久的产茶历史，辽阔的产茶区域，众多的茶树品种，丰富的采制经验，在世界上都是独一无二的。中国名茶品种之多、制茶之巧、质量之优，也是别国所不及的。今天，由于科学的分析、化学测定手段的不断完善，人们已经发现茶叶中含有碱（又称茶素）、多酚类物质（又称茶单宁）、蛋白质、维生素、氨基酸、糖类、类脂等有机化合物450种以上；还含有钠、钾、铁、铜、磷、氟等28种无机营养元素。各种元素之间的组合十分协调，不仅益于增进人体生理所必需的营养，而且还能预防和治疗疾病。而茶本身所特有的清澄和明洁，激发了中华民族特有的素质：淡雅、恬静、清新、沉练。这正是古人所借以返璞归真、洒脱自然、开慧激能的依凭，也是中国茶文化独具魅力之所在。

中国的造酒和饮酒历史久远，可以追溯到史前文明时期。中国自古以来就是一个农业大国，而酿酒则是农业发展、粮食有所剩余的产物，这在河姆渡文化、仰韶文化遗址中已经得到证明。我国考古发掘与研究表明，在浙江余姚河姆渡文化遗址中，调酒的陶盉、饮酒的陶杯等酒具已不少见。而黄河下游的大汶口文化和龙山文化遗址中，也出现了大量的酿酒器和饮酒器。此后，随着历史的演进，中国的酿酒业便有了长足发展，至周代以后，酿酒业已成为重要的手工业部门。自秦汉至隋唐，酿酒技术水平不断进步，酒的品种、产量日渐增多，各地名酒辈出，相应的饮酒之风也弥漫朝野。宋代在我国酿酒史上可称是一座里程碑，官私酿酒业的规模空前扩大，技术和产量大大提高，见于文献记载的名酒达200余种，至南宋及金，已出现了白酒；元代后，白酒开始推广；时至明清，中国的酿酒业已进入了兴旺发达的时代，南北各地，“所至咸有佳酿”，生产规模、产品质量和产量空前提高。如今的历史名酒大多在清代时即声名已就。啤酒在晚清时亦已发展，更有以葡萄酒为代表的果酒，逐步成为酒之家族重要的成员。随着现代工业文明的演进以及高科技浪潮的推动，自20世纪以来，尤其是新中国成立以后，我国的酿酒行业获得了突飞猛进的发展，酒厂数以万计，名酒不胜枚举。美酒芳香飘遍天南地北，具有悠久酒文化历史传统的中国成了名副其实的酿酒大国，酒业也成了国民经济的支柱产业。

2. 饮食文化精神层面

中国饮食文化的精神层面，包括了中国人对饮食生产消费过程中所产生的价值观念和行为准则的全部内容。

在社会层面，可以说，中国古代“民以食为天”的观点，体现出了中国饮食文化的价值体系与政治、经济及社会思想意识有着密不可分的联系，是社会的政治、经济与社会思想意识的反映。例如，传说中的夏禹铸九鼎，就使与人类饮食生活密切相关的炊具变成了主权之器和国家的象征。鼎本来是古老的烹饪器具之一，古人说它是“调和五味之宝器也”，因为“民以食为天”，所以铸鼎为器而成为国家的象征，就成为人们普遍认同的理由。又如，在西周的“礼”中，饮食器具成为“礼器”，周人饮食活动中所遵循的一系列礼仪礼制，尽已成为统治者强化等级制度、维系层层隶属的社会等级关系的重要手段，它已成为人们必须恪守的行为准则。

体现在人文层面，在我国的文人与饮食的密切关联更是无所不在。如滕王阁大会，“胜友如云”“高朋满座”“盛筵伟饯”“登高作赋”，是一次高规格的雅食大会，与之相似的还有王羲之的兰亭聚会、欧阳修的醉翁亭宴、东坡游于赤壁之下的舟中之宴等，更有杜甫、李白、陆游等大量有关美食、饮酒的诗篇。在中国的古典小说中，无不通过饮食、宴席等场面的描述来反映人物的特征与时代的风貌。自古以来的中国人文精神，都竭力追求着精食、佳茗、美器、可人、良辰、美景、韵事等方面的完美统一，体现了中国文人的审美情趣与人文的价值观念。

微课插播

王羲之与“曲水流觞”

东晋永和九年，农历的三月初三，王羲之邀请了共41位名人雅士在兰亭雅集修禊，他们在酒杯里倒上酒让它从曲水上游缓缓漂下来，如果漂到谁面前停住了，谁就要饮酒作诗，作不出的则要罚酒三觥，一觥相当于现在半斤。活动中共有11个人各作诗两首，15个人各作诗1首，16个人因没有作出诗而罚了酒，总共成诗37首，汇集成册称之为《兰亭集》，推荐主人王羲之为之作序，王羲之欣然答应，趁着酒兴，用鼠须笔和蚕茧纸一气呵成《兰亭集序》，后人称为“天下第一行书”。每年很多文人墨客都喜欢来这里仿效王羲之，兰亭雅集，饮酒赋诗。每年书法节都要在此举行曲水流觞的雅集盛会。

饮食文化在精神层面的体现是广泛地渗透于人们生活的各个方面，中国年节的饮食风俗，就是一个最好的例证。我国丰富多彩的节日吉庆食品，形形色色、五彩缤纷，但无不与满足人们的心理需求有着密切的关系。也就是说，中国每一种节日食品的符号功能远远超出了食品本身的食用价值。

我国菜谱上有不少极富诗情画意的菜名，也大多赋予美好的寓意。有的寓意官运亨通，有的寓意招财进宝，有的寓意家庭和睦，有的寓意健康长寿，有的寓意事业兴旺、生意兴隆等，不一而足。还有现代菜肴是以戏曲、历史故事命名的，如“贵妃醉酒”“龙凤配”“霸王别姬”“游龙戏凤”“八仙过海”“带子上朝”“一卵孵双凤”“水漫金山”“战长沙”“鸿门宴”“凤还巢”等。这不仅是中国历代烹饪工作者的文化与智慧的结晶，也是我国传统饮食文化中的一份宝贵遗产。

趣味链接

孔府菜“带子上朝”的来历

清光绪年间，七十六代“衍圣公”随母亲彭氏及家人专程进京为慈禧太后祝寿。随行佣人中还特地带上了孔府膳房的内厨张昭贞，打算在京都给太后进献一桌“孔府宴”作为寿礼。贺寿筵席上，慈禧品尝着由圣人之家进献的“孔府宴”，一道罕见的菜肴热腾腾地摆上了席面，只见这道菜红中透紫，紫中含红，熠熠发光。太后举箸品尝，酥软香甜，烂而不腻，入口即化，酷似她平时最爱吃的“樱桃肉”，然而又别有一番风味。慈禧连进三箸，赞不绝口。慈禧停箸把盏，问正在陪席的彭氏：“这道菜叫什么名字？”彭氏回禀：“百子肉。”慈禧觉得名字不雅，口传圣谕：“我看就把这道菜改叫‘带子上朝’吧！”慈禧一句话，“百子肉”便被更名为“带子上朝”，正式列入孔府菜谱。

社会课堂

沈阳中华饮食文化博物馆

沈阳中华饮食文化博物馆建于2002年，位于沈阳市棋盘山国际旅游风景区。沈阳中华饮食文化博物馆既是弘扬中华饮食文化、普及营养健康知识的文化场所，同时也是具有深厚文化内涵的人文景观和自然景观巧妙结合的旅游、休闲、度假的优良场所。该馆有四个饮食文化专题展区。

第一展区，展出了自新石器时期开始至现代的餐饮器具；第二展区，以“礼”为中心，系统地介绍了中国自古以来体现“礼仪”文化的筵席以及筵席格局；第三展区，完整地还原了20世纪不同时期的饮食文化；第四展区，以实物展示了五谷杂粮为基础的传统饮食结构才更符合东方人体质，提倡科学、健康的饮食观念。

沈阳中华饮食文化博物馆由著名书法大师启功先生书写牌匾，中国烹饪协会名誉会长姜习题字该馆为“中华第一饮食文化馆”，西班牙中餐业联合会会长陈建欣先生则有“天下饮食文化第一馆”的题词。该馆还配套建有一个蔬菜大棚实验基地、具有民族风情特色的酒店、高雅别致的别墅和东北四合院等，是一个集文化、餐饮、住宿、休闲娱乐等几大功能于一体的饮食文化体验场所。

■模块小结

中国饮食文化是中国文化的重要组成部分，具有鲜明的民族个性和时代特征，有着丰富的内涵与外延。本章重点从中国饮食文化的概念、含义、特征以及研究内容进行简要介绍。中国饮食文化的含义包括广义和狭义两个方面；中国饮食文化特征从饮食审美特征、饮食养生特征、饮食民族性特征三个方面来展现；中国饮食文化的研究内容主要从物质层面与精神层面两个大的视角进行总结。

【延伸阅读】

1. 华国梁，马健鹰，赵建民．中国饮食文化［M］．大连：东北财经大学出版社，2002.
2. 马宏伟．中国饮食文化［M］．呼和浩特：内蒙古出版社，1992.

【讨论与应用】

一、讨论题

1. 简述中国广义饮食文化与狭义饮食文化的含义，并厘清两者之间的区别。
2. 中国饮食文化的基本特征有哪些方面？
3. 怎样理解饮食养生是中国饮食文化的主要特征之一？

二、应用题

1. 中国传统饮食文化有着明显的主、副食区别，你认为有什么现实意义？
2. 中国饮食文化的饮食审美特征对于提升现代人的生活质量具有怎样的意义？
3. 简要描述你对中国饮食文化知识掌握的程度，并规划如何学好中国饮食文化课。

中国饮食文化源流

■ 本模块提纲

单元一 中国饮食文化起源

单元二 夏商周时期饮食文化初步形成

单元三 汉唐时期饮食文化丰富发展

单元四 宋至清代饮食文化走向成熟

单元五 近现代中国饮食文化全盛发展

■ 学习目标

知识目标

了解中国饮食文化发展时期的划分，掌握中国饮食文化各个发展时期的历史情况与特点、特征，从而对中国饮食文化的起源与发展过程有一个系统的认识与把握，增强对学习、弘扬中国饮食文化重要性的认识。

能力目标

通过本模块内容的学习，加深对中国饮食文化的理解与把握，掌握中国饮食文化在各个阶段的发展背景与特征，并在此基础上能够把饮食文化内容运用到现代餐饮经营的品牌创意中去。

博大精深、丰富多彩的中国饮食文化，之所以能够以其蕴意深厚而成为中国传统文化宝库中最有个性特色的一个重要组成部分，是因为她本身经历了一个与华夏人类生命发展史相同的久远过程。在这个过程中，中华民族的祖先在长期与大自然的斗争中，为了维持生命的繁衍与延续，运用自己的聪明才智和辛勤劳动，不仅创造了多种多样的食物资源，而且发明了丰富多样的加工方法与饮食艺术。因此，我们可以说，中华民族的形成与发展史以及5000年的文明史无不与中国饮食文化的发展有着密切的关联。

单元一　中国饮食文化起源

饮食活动是人类与生俱来的事情，但是，饮食文化却是人类在与大自然和谐相处中有目的创造与积累的结果。著名法国人类学家施特劳斯有一个著名的公式：

生食／自然＝熟食／文化

按照这样的理论来说，人类的饮食文化是从熟食开始的。当然，这并非是说熟食之前人类没有创造性的活动存在，比如获取食物方法的进步、加工工具的改进等。但毕竟，熟食的开始加速了人类的文明进程，是具有划时代意义的标志。中华民族的繁衍过程与发展历史也是如此。中国饮食文化有着悠久漫长的形成历史与发展历程。在其整个发展过程中，中国饮食文化以创造华夏文明史的中华民族及其祖先为主体，以祖国的物产为物质基础，以中华民族在历史演进的时序中所进行的饮食生产与消费的一切活动为基本内容，以不同时期饮食活动中烹饪器械和烹饪技艺的不断出新为文化物质财富的发展主线，以中国人在饮食消费活动中的各种文化创造为文化精神财富的表现形态，由简而繁，由少而多，并且在不同时代的跌宕起伏中与时俱进，形成了宽广深厚的历史文化积淀。

一、发明用火历史

人类的熟食起源，直接的因素就是火的使用。人类火的使用年代非常久远，而且是经历了一个从“自然王国”到“自由王国”的过程。人类真正能够进入稳定的熟食阶段，应该是从火种的发明与掌握开始的。据中国考古学家的研究成果表明，我国云南省的元谋人早在距今180万年前，就进入了用火的时期。这以云南省元谋县的古文化遗址中发现的大量的炭屑和两块被火烧过的黑色骨头化石为证。据此，很多学者认为，至少在距今180万年以前的元谋人已经发现甚至可能学会利用火了，但还没有证据表明当时的人类已经开始了用火熟食的生活。

历史学研究表明，人类以火熟食，起初并非出于自觉。雷火燃起大片森林，许多动物未及逃脱而被烧死，先民于火烬中发现烧熟的动物肉，食后觉得其味道美于生吞活剥，后来经过在自然大火中的反复食物尝试，逐渐认识到了火与熟食的关系与功能。由此，人类开始了对自然火的控制与保存，有意识的熟食从此开始。

微课插播

人类钻木取火的故事

据说，在很久以前，我们的先祖在利用干的木材打造工具时，由于木材长时间的摩擦、钻洞产生的高热使木材发生了燃烧。由此人类掌握了自己取火的能力，开始摆脱自然的影响。这就是流传在我们民间故事中有关“钻木取火”“钻燧取火”的传说。我们先祖钻木取火的具体年代虽然已经不可考据了，但它却是人类发明火、自由用火的真正开始。

研究结果表明，华夏人类发明钻木取火并开始真正意义上的用火熟食，至少已有50多万年的历史，在北京周口店地区的原始人遗址中，发现了大量的灰烬层和许多被烧过的骨头、石头等，被称为最原始的“庖厨垃圾”。中国考古学家据此认为，在距今50多万年的北京猿人已经能够发明火、管理火以及自由地用火熟食了。

用火熟食，使人类从此告别了茹毛饮血的饮食生活，是人类最终与动物划清界限的重要标志。恩格斯在《自然辩证法》中指出了人类用火熟食的意义：“（人类用火熟食）更加缩短了消化过程，因为它为口提供了可说是已经半消化了的食物。”并认为：“可以把这种发现看作是人类历史的发端。”所以说，人类用火熟食既是一场人类生存环境的大革命，也是人类第一次对自然能源开发利用的开端。用火熟食标志着人类从野蛮走向文明，用火熟食结束了人类“茹毛饮血”“生吞活剥”的生食状态，使自身的体质和智力得到更迅速的发展。而对于中国的饮食发展史来说，中国人用火熟食孕育了最原始的烹饪技术，奠定了华夏民族饮食史上一大飞跃的物质基础，中国饮食文化与烹饪技艺的历史由此展开。

虽然有考古资料证明中国人用火熟食的历史年代，但直到文字发明之前是没有历史记载的，这被称为史前文明。人类史前的用火熟食，实际上就是先民以烧、烤方法为主的熟食阶段。人们把利用各种方法得来的食物，放到火上或火中直接进行加热，就是今天的烧、烤方法。

从人类早期食物原料及其获取方式上看，当时先民们的食物原料来自自然生长的东西，获取的方式主要是采集和渔猎，也就是在不同的季节中采集植物的果根茎叶，集体外出用石块、石球、木棒等围猎豪猪、狼、竹鼠、獾、狐、兔、洞熊、野驴等动物。尤其引人注目的是，在山西朔县、下川、沁水等旧石器文化遗址中出土了石簇等原始人制作的捕猎工具，表明在距今3万年前，我们的先民已开始使用弓箭这样的高级捕猎工具，使人类获取动物肉食的效率大大地提高了。

如果从调味方面来看，旧石器时代晚期的先民们已经开始采集食用野生蜂蜜和酸梅了，也可能已经使用天然盐了，但文献和考古发现中并无先民用它们来调味的证明。当时人们的饮食极其简单，直接生食或熟食，目的是维持生命，在物质文明还未达到产生审美的高度时，人们的饮食主要是为了充饥果腹，根本谈不上美味享受。当时的进食方式也很简单，主要是直接用手抓食，可能配有一些砍砸器、刮削器或尖状器具，以有助于吸食骨髓、汤汁和剔净残肉等行为。

二、原始烹饪方法

在整个原始社会及其原始社会以前很长的时间里，我们的先祖在用火熟食活动中，大致经历了火烹熟食、石烹熟食和陶烹熟食三个阶段。

1. 火烹熟食阶段

火烹就是把裸体的食物直接置于火上进行熟制。这是人类学会用火后最先采用的烹饪方法。具体的方法有古文献记载的将食物架在火上的燔、烤、炙、煨等。不过，由于此时人们对于火候的掌握水平非常差，所加工成的熟食质量相当的差，不是半生不熟，就是烧焦烤煳，没有美味可言，但较之生食还是美味好吃多了。

2. 石烹熟食阶段

石烹是原始人类利用石头、石器为传热媒介，把食物加热成熟的方法，主要有“石煨”“石燔”和“石煮”等熟食方法。石煨，就是把食物埋入烧热的石子堆中，最终使食物加热成熟的方法。至今流行在山西民间的“石子馍”就具有远古先民“石煨”的遗风。石燔，就是把食物放在烧热的石板上烙熟食物的方法，古籍资料有“石上燔谷”“石上燔肉”的记载，至今我国许多少数民族地区仍有在石板上烙烤肉食的习俗。石煮，就是在掘好的坑底铺垫兽皮（地处黄土高原不铺垫兽皮也可以），然后将水注入坑中，再将烧红的石子不断地投入水中，水沸而使食物成熟。近几年来流行餐饮酒店的“桑拿花蛤”等菜肴制作，就是利用了石子传热的方法，颇有古代石烹遗风。

3. 陶烹熟食阶段

陶烹就是人们发明了陶制器具以后，运用陶器炊具进行加热把食物加热成熟的方法。根据考古研究表明，早在距今约1.1万年以前，中国人就发明了陶器。陶器的发明虽然是一个漫长的过程，但始于与饮食有关的活动是毫无疑问的。早在陶器发明之前，人们发明了“炮”的烹饪方法，就是用黏性的黄土把整个食物包裹起来，放在柴火上烧烤，这样做的结果就是先民利用中介传热的开始，包裹后的食物在烧烤中受热均匀，不致烤焦。而烧烤后泥土包裹层的板结，就是陶制器具的滥觞。

我们的祖先通过包括“炮”的方法加热熟食使泥土凝结在内的长期的劳动实践发现，被火烧过的黏土会变得坚硬如石，不仅保持了火烧前的形状，而且坚固不易水解。于是人们就试着在荆条筐的外面抹上厚厚的泥，风干后放入火堆中烧，待取出时里面的荆条已化为灰烬，剩下的便是形成荆条筐形状的坚硬之物了，这就是最早的陶器。先民们制作的陶器，绝大部分是饮食生活用具。在距今7500～8000年前的河北省境内的磁山文化遗址中，发现了陶鼎。至此，中国先民进入了陶烹时期，这也标志着严格意义上的烹饪开始了。在此后的河姆渡文化、仰韶文化、大汶口文化、良渚文化、龙山文化等遗址中，都发现了为数可观的陶制的炊煮器、食器和酒器等。在河姆渡遗址和半坡遗址中，发现了原始的陶灶，足以说明早在六七千年以前的中国先民就能自如地控制明火，进行烹饪了。陶烹是烹饪史上的一大进步，是原始烹饪时期里烹饪技术发展的最高阶段。

中国的原始陶器，发明时间与发明人史学研究者众说纷纭，我们不作讨论。据《事物纪原》引《古史考》说："黄帝始造釜甑，火食之道成矣"。又说"黄帝始蒸谷为饭""烹谷为粥"。最早的夹砂炊器都可以称为釜，古代人们说它是黄帝开始制造的，也就是说，黄帝拥有陶器的发明权。对于中国菜肴的制作技术与烹饪方法的发展进步而言，陶釜的发明具有第一位的重要意义，后来的釜不论在造型和质料上产生过多少变化，它们煮食煮肴的原理却没有改变。更重要的是，釜具有领陶制炊具之先河的作用，后来人们制作的许多其他类型的炊具，几乎都是在陶釜的基础上发展改进而成的，例如甑的发明便是如此。

陶甑的发明使得人们的菜肴加工技术与饮食生活又产生了重大变化。运用釜对食肴进行熟制是直接利用火的热能，把食物放到里面加热而成熟的，这就是人们习以为常的"煮"法。而甑在烹饪食肴时，则是利用火把甑底部的水烧热后产生的蒸汽能，把食肴制熟的方法，就是"蒸"法。有了"甑"器，蒸作为烹饪手段由此诞生，人们不仅使食肴的加工方法进一步增多，更重要的是人们进入了对蒸汽的利用时代，而且运用蒸的方法人们可以获得较之煮制食肴更多的馔品。

我们相信，陶器的发明、创造过程是经历了一个相当漫长的时间的，并非后人想象的那样简单。陶烹阶段在时间上与火烹阶段和石烹阶段相比要短得多，但它却处于原始社会生产力发展最高水平时期，从原始先民的饮食生活质量角度而言，陶烹阶段大大地超过了火烹与石烹两个阶段。而原始农业和畜牧业的出现，粟、稻、芝麻、蚕豆、花生、菱角等农作物的大量栽培，一些人工种植的蔬菜进入人们的饮食活动之中，牛、羊、马、猪、狗、鸡等的大量养殖，加之弓箭、鱼网等工具的发明和不断改进，这一切使原始先民饮食活动所需的烹饪原料要比采集和渔猎更为可靠和丰富，这些都为陶烹阶段的大发展提供了物质条件。

三、原始调味与筵饮

根据考古资料与文献记录表明，中国饮食文化在这一时期，饮食烹饪中有意识的调味开始出现了，此时人们已学会用酸梅、蜂蜜等调味。由于陶器的发明和普遍使用，使人们在运用陶器熟食时，发现许多不同的烹饪原料间的混合加热会产生妙不可言的美味。特别是陶器的发明，使"煮海为盐"有了必要的生产条件，用盐调味的技术应运而生。

微课插播

宿沙氏始“煮海为盐”

古籍记载曰：“宿沙氏煮海为盐。”宿沙氏又名夙沙氏，是黄帝时期的大臣。据史学家研究说，宿沙氏是生活在我国黄河流域下游的部落之一，主要活动在东部沿海地带的胶东半岛、辽东半岛等，距今有3000多年。由于长期生活在海边，在漫长的生活实践中逐渐发明了运用烧火加热蒸发海水的方法制取食盐。宋代资料说：“宿沙氏始以海水煮乳煎成盐，其色有青、红、白、黑、紫五样。”这种传说流行于沿海地区。

也正是由于陶制器具的发明，酿酒条件已经具备，仰韶文化遗址中出土的陶质酒器表明，早在7000多年前，先民们已经初步掌握了酿酒。酒不仅可以直接饮用，而且也可以作为调味品进入人们的烹饪活动中。至此，以中国烹饪为标志的饮食文明进程，完成了真正意义上的“熟食”，进入到了进一步完善形成的时期。

与此同时，中国人的筵饮活动也是在这一时期产生的。中国远古时期人类最初过着群居生活，共同采集狩猎，然后聚在一起共同享受劳动成果。进入陶烹阶段后，人们开始农耕畜牧，在丰收时仍要相聚庆贺，共享美味佳肴，同时载歌载舞，抒发喜悦之情。《吕氏春秋·古乐篇》有云：“昔葛天氏之乐，三人操牛尾，投足以歌八阕。”当时聚餐的食品要比平时多，而且有一定的就餐仪式和程序。另一方面，当时人们对自然现象和灾异之因了解甚少，便产生了对日月山川及先祖等的崇拜，从而产生了祭祀。在生产力水平低下的时期，人们认为食物是神灵所赐，祭祀神灵则必须用食物，一是感恩，二是祈求神灵消灾降福，获得更好的收成。祭祀后的丰盛食品常常被人们聚而食之。直至酿酒出现后，这种原始的聚餐便发生了质的变化，从而产生了以聚餐为主要目的筵饮活动，这就是中国筵席的发端。中国最早有文字记载的筵宴，是虞舜时代的养老宴。

四、中国饮食文化起源时期的特征

综上所述，中国饮食文化在诞生与起源的时期，归纳起来可以看出有以下几个明显的特征。

首先，在整个中国饮食文化史中，萌芽阶段的发展历程可谓最为漫长、最为艰难。从火的发现、利用到发明，从火烹、石烹到陶烹，从采集、渔猎到发明原始种植业、养殖业，不仅凝结着原始先民们发明创造的血汗和智慧，而且也说明生产力的低下是阻碍烹饪、饮食文明发展变革迅速的根本原因。

其次，用火熟食和陶器的发明，使中国进入了原始烹饪阶段，而这正是中国饮食文化发展的重要里程碑，它们不仅结束了人们茹毛饮血的时代，更重要的是使中国社会文明出现了一次大飞跃，促进了华夏民族真正意义上的人类文明进程。

再次，陶器的发明使用与众多类型器具的创造，使原始烹饪进入了调味阶段，增加了烹饪的技术含量。而且，陶器的广泛使用为调味品的生产，如食盐、酒、醋等创造了物质条件，加快了中国饮食文化起源阶段的进程。

最后，大量美味食物用于祭祀活动，使聚餐活动进入到有意识的阶段，筵席的原始模式诞生。而剩余食物与使用陶器的结果，使酒的生产诞生，为聚餐的筵席活动增加了有益的成分，开始了传统至今的宴饮形式。

单元二　夏商周时期饮食文化初步形成

中国饮食文化发展的脚步，在历经夏、商、周近2000年的时间里，积累渐渐丰富，且日趋完善，出现了中国饮食文化发展史上的一个高潮阶段。这一时期中国饮食文化初步定型，烹饪原料得到进一步扩大和利用，炊具、饮食器具已不再由原来的陶器一统天下，青铜制成的烹饪器具和饮食器具在上层社会中已成主流，烹调手段出现了前所未有的成就。许多政治家、哲学家、思想家和文学家在他们的论著和作品中表达出了自己的饮食思想，中国饮食养生理论已现雏形。这一时期，可谓中国饮食文化的初步形成时期。

一、饮食文化初步形成的背景

1. 农业、养殖业的发达丰富了食物来源

进入我国第一个奴隶社会的夏朝，中国已出现了以农业为主、捕获渔猎为辅的混合型经济形态，农业生产已有了相当的发展。《夏小正》中有“囿有见韭”“囿有见杏”的记录，这是我国关于园艺种植的最早记载。后来的商王朝对农业的发展也相当重视，殷墟卜辞中卜问收成的“受年”“受禾”数量相当多，而且已经有了关于先民经常进行农业生产方面祭祀活动的记录，商王还亲自向“众人”发布大规模集体耕作的命令。据记载，当时祭祀所用的牛、羊、豕（猪）经常要用上几十头甚至几百头，最多一次用量达到了上千头，说明商王朝不仅重视畜牧业的发展，而且成果显著。否则，一次祭祀活动怎么能够使用数百，乃至上千的家畜呢。

到了周代，统治者对农业生产的重视程度与夏、商统治者相比可谓更胜一筹，相传周之先祖“弃”（即后稷）就是农业的发明人。周天子每年春天都要在初耕时举行“藉礼”，亲自下地扶犁耕田。据记载，当时农奴的集体劳动规模相当大，动辄上万人，而周天子的收获也十分可观。进入春秋战国时期，各国为了富国强兵，没有一个

封国不把农业放在首位的。齐国宰相管仲特别提出治理国家最重要的是“强本”，强本则必须“利农”。“农事胜则人粟多”“人粟多则国富”等，类似的阐述在《管子》一书中多有记述。这一时期，新的农业生产技术也不断出现，如《周礼》记载的用动物骨汁汤拌种的“粪种”、种草、熏杀害虫法等。战国时期，我国铁制农具的出现和牛耕方式的普遍推广，使荒地大量被开垦，生产经验的总结上升到理论高度，出现了中国早期的农业生产理论。由于统治者对农业生产的重视，当时还出现了以许行为首的农家学派。而畜牧业在当时也很发达，养殖进入了个体家庭，考古发现当时的中山国已经能够养殖淡水鱼。农业的发达，养殖畜牧等副业的兴旺，为烹饪加工技术的进步与饮食文化的发达创造了优越的物质条件。

2．手工业的发达促进了饮食器具的生产

小手工业技术在我国的夏商周时期兴旺发达，呈现出分工越来越细，生产技术越来越精，生产规模越来越大，产品的种类越来越多的特点。夏代已开始了陶器向青铜器的过渡，夏代有禹铸九鼎的传说，商、周两代的青铜器已达到炉火纯青的程度。像商代的后母戊鼎（原称：司母戊鼎），其高137厘米，长110厘米，宽77厘米，重达875千克，体积之大，铸造工艺之精良，造型之大方优美，堪称空前。1977年出土于河南洛阳北窑的西周炊具铜方鼎，高36厘米，口长33厘米，宽25厘米，形似后母戊鼎，四面腹部和腿上部均饰饕餮纹，实乃精美之杰作。而战国时发明的宴乐渔猎攻战纹壶，以宴飨礼仪活动、狩猎、水陆攻战、采桑等内容为饰纹。当时的晋国还用铁铸鼎。不过，这些精美的青铜器都是贵族拥有的东西，广大农奴或平民还是使用陶或木制的烹煮、饮食器具。在河北藁城台西村发现的商代漆器残片说明，最迟在我国的商代已出现了漆器，至春秋战国时，漆器已相当精美，其中餐具饮具的种类也数量不少。

3．盐业、酿酒与饮食市场向规模发展

典籍《尚书·禹贡》中把食盐列为青州的贡品，说明当时山东半岛沿海生产海盐已很有名气。春秋战国时期盐业生产已经相当发达，齐国宰相管仲设盐官专管煮盐业。据《管子》一书记载，不但“齐有渠展之盐”，而且“燕有辽东之煮”，证明其时整个渤海湾已经成为中国盐业的生产基地。据《周礼·内则》记载，当时还有一种“卵盐”，即大粒盐也出现了。一般来说，大颗粒盐不是煮的，而是晒出来的，实际上《管子》一书记载的“齐有渠展之盐”，根据文字表达应属于晒制的粗盐。食盐的大量生产为烹饪调味提供了优质的调味品。

根据历史资料，我国夏、商两代的酿酒业发展很快，这主要是由于统治者好饮嗜酒的缘故，正所谓“上有所好，下有所造”。《墨子》一书中说，夏启“好酒耽乐”，《说文解字·巾部》中记述说夏王少康始制“秫酒”，而《尚书·无逸》及《史记·殷本纪》中都讲到了殷纣王糜烂的生活，曾作“酒池”“肉林”，且“为长夜之饮”。可见，夏商时期的酿酒业是在统治者为满足个人享乐的欲求中畸形发展起来的。据范文澜主编的《中国通史》中论述，商代手工业奴隶中，有专门生产酒器的“长勺氏”“尾勺氏”。至周初，统治者们清醒地意识到酒给商纣王带来的亡国之灾，所以对酒的消费与生产都作出过相当严格的控制性规定，酿酒业在周初的发展较缓慢，当然，这并不意味着统治者们对酒“敬而远之”，周王室设立专门的官员“酒正”来“掌酒之政令”，“辨五齐（剂）之名”。《礼记·月令》总结出酿酒必须注意的六个要点，用今天的酿酒科学来衡量，这六个要点的提出还是相当有道理的，尤其是其中提到的利用“曲”的方法，这可以说是我国特有的方法。

微课插播

殷纣王“酒池”“肉林”的教训

商代晚期的帝王，多是淫暴之主，一味追求享受安乐。商代的贵族也多酗酒，据现代人分析推测，由于当时的盛酒器具和饮酒器具多为青铜器，其中含有锡，溶于酒中，使商朝的人饮后中毒，身体状况日益下降。商末帝纣，是一个好色好酒的人，《史记·殷本纪》称：“（纣）以酒为池，县（悬）肉为林，使男女裸相逐其间，为长夜之饮。”后人常用“酒池肉林”形容生活奢侈，纵欲无度。商纣的暴政，加上酗酒，最终导致商代的灭亡。周代在商人的聚集地曾发布严格的禁酒令，以吸取商纣王的教训。

从夏朝开始经过商、西周发展到战国时期，我国的商业已有了一定水平的发展。相传夏代王亥创制牛车，并用牛等货物和有易氏做生意，经专家考证，商民族本来有从事商业贸易的传统，商代灭亡后，殷商遗民更以此为业。西周的商业贸易在社会中下层得以普及，春秋战国时期，商业空前繁荣，当时已出现了官商和私商，东方六国的首都大梁、邯郸、阳翟、临淄、郢、蓟都是著名的商业中心。尤其是在齐国的首都临淄，“甚富而实，其民无不吹竽鼓瑟、弹琴击筑、斗鸡走狗、六博蹴鞠。临淄之涂，车毂击，人肩摩，连衽成帷，挥汗成雨”。商业的发达，不仅为烹饪原料、新型烹饪工具和烹饪技艺等方面的交流提供了便利，同时也为餐饮业提供了广阔的发展空间。

4. 饮食礼仪、饮食养生理论趋于完善

从夏商两代至西周，奴隶制宗法制度形态已臻完备。周代贯穿于政治、军事、经济、文化活动的饮食之礼构成了宗法制度中至关重要的内容，而周王室建构的表现为饮食之礼的饮食制度，其目的就是通过饮食活动的一系列环节，来表现社会阶层等级森严、层层隶属的社会关系，从而达到强化礼乐精神、维系社会秩序的效果。因此西周的膳食制度相当完备，周王室以及诸侯大夫都设有膳食专职机构或配置膳食专职人员保证执行。据《周礼·天官冢宰》载，总理政务的天官冢宰，下属59个部门，其中竟有20个部门专为周天子以及王后、世子们的饮食生活服务，诸如主管王室饮食的

“膳夫”、掌理王及后、世子们饮食烹调的“内饔”、专门烹煮肉类的“亨人”、主管王室食用牲畜的“庖人”等。春秋战国时，儒家、道家都从不同的角度肯定了人对饮食的合理要求，具有积极意义。如《论语》提到的“食不厌精，脍不厌细”“割不正不食”“色恶不食”；《孟子》提出的“口之于味，有同嗜焉”；《荀子》提出的“心平愉则疏食菜羹可以养口”；《老子》提出的“五味使人口爽”“恬淡为上，胜而不美”等，所有这些都对烹饪技艺与饮食养生理论的形成起到了促进作用。阴阳五行学说具有一定的唯物辩证因素，成为构建饮食养生思想体系和医疗保健理论的重要理论依据，以至于成为指导后世发展饮食养生理论与实践的关键所在。

二、饮食文化初步形成时期的主要特征

中国饮食文化在这一时期创造了辉煌的成就，从物质层面与技术体系方面看，主要表现在烹饪工具、烹饪原料、烹饪技艺、美食美饮等的发展，从意识形态的精神层面看，则主要表现在诸子百家所提出的饮食思想体系与饮食养生观念以及食疗食治理论等的建立。

1. 烹饪工具与食器种类增多

烹饪灶具、用具与饮食器具由原来的陶质过渡到青铜质，这是本阶段取得的伟大成就之一。但要强调的是，青铜器并没有彻底取代陶器，在夏、商、周时期，青铜器和陶器在人们的饮食生活中共同扮演着重要角色。保留至今的青铜质或陶质烹饪器具形制复杂，种类多样。

当时的烹饪器具及食器主要有鼎、鬲、甗、簋、豆、盘、匕等。鼎，是远古先民重要的饪食器和食器，也是最有代表性的烹饪工具，它从“调和五味之宝器”到天子列鼎而食，发展到后来成为国家和统治者最高政治权力的象征。古代的鼎种类繁多，不仅有大小之分，而且还有不同的形状，如牛、羊、豕、鹿等形。鬲，是商周王室中的常用饪食器之一。《尔雅·释器》说它是“鼎款足者谓之鬲。”其作用与鼎相似。甗，是商周时的饪食器，相当于现在的蒸锅，是最早的蒸器之一。全器分上下两部分，上部为甑，放置食物，下部为鬲，放置水。主要流行于商代至战国时期，尤其是盛行于商周王室的饮食生活中，至汉代和鬲一起绝迹。簋，传统说法指盛煮熟的黍、稷等饭食之器，是用来盛饭的器具。商周王室在宴飨时均为席地而坐，而且主食一般都用手抓，簋放在席上，帝王权贵们再用手到簋里取食物。豆，圆底高足，上承盘底，《说文》中是它是“古食肉之器也。”实际上，豆在古代的用途较为广泛。《周礼·冬官》中云：“食一豆肉，饮一豆羹，得之则生。”表明在一般平民的生活中，陶豆既是食器，又是饮器。盘，周代常用来盛水，多与匜配套，用匜舀水浇手，洗下的水用盘承之。但早先是饮食或盛食器。匕，是夏、商、周三代时期餐匙一类的进食器具，前端有浅凹和薄刃，有扁条形或曲体形等，质料有骨质、角质、木质、铜质、玉

质等。

酒器是夏、商、周时期人们用以饮酒、盛酒、温酒的器具。在先秦出土的青铜器中，酒器的数量是最多的，商代以前的酒器主要有爵、盉、觚等。商代以后，陶觚数量增多，并出现了尊、觯等。商代，由于统治者嗜酒之故，酿酒业很发达，因而酒器的种类和数量都很可观，至周初，酒器形、质变化不大，而数量未增。春秋以后，礼坏乐崩，酒器大增，且多为青铜所制。

烹饪技术的发达与否，与加工工具关系密切。考古中发现在我国的夏代已有青铜刀具，商代妇好墓中也有发现，但是否为烹饪专用还不能肯定。从兵器刀、剑及古籍记载中推测，烹饪专用青铜刀也应该在使用中了。

考古成果表明，这一时期还有俎、盘、匜、冰鉴等一些其他的辅助性烹食器具。俎是用以切肉、陈肉的案子，常和鼎、豆连用。在当时俎既用于祭祀，也用于日常饮食。一般用木制，少量礼器俎用青铜制作。盘和匜是一组合食器，贵族们用餐之前，由专人在旁一人执匜从上向下注水，一人承盘在下接，以便洗手取食别的食物。冰鉴是用以冷冻食物饮料的专用器，先民在冰鉴中盛放冰块，将食物或饮料置其中，以求保鲜，是我国发现最早的冷藏设备。

2. 烹饪原料品种日益繁多

这一时期的烹饪原料不断丰富，从考古发现和古籍中归纳，按类别可分为植物性、动物性、加工性、调味料、佐助料五大类原料。

当时的植物性原料主要有粮食、蔬菜、果品之分。进入夏商周时期，粮食作物可谓五谷具备。从甲骨文和夏商周时期的一些文献记载看，当时已有了粟、粱、稻、稷、黍、稗、秫、苴、菽、麦等粮食作物，说明夏商周时期的农业生产已很发达。从《诗经》等夏商周时期文献记载看，夏商周的农业生产工具、技术和生产能力的提高，对蔬菜的种植起到了极大的推动作用，蔬菜的种植已具规模，从品种到产量都大有空前之势。当时先民所种植的蔬菜品种已有很多，如蔓菁、萝卜、芥、韭、薇、荼、芹、笋、蒲、芦、荷、茆、苹、菘、藻、苔、荇、芋、蒿、蒌、葫、萱、瓠、苋等20多种。夏商周时的水果已经成为上层社会饮食种类中很重要的食物，水果已不再是充饥之物，在当时已有了休闲食品的特征。像桃、李、梨、枣、杏、栗、杞、榛、棣、棘、羊枣、山楂等水果已成为当时人们茶余饭后的零食。这不仅说明了当时上层社会饮食生活较之原始时期已有很大改善，也说明了夏商周的种植业已有很大发展。

夏商周时期的动物性原料有畜禽、水产和其他之分。人们食用的动物肉主要源于养殖和渔猎，在当时，养殖业比新石器时代有很大的发展，从养殖规模、种类和数量上看，都达到了空前的高水平，但是，人们仍将渔猎作为获取动物类原料的重要手段之一，有两个很重要的原因：一是当时的农业生产水平还不能达到能真正满足人们的饱腹之需，这就制约了人们大力发展养殖业的能力和规模；二是当时宗教祭祀活动中祭祀所需动物肉类食物的数量已到了与人夺食的程度，仅仅依赖养殖的方法去获取肉类食物是不行的。因此，夏商周时的肉类食品中有相当一部分源于捕猎。所以，在今人看来，夏商周时人们食用的动物类品种就显得很杂，研究成果表明，当时的畜禽类有牛、羊、豕、狗、马、鹿、猫、象、虎、豹、狼、狐、狸、熊、罴、麇、獐、獾、豺、貉、羚、兔、犀、野猪、鸡、鸭、鹅、鸿、鸽、雉、凫、鹑、鸨、鹭、雀等；水产类有鲤、鲂、鳏、鲔、鲂、鳟、鳢、鲋、鳝、江豚、鲄、鲍、鲽、龟、鳖、蟹、车渠、虾等。此外还有蜩、蚁、蚺、范、乳、卵等。

夏商周时期，特别是周代，统治者对美味的追求极大地促进了调味品的开发和利用，出现了很多调味品，诸如盐、醯（醋）、醢（肉酱）、大苦（豆豉）、醷（梅浆）、蜜、饴（蔗汁）、酒、糟、芥、椒（花椒）、血醢、鱼醢、卵醢（鱼子酱）、蚳醢（蚁卵酱）、蟹酱、蜃酱、桃诸、梅诸（均为熟果）、芗（苏叶）、桂、蓼、姜、茞莼、荼等。其实当时的调味品还不止这些，如《周礼·天官·膳夫》中说，仅供周王室食用的酱就多达120种。

除此之外，还有如稻粉、榆面、堇、粉、餈、牛脂、膏臊、膏腥、膏膻、网油、大豆黄卷、白蘖、干菜、腊、脯、干鱼、鲊、熊蹯等其他一些丰富多彩的食物原料等。

3. 烹饪技艺日趋精细成熟

夏商周时期，随着陶器向青铜器的过渡以及烹饪原料的扩大，烹饪技法有了进一步的创新，如类似后世红烧之法的臛、醋烹意义的酸、带有烹汁的濡，以及炖法、羹法、齑法、菹法、脯腊法、醢法等。尤其由于金属烹饪器具的使用，具有中餐烹饪特色的煎、炸、熏、炒开始出现，这是一个巨大的飞跃。《周礼》提到的八珍中的“炮豚”等菜肴，又开创了用炮、炸、炖等多种方法烹制菜肴的先例，对后代烹饪技艺的发展具有重大的影响。

在当时，掌握刀工技术是对厨师必不可少的普遍性要求，从而促进了烹饪刀割技术水平的提高。《庄子·养生主》中有一个著名的寓言“庖丁解牛”，描述当时庖丁的宰牛之技出神入化，很生动地反映出当时厨师对刀工技术的理想化要求，可以视为当时厨师对刀工技术重要性与技巧性的认识。厨师在实践中也不断总结运刀经验，如《礼记·内则》中有“取牛肉必新杀者，薄切之，必绝其理”的记载，就是这方面的具体反映。

微课插播

《庄子·养生主》“庖丁解牛”部分

原文：“庖丁为文惠君解牛，手之所触，肩之所倚，足之所履，膝之所踦，砉然响然，奏刀騞然，莫不中音。合于桑林之舞，乃中经首之会……。”意思说：古代有一个厨师为梁惠王展示宰牛技艺，手所接触的地方，肩所靠着的地方，脚所踩着的地方，膝所顶着的地方，都发出皮骨相离声，刀子刺进去时响声更大，这些声音没有不合乎音律的。它竟然同《桑林》《经首》两首乐曲伴奏的舞蹈节奏合拍。

这一时期，人们通过长期的饮食生活实践，在烹饪原料的认知与使用方面总结出了一整套的经验和规律。例如，在动植物性原料选取方面以及酿酒方面，《礼记·内则》中就记载了不少当时人们总结出的宝贵经验。与此同时，在人们对烹饪原料及其内在关系的科学把握基础上，提出了应根据自身特点及相生相克关系对烹饪原料进行季节性的合理搭配。如《礼记·内则》记载："脍，春用葱，秋用芥；豚，春用韭，秋用蓼；脂用葱，膏用薤，和用醯，兽用梅。"又《周礼·天官·庖人》中说："凡用禽献，春行羔豚，膳膏芗；夏行腒鱐，膳膏臊；秋行犊麛，膳膏腥；冬行鱼羽，膳膏膻"等，不一而足。

《论语·乡党》中说："不得其酱不食。"食酱，是当时人们饮食生活中一个重要的内容，既是当时延伸调味的要求，也可以说是"礼"的规范。正由于统治者对美味的重视，调味就成为当时厨师的必备技能。《周礼·食医》中说："凡和，春多酸，夏多苦，秋多辛，冬多咸，调以滑甘。"这就是当时厨师总结出的在季节变化中的运作规律。而《吕氏春秋·本味》所论则更为精妙，认为调味水为第一。说"凡味之本，水为之始"，而调制时，则"必以甘酸苦辛咸，先后多少，其齐甚微，皆有自起。"在当时，掌握烹饪调味手段既是一门技术，又是一种艺术，因为"鼎中之变，精妙微纤。口弗能言，志弗能喻。"这样制出的菜肴才能达到"久而不弊，熟而不烂，甘而不哝，酸而不酷，咸而不减，辛而不烈，淡而不薄，肥而不腴"的效果。

烹饪技艺的发达与此时众多的名厨大师不无关系。相传夏代的中兴国君少康曾任有虞氏的庖正之职。伊尹是商汤之妻陪嫁的媵臣，烹调技艺高超，而商汤因其贤能过人，便举行仪式朝见他，伊尹从说味开始，谈到各种美食，告诉商汤，要吃到这些美食，就须先成为天子，而要成为天子，就须施行仁政，伊尹与商汤的对话，就是中国饮食文化史上最早的文献《吕氏春秋·本味》。又有易牙，是春秋时齐桓公的幸臣，擅长烹调。传说他制作的菜肴美味可口，故而深受齐桓公的赏识。刺客专诸，受吴公子光之托，刺杀王僚，为此，他特向吴国名厨太和公学烹鱼炙，终成烹制鱼炙的高手，最后刺杀王僚成功，此二人都可称为当时厨界的名家。

4. 饮食结构与宴饮制度形成

在我国秦汉以前的文献资料记载中，"食"与"饮"常常是同时进行的两件事，如《论语·述而》的"饭疏食饮水""啜菽饮水""一箪食，一瓢饮"等。可见，古人吃的一顿饭，至少由"食""饮"两部分构成，成为我国先秦人们最基本、最普遍的饮食结构。

食，在当时就是指人们的主食，如今天所谓的米饭面食之类。《周礼》有"食用六谷"和"掌六王之食"的文字，其中的"食"就是指谷米之食。由于夏商周时期我国对于谷物的粉碎工具尚不普及，无论南方的稻谷，还是北方的粟、粱，抑或是菽，主要是以粒食为主，所以进食时必须配合饮水或汤羹之类的饮品。

饮，在当时就是指人们包括水在内的各种饮品。饮品在夏商周之时有很多，在王室中，主要由“浆人”“酒正”之类的官员具体负责。《周礼·天官·浆人》中说：“掌供王之六饮：水、浆、醴、凉、醫、酏。”其中除了水，其他都是在水里添加了不同数量的米、谷经过酿制或煮制而成的食品，类似今天的酒酿、稀粥、糊羹、米浆之类。不过，这些饮品都是当时王室贵族的杯中之物，平民的“饮”，除水以外，大多是以“羹”为常。最初的羹是不加任何调料的太羹，从《古文尚书·说命》中“若作和羹，尔维盐梅”之句中得知，商代以后的人们在太羹中调入了盐和梅子酱。从周代一些文献记载中得知，当时王侯贵族之羹有羊羹、雉羹、脯羹、犬羹、兔羹、鱼羹、鳖羹等。平民食用之羹多以藜、蓼、芹、葵等代替肉来烹制，《韩非子》中的“粝粢之食，藜藿之羹”之语，描述的正是平民以粗羹下饭的饮食生活实况。《礼记·内则》说：“羹、食，自诸侯以下至于庶人无等。”陈澔注说：“羹与饭，日常所食，故无贵贱之等差。”可见，食必有饮，是这一时期的一种饮食结构。

夏商周时期，除每日常食之外，随着礼仪制度的建立，筵席宴飨不仅形成制度化，而且非常发达完备。《礼记·王制》记载有虞氏养老用“燕礼”。所谓“燕者，殽烝于俎，行一献之礼，坐而饮酒，以至于醉。”这种直接出于“人伦”的共饮礼俗，是我国最早的筵席形式之一。在商王朝，筵席宴飨一般称为“飨”，王所飨对象主要为王妇、要臣元老、武将、戚属、诸侯、郡邑官员和方国君长。宴飨的重要目的，就是对内笼络感情，即所谓“饮食可飨，和同可观”，融洽贵族统治集团的人际关系。再有就是对外加强与诸侯、郡邑间隶属关系和方国“宾入如归”的亲和交好关系。周代的宴饮不仅频繁，而且宴饮的种类和规矩不尽相同，较为重要的宴饮有：祭祀宴饮，用于祭祀神鬼、祖先及山川日月后的宴饮；农事宴饮，用于耕种、收割、求雨、驱虫等活动中；燕礼，用于家族、亲友相聚欢宴活动；射礼，用于练习和比赛射箭集会间的宴饮；聘礼，用于诸侯相互聘问之礼时的宴饮；乡饮酒礼，用于乡里大夫荐举贤者并为之送行的宴饮；王师大献，用于庆祝王师凯旋的宴饮……

5. 制作精美的菜肴

这一时期，食、饮之外，大凡皇室、官府，乃至贵族阶层，举行的宴饮活动，以及在周礼中规定士大夫以上社会阶层的饮食中可以增加“膳馐”，就是我们平常所说的菜肴。所谓膳，是指动物肉烹制的肴馔；而馐，则是熟制的美味食品。周代食礼对士大夫以上阶层明确规定：“膳用六牲”。六牲就是牛、羊、豕、犬、雁、鱼，它们是制膳的主要原料。在食礼规定中，膳必须用木制的豆来盛放。不同等级的人在用膳数量上也有区别，《礼记·礼运》中说：“天子之豆二十有六，诸公十有六，诸侯十有二，上大夫八，下大夫六。”天子公卿诸侯阶层一餐之盛，由此可见一斑。《礼记·内则》说：“大夫无秩膳。”秩，常也。就是说，士大夫虽也可得此享受，但机会不多。

天子公侯才有珍馐错列、日复一日的排场。

从文献资料记载看，由于周代烹饪技术的发达，菜肴制作水平得到了很大提高，菜肴制作达到了相当高的精美程度，当时最有代表性菜肴就是《礼记·内则》中记载的“八珍”菜肴。一是淳熬，即用炸肉酱加油脂拌入煮熟的稻米饭中，煎到焦黄来吃；二是淳母，制法与淳熬同，只是主料不用稻米，而用黍米；三是炮，就是烤小猪，用料有小猪、红枣、米粉、调料，经宰杀、净腔烤、挂糊、油炸、切件、慢炖八道工序，最为费工费事；四是捣珍，即用牛、羊、鹿、麋、麇五种里脊肉，反复捶击，去筋后调制成肉酱；五是渍，即把新鲜牛肉逆纹切成薄片，用香酒腌渍一夜，次日食之，吃时用醋和梅酱调味；六是熬，即将牛羊等肉捶捣去筋，加姜、桂、盐腌干透的腌肉；七是糁，即将牛羊豕之肉，细切，按一定比例加米，作饼煎吃；八是肝膋，即取一副狗肝，用狗的网油裹起来经过浸润入味，放在炭火上烤，烤到焦香即成。

显然，周代“八珍”菜肴代表的是北方黄河流域的饮食风味，此外，如《周礼》《诗经》《孟子》等文献所记录的饮食同样具有北方黄河流域的文化特点，主食是黍、粟之类，副食多为牛、羊、猪、狗之类。而以《楚辞》中《招魂》《大招》为代表所记录的主食多为稻米，副食多为水产品，至于“吴醴”“吴羹”“吴酸”“吴酪”等以产地为名的饮食品更体现了长江流域的饮食风格与特点。因此说，在我国的先秦时期，南北饮食的不同风格与流派已经初步形成。

6. 中国饮食养生观念形成

随着夏商周时期礼仪制度的建立健全，上层社会在礼制规定下的饮食结构基于等级享受的前提下，形成了饮食养生的观念与实践。《周礼》在对当时“五谷”“六谷”“五畜”“六牲”“五味”“六清”的礼食规范不仅是食、饮、膳、馐的具体化，而且把养生之道作为饮食结构的变化依据。这在《周礼·食医》《周礼·酒正》《周礼·笾人》诸文中均有所反映。礼制对养生的强调很大程度上是通过礼数表现的。中国传统的养生之道以“天人合一”为核心，着重突出人与自然的关系，尽管儒、道学说水火不相容，但在这个问题上却是水乳交融的。礼仪制度在很大程度上强调饮食结构的变化规律，在食礼定制下有两种情况：一是日常饮食的四时变化。古人将烹饪原料的开发利用与顺应天时相结合，使人们的饮食行为更能体现烹饪原料开发利用的四时之变，从客观上达到食礼制度规定下的适时而食，这种变化从烹饪工艺和原料搭配的角度，强调四时的饮食调和规律，六谷、六饮、六膳的提出由此而发；二是从“食医”角度提出的以五行相生相克为依据的四时之变。食礼在很大程度上强调了饮食结构的这种变化规律，在食医看来，配膳、烹调中的五味，当以和为宜。根据五行学说，食物中酸苦甘辛咸分属木火土金水，五行之间有相生、相克、相需、相使的关系。春天酸味需大，夏天苦味需大，秋天辣味需大，冬天咸味需大，但“需大”不等于“过大”，也就是《普济本事方》所说的“五味养形，过则致病”。所以食医认为，当以甘美润滑的调料冲淡它，以免味过伤身。可见，因食调和、适时而食，不仅是中国传统养生观念的重要一面，也是饮食制度的一项重要内容，更是食礼规定下的先民饮食结构的变化依据，甚至可以说是先民饮食结构的应时之变的内力所在。

总之，中国饮食文化初步形成时期与中国灿烂辉煌的青铜器文化时期正可谓同期同步，这一时期由于陶器转向青铜器的变化，生产力的提高，社会经济、政治、思想、文化的全面发展，整体跃上一个新台阶，中国的饮食文化创造了多方面的光辉成就。从烹饪原料增加、扩充、烹饪工具革新、烹饪工艺水平创新提高、烹饪产品丰富精美，到消费多层次、多样化等，都形成了独自的特色和系统，并由此形成了中国传统的饮食养生思想与食疗食治的理论体系，为中国饮食文化的进一步提高发展奠定了坚实的基础。

社会课堂

绍兴中国酱文化博物馆

浙江绍兴“中国酱文化博物馆”是由绍兴至味食品有限公司创办的具有民族意义的文化博物馆。位于浙江省绍兴县平水镇山渡槽南侧古老的若耶溪畔，占地5000平方米，建筑面积2000平方米，总投资1000万元，于2007年10月底建成并正式对外开放。该馆系统、全面、准确、深刻、生动地反映了中华民族酱文化的历史与现实，并对中国和世界酱文化的发展做前瞻性展望。该馆展区分为中国酱文化、酱油文化、醋文化、腐乳与酱制品文化、酱园文化、绍兴酱缸文化、世界酱文化、信息中心八大内容。实际上，该馆以酱文化为核心，展示了中国数千年来的食品发酵历史文化，内容丰富多彩。绍兴中国酱文化博物馆填补了目前国内“中国酱文化博物馆”的一个空白，深层挖掘了历史上素有“三缸”（酒缸、酱缸、染缸）文化之称的绍兴酱缸文化和广博的中国酱文化。

单元三　汉唐时期饮食文化丰富发展

一般意义来说，中国饮食文化经过夏商周时期的逐步完善，基本形成了一个完整的、具有独特内涵的文化体系，包括物质层面与精神层面的有机结合。从此以后，中国饮食文化进入了2000多年的丰富发展阶段。在历经汉唐近千年的健康发展之后，中国饮食文化达到了一个相当高的水平，并在这样的背景下进入了宋代，再经过千年的丰富发展与持续创新，中国饮食文化在清朝时日臻成熟，成为中国民族文化宝库中极其珍贵的部分。

一、饮食文化丰富发展的背景

简而言之，从公元前221年秦朝建立到公元960年唐代的结束，其间历时近1200年，中国饮食文化在前期形成初步文化模式的基础上，经历了一个健康发展、不断壮大与丰富内涵的重要时期。这一时期，中国饮食文化承上启下，创造了一系列重要的文化财富，为后来中国饮食文化迈向成熟奠定了坚实的基础。

1. 农业经济高速发达

汉王朝建立后，统治者采取了重农抑商的政策，不仅大力鼓励农业生产，而且大兴水利，在关中平原，先后兴修了白公渠、六首渠、灵轵渠、成国渠等，同时还积极推广农业技术，如《氾胜之书》载："以粪气为美，非必须良田，诸山陵近邑，高危倾阪及丘城上皆可为区田。"这对扩大耕地面积，集中有效地利用肥、水条件以获高产是大有成效的。另外，中原引进水稻种植技术，打破了水稻种植仅限于长江流域的局面。一系列的积极措施，使农业生产得到了高速发展。据《汉书》记载，到了汉文帝时候，北方的粟价每石仅"十余钱"，全国上下官仓谷物充盈。东汉年间，在牛耕技术已经普及的同时，统治者加强了水利工程修复和兴建，农业生产水平又有了进一步的提高。魏晋南北朝时期，南方相对稳定，北方先进的农业生产技术南传，使南方水田种植面积扩大，水稻产量远远高于黍、麦。《宋书》就记载说"一岁或稔，则数岁忘饥"。北魏在孝文帝改革后，生产力得到相当大的恢复提高，得以出现《齐民要术》这样的农学巨著。唐王朝开元、天宝年间，农业经济的发展情况更是繁荣昌盛。据史籍记载：当时是"河清海晏，物殷俗阜""左右藏库，财物山积，不可胜数，四方丰稔，百姓殷富"。

我国秦朝时，已有利用地温培植蔬菜的农业技术产生，到了汉代出现了温室栽培技术。利用温室栽培蔬菜，是秦汉时期蔬菜种植技术发展的一项突出成就。西汉以后，中国的对外交流日益增加，以张骞出使西域为代表所开创的"丝绸之路"，使中国与西亚、中亚商贸往来增多，西域的石榴、核桃、苜蓿、蚕豆等传入中国。到了唐代，温室种菜更为普及，或利用温泉水，或利用火热。与此同时，养殖业也前进了一大步。西汉时已经引进驴、骡、骆驼入内地，选择良种配殖家畜。在汉代，大规模陂池养鱼已经出现，唐代创造总结出了混养鲩、青、鲢、鳙的淡水鱼养殖技术。驯养水獭捕鱼之法在唐人写的《酉阳杂俎》中已有记载。从南北养殖鱼种的类别来看，北方以鲤鱼、鲫鱼、鲂鱼为主，南方淡水鱼品种较丰富，除鲤、鲫、鲂之外，还有武昌鱼、鲈鱼、青鱼、草鱼、鳙鱼等。而三国时候吴人沈莹在其所著的《临海水土异录志》中，记载了东南沿海一带出产的各种鱼类等海鲜多达近百种。其中绝大多数品种的海鲜均为当地人民所喜食，广泛地进入家庭食谱，反映了这一时期人类开发利用海鲜资源的能力和烹饪加工技术水平均得到了长足的提高。如今天流行北方的海参烹饪，其时已经成为人们餐桌上的美味佳肴。

2. 工具加工与手工业繁荣发达

汉代，由于冶金技术的发展，青铜冶铸业的地位已经下降，熔炼的铁已用来制造烹饪器具，如刀、釜、炉、铲等。可以说，冶金技术到西汉已达到较为成熟的阶段，河南南阳瓦房庄就出土了一只直径2米的大铁锅，说明铸造技术已很先进。铁制刀具和铁锅的出现、普及，使烹饪工具和烹饪工艺又产生了一次飞跃。汉代的金银镶嵌技术水平也很高，生产出很多名贵的餐饮器具。唐代金银加工技术相当高超，生产的以"金银平托"工艺所制造的饮食器具甚为美观。唐代制作出可以推动移位的赖炉和用于原料加工的刀机。西汉到东汉先用铜镜阳燧取火，后用玻璃制阳燧，可直接在阳光下取火。五代发明了"火寸"。南北朝时已用竹木制作蒸笼和面点模具。西汉时北方还出现水碓磨、碾，是粮食原料加工机械的一次革新。据史料记载，唐代的高力士为了堵截沣水，曾制造出了五轮并转的碾，每天磨麦达到了300斛以上。

手工业的繁荣发达，是这一时期经济发展的标志之一。秦汉漆器工艺高超，漆器生产的分工已很细致。长沙马王堆一、二、三号汉墓出土漆器达700余件，不仅数量大而且质地优良精美，令人叹为观止。南北朝的脱胎漆器工艺和唐代的剔红工艺，不仅充分展示了这一时期漆器艺术的精美水平，也反映了漆器在这一时期人们的饮食活动中所处的重要位置。而陶瓷烧造技术也有着空前的提高，秦始皇陵兵马俑证明大陶器的烧造技术问题已解决。瓷器工艺经三国到两晋已转向成熟，瓷器逐渐代替漆器成为人们普遍使用的餐具。唐代南方越窑系统青瓷被陆羽誉为"类冰""类玉"，秘色瓷有"九天见露越窑开，夺得千峰翠色来"之美誉。北方邢窑白瓷被杜甫誉为"类银""类雪"。五代北方柴窑的产品亦有"雨过天青"的美名。盐业生产在这一时期也得到了很大发展。汉时，人们对食盐非常重视，称其为"食肴之将""国之大宝"。根据文献记载可知，当时人们平均每月的食盐量在3升左右，这就使当时的盐业生产有着相应的发展规模。汉代人们已能生产池盐、井盐、海盐、碱制盐，东汉时已用"火井"即天然气煮盐。唐代盐的花色品种很多，颜色有赤、紫、青、黄等，造型有虎、兔、伞、水晶、石等形状。酿酒业在此时期也有很大发展，《方言》所载用于酿造酒的曲有8种，其中的"麸"为饼曲，说明当时已能培养糖化发酵能力很强的根霉菌菌种了。从魏、晋一直到唐朝，上层社会的"士"们饮酒之风大盛，酒的种类也越来越多，出现了很多名酒。唐代葡萄酒的制法也从西域传入内地。《新唐书》说，唐太宗时就已从西域引种马奶葡萄，"并得酒法，上捐盖造酒。酒成，凡有八色，芳香酷烈，味兼醍盎。"中国的饮茶之风在唐代已经广为流行，而当时茶树的种植面积遍及50多个州郡，茶叶产量大增，名茶品种增多，中国的茶文化由此形成。

3. 交通、物流通畅，饮食市场兴旺

这一时期，发达的交通促进了各种物资的运输与交流，为中国饮食文化的逐步壮大提供了便利条件。秦汉以来，统治者为了便于对全国各地的管辖，很重视道路交通的建设。从秦筑驰道、修灵渠，至汉修驿道、通西域，到隋修运河，交通的便利，在客观上大大促进了中国与周边国家以及中亚、西亚、南亚、欧洲等地的经济、文化交往。到了唐代，驿道以长安为中向外四通八达。而水路交通运输七泽十薮、三江五湖、巴汉、闽越、河洛、淮海无处不达，促进了经济的繁荣。从秦汉始，已建起以京师为中心的全国范围的商业网，汉代的商业大城市有长安、洛阳、邯郸、临淄、宛、江陵、吴、合肥、番禺、成都等。城市商贸交易发达，大城市饮食市场中的食品相当丰富，有谷、果、蔬、水产品、饮料、调料等。通邑大都中即有"贩谷粜千钟"，长安城也有了有鱼行、肉行、米行等食品业。史料上记载，在汉代时就有靠卖"胃脯"为业的浊氏和靠卖"浆"为生的张氏，皆因所操之业而成巨富，说明当时的餐饮市场已很发达。另据史料载，东晋南朝时的建康和北魏时的洛阳，是当时南北两大商市。国内外的商品都可在此交易，特别是"胡食"，即外国或少数民族的食品，在许多大商业都市中颇有地位，胡人开的酒店在长安随处可见，如长兴坊饆饠店、颁政坊馄饨店、辅兴坊胡饼店、永昌坊菜馆等，这些餐饮业已出现了有关文献史料记载中"胡食""胡风"的传入，给唐代饮食吹来一股清新之气。是时，不仅"贵人御馔尽供胡食"，就是平民也"时行胡饼，俗家皆然"。许多诗人对此都有描述，如李白《少年行》诗云："五陵年少金市东，银鞍白马度春风。落花踏尽游何处，笑人胡姬酒肆中。"

经济的发展，餐饮业的兴旺，使当时的宴饮出现了新的变化，市面宴会也非旧时可比。据《国史补》记载，在当时的长安，"两市日有礼席，举铛釜而取之"。几百人的酒席一时三刻即可办齐。除长安外，洛阳、扬州、广州也是中外富商巨贾荟萃之地。"腰缠十万贯，骑鹤下扬州""春风十里扬州路"都是对当时扬州经济发达、市场繁华的赞辞。长安、扬州、汴州等大城市甚至于一些中等城市还出现了夜市。唐代还出现了茶交易兴盛的商市，如饶州、蕲州、祁州等，很多大城市的店铺还连带卖茶。

4. 对外交流异常频繁

自汉至唐，中国的对外交流异常频繁，在饮食文化交流方面，这一时期也出现了许多令后人喝彩的史实。隋唐时对外交流更为频繁，长安、洛阳、扬州都是重要的国际贸易城市，在相互交流中，中国的瓷器、茶叶、筷子、米、面、饼、馓子、牛酥和烹制馄饨、面条、豆腐之法与茶艺、饮酒等习俗传入日本。茶叶、瓷器也传入朝鲜，酒曲制作方法也经朝鲜传入日本。西域的饮食如烧饼、饆饠、三勒浆、龙膏酒等，果蔬如波斯枣、甜瓜、包菜、扁桃等，印度的胡椒、茄子，尼泊尔的菠菜、浑提葱，泰国的甘蔗酒，印尼的肠琼膏乳、椰花酒，越南的槟榔、孔雀脯等也相继传入中国。唐太宗还派人去印度学制糖技术。唐朝时中原与周边的吐蕃、回鹘也有着饮食文化的广泛交流。文成公主远嫁西藏，配与松赞干布，带去了内地烹饪的一些原料和烹饪方法。如制碾、制磨、种蔬菜、酿酒、打制酥油等，至今藏人还将萝卜称为"唐萝卜"。历史上流传的"自从公主和亲后，一半胡儿是汉家"，说的就是这段文化交流所产生的影响与变化。考古发现吐鲁番唐代回纥人墓中有保存完好的饺子等多样小点心，也说明了中原食风对当地的影响。另外，宗教文化传入对中国饮食也有着非常大的促进作用。一是清真饮食随阿拉伯人进入中国经商和定居而传入大唐中土；二是佛教在东汉传入中国后，至南朝梁武帝崇佛吃素，形成寺院素菜风味，给中国烹饪添加了两笔浓彩，为丰富中国饮食文化作出了不可低估的贡献。

综上所述，这一时期，作为中国饮食文化的健康发展与逐步壮大时期，既是当时中国社会经济高度发展的结果，也是这一时期中国历史上开展对外交流、多次大移民、民族大融合、文化重心大迁移、科技发明众多等这一系列客观因素刺激的必然结果。

微课插播

梁武帝崇佛吃素的历史

梁武帝在佛教发展兴盛的历史上，作用极大。他不但自己勤修不辍，还热衷于弘扬佛法。汉地僧人戒荤腥吃素的戒律，就是在他专门写了《断酒肉文》后，极力提倡并大力推行的。僧人头上留戒疤，也是起源于梁武帝。他为了超度其下了地狱的妻子而写下的《梁皇宝忏》一直在佛教徒中盛行不衰。梁武帝自己信佛修佛，过佛教徒的生活，吃素断酒肉，绝房事，遵守佛教戒律。他曾四次舍身到同泰寺为寺奴，大臣们每次都花大量的钱财把他赎回来，这样做，既表明了他向往佛教徒的生活，又可以给佛教强大的经济支持。

二、饮食文化丰富发展阶段的特征

汉代生产力水平的迅猛提高，以及对外交流的频繁，魏晋南北朝百花齐放式的中国饮食文化的日益发展，尤其是中国唐代政治、经济、文化的进步与综合国力的强盛等诸多因素，使中国饮食文化在这一时期无论是在烹饪原料的开发利用方面，还是烹饪技术及烹饪产品的探索与创新方面，抑或是在饮食消费过程中文化创造现象以及饮食文化理论的建树等方面，都表现出了前所未有的兴旺发展的景象。

1. 烹饪原料丰富多样的生产供应

这一时期烹饪原料无论是品种还是产量都大大地超过了以前，粮食产量的提高使人们饮食生活中的粮食结构出现了新的变化。汉代豆腐的发明是中国人对整个人类饮食文化作出的巨大贡献。而植物油用于人们的烹调活动之中，为烹调工艺的创新开拓了新的领域。各民族间的文化交流使域外的烹饪原料品种大量引进，进一步丰富了中国人的饮食生活，这一点仅从孙思邈《千金食治》录入的用于饮食疗病的多达150余种的谷、肉、果就可见一斑。

在粮食生产方面，稻谷生产自古以南方地区为盛，到了唐代，中原地区的水稻生产技术大大提高，此外，同州一带的稻作也具有较大的规模。值得注意的是，当时关于种稻的记载，常常是和屯田及水利工程的兴修联系在一起的。粟米种植相当广泛，品种众多，到了《齐民要术》的成书时期，其品种已增加到86种之多。不过到了唐代，南方的稻作在北方有了进一步的发展，产量日渐提高，人们饮食生活中的粮食结构正在发生着变化。汉代，蔬菜的种植，一是为了助食之用，二是为了备荒救饥之需。如汉桓帝曾因灾荒下诏令百姓多种芜菁，以解灾民饥荒之急。但随着历史的发展，情况逐渐发生了变化，蔬菜品种大大增加，增加的途径主要有三条。一是野菜由采集逐渐转向人工栽培，如苦荬菜、蘑菇、百合、莲藕、菱、芡实、莼菜等已由原来的野外采集食用发展为相继进入菜园成为栽培种类；二是由于栽培选育而不断产生新的蔬菜变种，如瓜菜类中从甜瓜演变而来的越瓜，就是佐餐的蔬菜，诸如此类的还有先秦文献中记载的“葑”，后来逐步分化为蔓菁、芥和芦菔等若干个品种；三是异域菜种不断传入，西汉武帝时期，张骞出使西域，为中西物质文化交流打开了大门，苜蓿、胡葱、胡蒜等由此传入，成为中国农民菜园中的新成员。魏晋以后，黄瓜、芫荽、莴苣、菠菜等纷纷入种本土。此外，这一时期还涌现出大量的原料名品，许多文献对此不乏记载，如西汉枚乘在《七发》中就列举了大量优质的烹饪原料，如“楚苗之禾，安胡之外”；《游仙窟》中记载了鹿舌、鹿尾、鹑肝、桂糁、豺唇、蝉鸣之稻、东海鲻条、岭南柑橘、太谷张公梨、北起鸡心枣等；《膳夫经手录》记载了奚中羊、蜡珠樱桃、胡麻等；《酉阳杂俎》记载了濮固羊、折腰菱、句容赤沙湖朱砂鲤等；《大业拾遗记》中记载了吴郡贡品海鲵干脍、石首含肚等；《无锡县志》记载了红连稻等；《清异录》记载了冯翊白沙龙羊、巨藕、睢阳梨等；《长安客话》记载了戎州荔枝等；《岭表录异》记载了南海郡荔枝、普宁山橘子等；《新唐书·地理志》记载了海蛤、海味、文蛤、藕粉、卢州鹿脯等贡品。全国各地的特产烹饪原料在这一阶段的文献记载中可谓不胜枚举，极大地丰富了人们的饮食生活，为烹饪技术的进步发展创造了丰厚的物质基础。另外，值得一提的就是豆腐的发明。据说西汉淮南王刘安发明了豆腐，河南密县打虎亭一号汉墓有制豆腐图。《清异录》第一次用“豆腐”一词。这一发明，是中国人对世界饮食文明的一大贡献，今天，它已经成为世界各族人民喜爱的食品之一，并被认为是人类最健康的食品之一。

这一时期动物性烹饪原料也发生了一些变化，一是肉类食物在整个膳食结构中的比重比前一阶段加大，二是不同肉畜种类，特别是羊和猪在肉食品种中的地位很重要。当然，鸡鸭犬兔等肉类亦为厨中兼备之物。而狩猎业在这一时期仍为人们肉类食物的重要补充途径，在当时，狩猎的主要目的是获取野味肉食，所以这一时期的文献记载了不少关于烹调所用的猎获之物的种类。如《齐民要术》卷8、卷9中记载了许多有关野味的烹调方法，其中来自狩猎的主要有獐、鹿、野猪、熊、雁、雉等。而孟诜在其《食疗本草》中也记载了鹿、熊、犀、虎、狐、獭、豺、猬、鹧鸪、鸲鹆、慈鸦等野味的食疗作用。这一时期的水产也很丰富，由于水产的养殖技术的提高，水产的品种和产量都大大地超过了前期。

两汉以前，我国的食用油来自于动物脂肪，植物油的利用似乎还未开始。但至魏晋南北朝时期，至少胡麻、荏苏和芜菁的籽实被用于压油，这在《齐民要术》中有明确记载，另据《三国志·魏志》记载，当时已用“麻油”（芝麻油）烹制菜肴，后有豆油、苏油。《酉阳杂俎》记载唐代有专门卖油的人走街串巷。植物油用于炒、煎、炸等，使唐代烹饪的美馔佳肴及名点名吃数量大增。植物油的出现，是中国饮食文化史上一个十分值得注意的事件，它实际上与我国烹饪技艺的重大变革——油煎爆炒的出现有着直接的关联。

2. 烹调工具及饮食器具的进一步改善与发达

据历史学的研究成果表明，早在战国时，铁器的使用及铁的冶炼即已有之。到了汉代，铁器的冶铸技术水平已有提高，铁器已经普及到生活的许多方面，如在烹调活动中铁釜和镬已普遍使用，到了三国时期，魏国已出现了“五熟釜”，即釜内分为五档，可同时煮多种食物。蜀国还出现了夹层可蓄热的诸葛行锅。至西晋时，蒸笼又得以发明和普及，蒸笼的发明使中国的面点制作技术发生了相应的变化。《北史》载有一个称“獠”的少数民族，“铸铜为器，大口宽腹，名曰‘铜爨’，且薄且轻，易于熟食”。这就是我国最早的“铜火锅”。唐朝的炊具中还有比较专门和奇特的，如有专烧木炭的炭锅，还有用石头磨制的“烧石器”，其功用类似今天的“铁板烧”，但更为优良，冷却缓慢，可“终席煎沸”。而“烧石器”是否类似现在酒店流行的可以放在煲仔炉上加热的“石锅”还有待于进一步研究。

汉代初期，当上层社会列鼎而食的习俗逐渐消失后，人们开始在地面上用砖砌制炉灶。当时炉灶的造型和种类可谓变化多样，但总体风格是长方形的居多。东汉时，炉灶出现了南北分化。南方炉灶多呈船形，与南方炉灶相比，北方灶的灶门上加砌一堵直墙或坡墙作为灶额，灶额高于灶台，既便于遮烟挡火，也利于厨师操作。不论南方式还是北方式，炉灶对火的利用更加充分合理，如洛阳和银川分别出土了同时具有大、小两个火眼和三个火眼的东汉陶灶。南北朝时期，可能受北方人南迁的影响，南方火灶也出现了挡火墙。汉代炉的形式有很多，有盆式、杯式、鼎式等。魏晋南北朝时出现了烤炉，可烘烤食物。唐代炉灶的形式更加多样化，如出现了专门烹茶的“风炉”，制作精妙。其他一些炉灶辅助工具如东汉时可置釜下架火的三足铁架、唐代火钳等也在考古发掘时被发现。

汉代，盛放食物的器具是碗、盘、耳杯等，一般为陶器，富有之家多用漆器，宫廷贵族又在漆器上镶金嵌玉。至魏晋南北朝，瓷质饮食器具在人们的日常饮食生活中日渐普及，唐代，我国瓷器生产步入繁荣时期，上自贵族，下至平民，皆用瓷质饮食器皿。此外，我国使用金银制品的历史也很悠久，汉代已经有了把黄金制成饮食器的记载，如《史记·孝武本纪》载李少君对武帝之言：“祠灶则致物，致物而丹砂可化为黄金，黄金成，以为饮食器，则益寿。”至魏晋南北朝时，因当时社会大盛奢靡之风，上层社会盛行使用金银制成的饮食器，如《三国志·吴志·甘宁传》载：吴将甘宁“以银碗酌酒，自饮两碗。”到了盛唐之时，这种奢靡之风就更不足为奇了。

3. 烹饪工艺与饮食方式的变化与进步

由于烹饪灶、炉等饮食设备相继出现并不断得到改善，炊具种类不断增多并形成较为完整的功能体系，在烹饪技法方面，食品的蒸、煮、炮、炙技术不断得到提高，熬、炸方法也逐渐被发明并应用，原料配伍和调味技艺愈来愈讲究。在主食的烹制方面，两汉时期饼食开始出现，花样很多，“南人食米”，自古皆然，而“北人食面”，却并非有史以来即是如此。事实上，以面食为主食是北方人饮食变迁最为突出的成果之一，正是在秦汉以后，北方地区逐步改变了漫长的以“粒食”当家的主食消费传统，确立了以面食为主，面食、粒食并存的膳食模式，并一直延续至今。从刘熙《释名·释饮食》中可知，东汉时期已经出现了胡饼、蒸饼、汤饼、蝎饼、髓饼、金饼、索饼等。而崔实《四民月令》中还载有煮饼、水溲饼、酒溲饼等。隋唐以后的文献所述及的饼类花色更是不胜枚举。大体而言，后世常用的烤烙、蒸、煮、炸四种制饼之法，当时均已出现。

微课插播

晋·束皙《饼赋》节选

礼，仲春之月，天子食麦，而朝事之笾煮麦为□，内则诸馔不说饼。然则虽云食麦，而未有饼，饼之作也。其来近矣。……此时为饼，莫若薄壮。商风既厉，大火西移。……玄冬猛寒，清晨之会。涕冻鼻中，霜成口外。充虚解战，汤饼为最。然皆用之有时，所适者便。苟错其次，则不能斯善。其可以通冬达夏，终岁常施。……

饭和粥的种类也进一步丰富起来。文献中常见的有粟饭、麦饭、粳饭、豆蔬饭、胡麻饭、雕胡饭、橡饭等。相比而言，秦汉以后的厨师在做菜方面所花费的心思和精力，要远远超过做“饭”。从某种程度看，菜肴的烹调更能充分显示中国饮食文化的多样性和独创性。仅以《齐民要术》为例，该书虽然未能囊括此前全部的菜肴珍馔，但却足以反映当时菜肴的主要类别及烹调方法。从该书的记载看，蒸、煮、烤、炙、羹、臛等是当时人们最常用的菜肴烹调方法。与这些方法相比，炒法的出现要晚得多，这主要是受早期炊具形制和质地以及植物油料加工尚未发展起来等因素的制约。可以说炒是中国后世最为常用的一种菜肴烹调方法，几乎适用于一切菜肴原料，而且炒的种类变化甚多。

在这一时期，茶作为中国人生活中最为重要的饮品出现了，并且历经千年的发展，形成底蕴深厚的茶文化。先秦以前，史料并没有人们饮茶方面的明确记载。大概自西汉后，中国人的饮茶之风才开始。西汉王褒在其《僮约》中，有“烹茶尽具”“武阳买茶”的文字记载，此篇文章的写作时间是汉宣帝神爵三年（即公元前59年）。值得注意的是，最早开始喜欢饮茶的大都是文化人。魏晋南北朝后，在道、释之学大盛、谈玄之风正劲的社会环境中，僧侣、道士、士大夫颇尚饮茶。至隋唐，上自天子，下至平民，无不好茶。在此基础上，文人创造了茶艺。至此，市面上常见的名茶便纷纷出现，如紫笋、束白、蒙顶石花、西山白露、舒州天柱、蕲门团黄、霍山黄芽等。

微课插播

北方饮茶始自泰山灵岩寺

根据史料记载，北方饮茶之风，开始于泰山灵岩寺。据《四库全书》中的《封氏闻见录》卷六记载：“开元中，泰山灵岩寺有降魔师，大兴禅教。学禅，务于不寐，又不夕食，皆许其饮茶，人自怀挟，到处煮饮，从此转相仿效，遂成风俗。自邹、齐、沧、棣，渐至京邑，城市多开店铺，煎茶卖之，不问道俗，投钱取饮……”意思说，在唐朝开元年间，灵岩寺里的降魔大师重视禅定修行，在降魔大师及众弟子禅定修行的时候，夜晚不睡觉，坚持不懈不怠地坐禅修行，甚至连晚饭也不吃，只允许靠饮茶醒神。自此，人们相互效仿，渐成风俗。

由于各种粮食作物的生产供应，这一时期酒的品种和名品可谓迭出。从马王堆《遗册》中可知，有温酒、肋酒、米酒、白酒的名称。枚乘《七发》中有“兰英之酒”，说明先秦时的鬯酒至此已有了新的发展。从《四民月令》所述来看，东汉的“冬酿酒”和“椒酒”都属于在特定时间里酿造的酒。从《洛阳伽蓝记》所述可知，北魏人刘白堕可酿出“饮啖香甜，醉而经月不醒”的美酒。至隋，已有了“兰生”“玉薤”等名噪一时的葡萄酒。唐代是酒之国度，名酒辈出。从白居易、杜甫、王维、李白、王翰、朱放、李世民等人的诗文中可知，当时的主要名酒有杭州梨花酒、四川、云南一带的曲米春、竹叶酒、兰陵酒、葡萄酒、松叶酒、酪酥酒、翠涛酒等。此外还有乌程箬下春、荥阳土窟春、富平石冻春、剑南烧春、冯翊含春、陴筒酒、屠苏酒、兰尾酒、岭南椰花酒、沧州桃花酒、菖蒲酒、长安稠酒、马乳酒、龙脑酒、龙膏酒等。

4. 中国风味流派的初创与宴饮之风大盛

中国风味流派的形成，有人认为早在先秦之时，就有了南北风味的不同和荤素肴馔的分别，但那只是大致而言。进入秦汉以来，这种风味上的差异越来越明显，主要表现为地域的分野与荤素菜的分岭。唐代以前，由于交通运输的不发达，商品的流通还很有限，只有上层社会和豪商巨贾才能独享异地特产，所以风味流派首先是建立在烹饪原料的基础之上，并受到烹饪原料的制约。西汉时，南方以水产、猪、水稻为主，而北方仍以牛、羊、狗、麦、粟等为主。在调味上，北方用糠（粟麦类）醋，南方用米醋。北方多鲜咸，蜀地多辛香，荆吴多酸甜。随着水陆交通的便利、商业经济的发展和饮食文化的交流，各地的饮食风俗又彼此相互影响。据《洛阳伽蓝记》记载，南方人到洛阳后，也有很多人渐渐地习惯食奶酪、羊肉，北方人也逐渐习惯了饮茶与吃鱼。北方的名食以面食居多，而南方名食以米食居多。即使饮茶普及后，南北方的烹茶工艺、饮茶方法也有很大不同。唐代自陆羽后，南人渐习于研茶清煮，而北人仍惯于加料调烹，西北少数民族因食肉等原因，则更无清饮的习惯。与其他地区相比，岭南食风更为奇异，《淮南子》说“越人得蚺蛇（蟒）以为上肴”，《岭南录异》中所载种种奇食怪味及食用方法奇特之事，反映了岭南之地饮食风俗的个性特征。

虽然在先秦的时候，荤素肴馔就有了分别，但形成流派则始于魏晋南北朝时期的南朝。南梁时的梁武帝笃信佛教，以身事佛，且躬亲食素，对荤素菜肴形成流派起到了推动的作用。他亲撰《断酒肉文》，号召天下万民食素，寺院素食渐成流派。北方也受其影响，如《齐民要术》中记载了10余种素菜的制作技艺。到了唐代，素菜制作出现了创新，出现以素托荤类的菜肴。以素托荤，就是形荤实素，据《北梦琐言》记载，崔安替用面粉等素料，制出了豚肩、羊脯、脍炙等，生动逼真，可谓素菜荤制的开山鼻祖。尤其值得注意的是，这一时期在秦汉食品雕刻的基础上，大型的艺术拼盘技艺已经出现，并且达到了相当高的水平。

微课插播

尼姑梵正的“辋川小样”

梵正，五代时的著名尼姑厨师，以创制“辋川小样”风景拼盘而驰名天下。辋川小样是用脍、肉脯、肉酱、瓜果、蔬菜等原料雕刻、拼制而成。拼摆时，她以王维所画辋川别墅20个风景图为蓝本，制成别墅风景，使菜上有风景，盘中溢诗情。宋代陶谷在《清异录·馔羞门》中倍加夸赞：“比丘尼梵正，庖制精巧，用鲊脍脯，醢酱瓜，黄赤色汁成景物，若坐及二十人，则人装一景，合成辋川图小样。”

值得一提的是，这一时期的宫廷饮食与官府饮食在一定程度上得到了相当大的发展，形成了宫廷饮食风格与官府饮食风味。一般来说，宫廷菜的制作技术只限于宫中，很难在宫外餐饮市场露面，因而很难遇到交流的机会，所以宫廷菜只是在皇族的范围内缓慢地发展着。至于官府菜，情况要好于宫廷菜的境遇。有些官员与其厨师共同研制独具自家风味的菜点，所以比起宫廷菜，官府菜的发展不仅快，而且呈现出百花竞放之势。市肆菜的主要特点是它具有商业性经营的灵活性，如在长安，就可看到南北东西以至国外传进的许多食品，并形成了巨大的消费市场，即使是官府食品，也可以在市肆上仿制出来。

如果说，先秦时期的宴会带有更多的制度色彩与礼仪规范意义的话，那么，汉唐时期的宴席更与社会经济的兴旺发达有着直接关系，所反映的是社会稳定与经济繁荣的景象。西汉在“文景之治”以后，宫中常设宴饮之会，贵族宴会更是频繁。1973年，四川宜宾崖墓画像石棺内发掘出“厨炊宴客图”，在挂有帷幔的屋内，正壁左角上挂有猪腿、鸡、鱼和器物，其下一人跪坐，操刀在俎上剖鱼。屋内地上置一物，似是炉灶。右面对几踞坐，高冠长服者，应是主人，他左手端杯，伸出右手招呼客人，似示入席。而从《盐铁论·散不足》对民间酒会的描述中可知，列于案上的美食美饮实在是丰富而广泛：“殽旅重迭，燔炙满案，臑鳖脍鲤，麑卵鹑鷃橙枸，鲐鳢醢醯，众物杂味。”这还不算，其间还有“钟鼓五乐，歌儿数曹”，“鸣竽调瑟，郑舞赵讴”。魏晋以后，宴会大行“文酒之风”。曹操父子筑铜雀台，其中一个重要的功能就是宴享娱乐。张华的园林会、王羲之的曲水流觞、竹林七贤的畅饮山林，文采凌俊，格调高雅，不仅对宴会的丰富发展起到推动作用，而且对文人饮食文化风格与文人饮食流派的形成与发展产生了很大的影响。南北朝时，宴会名目增多，目的性较强，如登基、封赏、祀天、敬祖、省亲、登高、游乐、生子、团圆等，这些都促进了宴会主题的多元化。但贵族的奢靡之风也甚重，《梁书》卷38描述当时筵宴的奢华情景：“今之宴嬉，相竞夸豪，积累如山岳，列肴同绮绣。露台之产，不周一燕之资，而宾主筵间裁取满腹，未及下堂，已同臭腐。”至唐代，中国的宴会已经发展到了一个新的高潮，文人士子聚饮之风愈演愈盛，最为奢华、热闹的宴会莫如士子登科及第、官员迁除之际所举办的“烧尾宴”“樱桃宴”，可谓各有内容。文人宴会更是情趣有加，文人雅士对宴饮场所的选择相当重视，他们的聚会宴饮并不囿于厅堂室内，如亭台楼阁、花间林下或者山涧清池才是他们更为理想惬意的宴饮场所；在宴饮过程中，他们也并非单纯地临盘大嚼，而是配合着许多充满情与趣的娱乐活动，或对弈、或听琴、或对诗赋、或行酒令、或品伎歌舞、或持杯玩月、或登楼观雪、或曲池泛舟，如白居易所设船宴，酒菜用油布袋装好，挂在船下水中，边游边吃边取；又如《霓裳羽衣曲》与胡旋舞、舞马等就是皇家宴会的乐舞。在这样的宴饮过程中，参与者不仅口欲得到了满足，其听觉、视觉乃至整个身心都得到了享受，在满足生理需要的同时，也获得了精神上的愉悦和快感，表现了文人雅士所特有的风雅情趣。

微课插播

唐代烧尾宴菜单（部分）

饭食点心：巨胜奴（蜜制散子），婆罗门轻高面（蒸面），贵妃红（红酥皮），汉宫棋（煮印花圆面片），长生粥（食疗食品），甜雪（蜜饯面），单笼金乳酥（蒸制酥点），曼陀样夹饼（炉烤饼）等。

菜肴羹汤：通花软牛肠（羊油烹制），光明虾炙（活时烤制），白龙曜（用反复捶打的里脊肉制成），羊皮花丝（炒羊肉丝，切一尺长），雪婴儿

（豆苗贴田鸡），仙人脔（奶汁炖鸡），小天酥（鹿鸡同炒），箸头春（烤鹌鹑），过门香（各种肉相配炸熟）等。由此可见古今吃喝之风，屡禁而难止，虽如此，却为后世创一代名宴。

5. 烹饪饮食理论繁荣，名家辈出

中国烹饪技艺在这一时期的大发展与饮食文化的繁荣，使烹饪饮食理论的研究在此时期呈现出前所未有的发达状态。有关研究成果显示，从魏晋到南北朝出现的烹饪饮食专著多达38种之多，隋唐五代时烹饪专著有13种，总计50多种。但令人可惜的是有不少专业著作已在历史发展的过程中遗失了。我们今天可以看到的有关饮食烹饪的著作中，有的已经残缺不整，如相传为曹操所作《四时食制》、崔浩所作的《食经》、南北朝无名氏的《食经》《食次》等。而完全保存下来的，仅有唐代陆羽的《茶经》、张又新的《煎茶水记》等有关饮茶辨水的专著。其中陆羽的《茶经》因记述茶的历史、性状、品质、产地、采制、工具、饮法、掌故等而成为中国茶文化发达的标志，其重要的历史文化价值不言而喻，是世界上第一部关于茶的科学专著。另外，西晋束皙的《饼赋》是一篇赋文，却讲述了饼的产生、品种、功用和制作，可谓是关于饼的专论之祖。还有很多值得一提的烹饪文献，如东汉崔实的《四民月令》，它虽然是一部农书，但其中有关烹饪的部分相当丰富，介绍了包括制酱、酿酒、造醯及制作饼、脯、腊等各种菜馔食品近100种。同时还提到一些饮食事项、宴饷活动等方面的内容。北魏贾思勰所著《齐民要术》是我国第一部农学巨著，其中关于烹饪方面的内容具有较高的史料价值。书中不但保存了很多此前已经流失的烹饪史料，而且还收录了当时以黄河流域为中心、涉及南方、远及少数民族的数十种烹饪方法和200多种菜点。唐代段成式的《酉阳杂俎》，共20卷，续10卷，其中《酒食》卷中录入了历代百余种食品原料及食品，参考价值很高。唐代刘恂的《岭表录异》一书，主要记录了唐代岭南一带的饮食风物趣闻，为今人研究当时当地烹饪饮食文化的发展状况提供了难得的研究素材。此外，还有《西京杂记》《方言》《释名》《说文解字》等，这些文献中也保留了很多关于饮食文化方面的颇有价值的资料。

随着食物资源的扩大与烹饪饮食水平的提高，饮食养生理论研究在这一时期也有很大的发展。主要表现在两个方面：一是对前一时期建立的养生理论继续补充和进一步完善；二是结合具体实践，归纳总结出养生食疗理论与许多保健性食品，并对它们的名称、药性药理、食用方法、注意禁忌等进行详细的介绍，使饮食养生、医疗保健进一步具体化。如东汉张仲景在《金匮要略》中进一步提出“所食之味，有与病相宜，有与身为害。若得宜则益体，害则成疾。以此致危，例皆难疗。”故而他强调并列出了百余条饮食禁忌及治疗药剂。隋唐时孙思邈在《千金食治》中阐述了食养食疗理论依据后，对150多种植物果实、蔬菜、粮食、鸟兽鱼虫的性味、作用进行了分析，并列举了其饮食禁忌及效果。唐代孟诜的《食疗本草》共记载了200多条食疗方，是当时集养生、疗疾之大成的作品。昝殷的《食疗心鉴》记录了10多种食疗菜肴，很适合民间使用。五代南唐陈士良的《食性本草》，收录了前人的食疗经验，内容比较丰富，是研究五代南唐食疗方面的重要资料。

烹饪饮食理论的发达，得益于烹饪饮食实践活动的运用，这一时期涌现出了一大批烹饪大师与饮食名家，较之先秦，不仅数量多，而且是真正意义上的烹饪大师与饮食名家，没有先秦时那种由于政治的或哲学的需要，在其论说中多举饮食烹饪之事而得美食烹饪名家的复杂情况。所以这一时期的烹饪大师与饮食名家，真真切切地确实是因其精于烹饪技艺或饮食艺术而被载于史册。如“五侯鲭”的创始人是娄护，他可被视为杂烩菜肴的发明者；西汉的张氏、浊氏以制脯精美而成名；北魏刘白堕酿酒香美醉人，以致游侠们流传“不畏张公拔刀，惟畏白堕春醪”的话；北魏崔浩之母，口授烹饪之法于崔浩，才得以有《崔氏食经》传世；据《大业拾遗记》载，隋人杜济，创制石首含肚；人称“古之符郎今之谢枫”，而谢枫乃是隋代著名的美食家，《清异录》中载有他著的《淮南王食经》；唐代段文昌为“知味者”，《清异录》说他“尤精膳事”，他家的老婢女名膳祖，主持厨务，精于烹调之术；陆羽精于茶事，著有《茶经》，被后世尊为“茶圣”；五代有专卖节日食品的张手美，心灵手巧，人称“花糕员外”，其真名已无从所知，只知他在开封因卖花糕而闻名；还有五代时期的尼姑梵正摹仿唐代大诗人王维的“辋川图”制作的花色拼盘，堪称艺术冷拼盘之鼻祖……从所列举的这些烹饪大师与饮食名家，便可看出这一时期餐饮业界烹饪大师与饮食名家高手如云的盛况。

总之，中国饮食文化在这一时期取得了重大的成就，突出表现在以下几个方面：一是原料范围进一步扩大，品种进一步增多，域外原料大量引进，海产品大量使用；二是植物油用于烹饪，使烹饪工艺的某些环节出现了新的变化；三是铁质烹饪器具的使用，“炒”“爆”等特色烹调工艺的出现，实现了中国烹饪技术的又一飞跃；花色拼盘的出现，为烹饪造型工艺拓宽了更为广阔的创造空间；四是瓷器和高桌座椅的普及，开始了中国餐具瓷器化和餐饮桌椅化的新时代；五是饮食名品多如繁星，拉开了此后中国餐饮业通过名品刺激消费、在竞争中产生名品的帷幕；六是宴会大盛，奠定了中国传统宴会的基本模式；七是烹饪专著大量涌现，养生食疗理论的进一步发展，大大丰富了这一时期的中国饮食文化研究内容。

趣味链接

“五侯鲭”的历史传说

“五侯鲭”是汉代一种集多种珍膳烹饪的杂烩菜肴。五侯，指汉成帝母舅王谭、王根、王立、王商、王逢，因同日封侯，号五侯。鲭，肉和鱼的杂烩。《西京杂记》卷二：“五侯不相能，宾客不得来往。娄护、丰辩，传食五侯间，各得其欢心，竞致奇膳，护乃合以为鲭，世称五侯鲭，以为奇味焉。”后用以指佳肴。唐韩翃《送刘长上归城南别业》诗："朝还会相就，饭尔五侯鲭。"宋苏轼《次韵孔毅甫集句见赠》之二："今君坐致五侯鲭，尽是猩唇与熊白。"

单元四　宋至清代饮食文化走向成熟

从宏观意义来说，自我国北宋建立到清朝灭亡的1000多年间，是中国传统饮食文化在其各个方面都日臻完善，走向成熟发展的时期。这期间，既有北宋京城繁荣昌盛的中原饮食文化与饮食市场的景况，又有南宋时期北方饮食方式与饮食观念在经历了文化重心南移的波折后，出现了与南方饮食文化的冲击和汇流的过程，同时还有金、元、清汉民族饮食文化与中华各少数民族饮食文化的交流与大融合。中国饮食文化在这一时期发生了巨大转变，而自身却日益成熟起来。

一、饮食文化走向成熟的背景

1. 农业、手工业的兴旺发达

在我国的北宋年间，农业生产技术水平大大提高，出现了长江以北以种植粟麦黍豆为主、江南则以种粳籼糯稻为主的粮食生产格局。而越南、朝鲜等优良稻谷品种的引进，使农作物的种植不仅走向优质化，而且也形成了品种多元的发展形势。与此同时，与北宋对峙的辽、西夏也在大力发展农业经济，耕作面积增大，种植品种增多。南宋虽偏安一隅，但统治者并未放弃发展农业生产，而且非常重视精耕细作，农业生产一度出现了繁荣景象。到了元代，水稻已成为产量高居全国首位的农作物。明代统治者鼓励平民垦荒，提倡种植经济作物，粮食产量大增，一些地方的储粮可支付当地俸饷十年至数十年甚至上百年之需。至明代中叶，农业生产水平进一步提高，福建、浙江等地出现双季稻，而岭南甚至出现了三季稻。同时，东南沿海引进了番薯、玉蜀黍等新的农作物。清康乾盛世之时，关中地区有的地方一年"三收"。至清末时，尽管遭受到帝国主义列强的侵略，但农业生产主要格局和总体水平没有发生根本动摇，农业仍然是国民经济生产部门的主项。

进入北宋后期，新的燃料——煤炭开始大量地被开采利用，根据记载，在当时的河东、开封一带居民已经将煤用于家庭炉灶的烹饪活动之中。而在两宋时期，各种精美瓷器的烧制已遍布全国各地，景德镇瓷器名播四海，定窑、钧窑、越窑、建窑、汝窑、柴窑、龙泉窑等所出瓷器闻名遐迩。泉州、福州、广州等地的造船业相当发达，大量瓷器由此出海，远销异国。元明清三代是中国瓷器的繁荣与鼎盛时期，从产品工艺、釉色到造型、装饰等方面都有巨大的创新。酿酒业在这一时期发展很快，宋代发明红曲霉，这在世界酿酒工艺史上都是一个了不起的创造。

宋代，中国茶叶生产水平得到空前提高，出现了“炒青”技术，茶叶种类增加。黑茶、黄茶、散茶和窨制茶已经出现。特别是红茶制作方法发明出来，已能生产小种红茶。斗茶、赏茶之风的盛行及大量茶著作的问世，使茶文化进入发达时期。宋代城镇市集贸易大兴，商贾所聚，要求有休息、饮宴、娱乐的场所，于是酒楼、食店到处都是，茶坊也便乘机兴起，跻身其中，大大地促进了茶文化的发展。这一时期饮食加工业的兴旺也已成为中国饮食文化日趋成熟的重要因素。在全国大中小城市中，普遍有磨坊、油坊、酒坊、酱坊、糖坊及其他大小手工业作坊，并出现了如福建茶、江西瓷、川贵酒、江南澄粉、山东玉尘面等很多著名品牌。清末，中国许多门类的手工业失去了昔日的风采，只有与烹饪有关的手工业未呈衰相。

2. 商业、贸易促进了饮食市场的繁荣

因为社会经济的繁荣发展，为这一时期中国饮食文化走向成熟打下了坚实的基础。两宋的饮食文化中最突出的特点就是都市餐饮业的发展十分迅速，并在短期内达到十分繁荣的局面。从宋人吴自牧撰写《东京梦华录》一书的记录看，宋代正是因为商业经济的发达繁荣，汴京等大都市的酒楼、饭馆、食店才如雨后春笋般大量出现，且生意兴隆，一如该书所说：“八荒争凑，万国咸通，集四海之珍奇，皆归市易，会寰区之异味，尽在庖厨。”当时著名的北宋宫廷画家张择端借清明游春之际，绘画了一幅著名的《清明上河图》，生动而真切地再现了当时北宋京都汴梁沿汴河自“虹桥”到水东门内外的民生面貌和繁荣景象，酒楼正店，酒馆茶肆，饮食摊贩，以及从事餐饮生意人的买卖情形，都在画面中有重要体现。其中挂有“正店”招牌的三层酒楼，挂有“脚店”的食店以及沿街两旁搭有大伞形遮篷的食摊，熙熙攘攘的人群围站食摊、出入酒楼。餐饮业的这种繁荣景象生动逼真，形象地再现了北宋时期饮食业的盛况。

到了南宋时期，由于宋代政治、经济、文化中心的南移，各种人才大量南迁流动，将北方的科学、文化、技术带到了南方，也推动了江南饮食业的发展。南宋王朝偏安一隅，奢靡腐化成风，竞相吃喝玩乐，由此造就出京城临安的畸形繁荣。在落户杭州的大量流民中，有不少厨师和各种食店的老板，他们带来了北方的饮食烹调技术，南下后重操旧业，如在《都城纪胜》一书所记录的那样：“京城食店多是旧京师人开设。”由于当年的杭州仍是八方之民所汇之地，造就了当时素食馆、北食馆、南食馆、川食馆等专业风味餐馆的问世。饮食行业还出现了上门服务、分工合作生产的“四司六局”，还有专供富家雇用的“厨娘”。

元代出现了很多较大的商业城市，如大都、杭州、泉州、扬州等，这些城市都有饮食娱乐配套服务的酒楼饭店。元代的饮食业很庞杂，所经营的菜肴，除蒙古族菜以外，兼容汉、女真、西域、印度、阿拉伯、土耳其及欧洲一些民族的菜肴。

明代初期，社会经济呈现出繁荣景象，各种食品也随之进一步丰富起来。当时大都、杭州、泉州、扬州等都市的饮食业发展很快，并得到了当时文化人的重视，出现了不少有关饮食、烹饪的专著。这些饮食方面的专著所反映出当时的食品种类、加工水平、烹调技术已达到相当的高度。明代万历年间的史料中出现的烹调术语多达100余条。

清代，特别是康乾盛世，由于社会经济的高度发展，一些大都市如北京、南京、广州、佛山、扬州、苏州、厦门、汉口等比明代更为繁荣，还出现了如无锡、镇江、汉口等著名码头。在商业各行中，盐行、米行也是最大的商行。北京作为全国最大的贸易中心，负责对少数民族批发酒、茶、粮、瓷器等商品。以御膳为例，不仅用料珍贵，而且很重视造型。在烹调方法上还特别重视“祖制”，即使是在饮食市场上，许多菜肴在原料用料、配伍及烹制方法上都已程式化。各民族间的饮食文化的交流在当时也很普遍。通过交流，汉民族与兄弟民族的饮食文化相互影响，促进了共同的发展。清末，西方列强肆意掠夺包括茶叶、菜油等在内的农产品，并向我国疯狂倾销洋面、洋糖、洋酒等洋食品。但我国传统饮食市场的主导地位非但未被动摇，而且借着半殖民地、殖民地化商业的畸形发展，很多风味流派还得以传播和发展，出现了许多著名的酒楼饭馆。以北京为例，清人杨懋在《北京杂录》中描绘了北京晚清饮食市场时说：“寻常折柬招客请，必赴酒庄，庄多以‘居’为名，陈馈八簋，羝肥酒兴，夏屋渠渠，青无哗者。同人招邀，率而命酌者，多在酒馆，馆以居名，亦以楼名。凡馆皆壶觞清话，珍错毕陈，无歌舞也。”可见当时老字号餐馆经营有方，为取悦宾客，不仅从店名修辞到屋内陈设都别具一格，而且菜点的烹制也是严格把关，力求精美。

总而言之，从我国的宋代到清末，中国社会经济的发展呈现出波涛起伏之势，这一时期的中国饮食文化不断碰撞发展、交流融合，并逐渐走向壮大与成熟，使我国的饮食文化达到了前所未有的顶峰。

二、饮食文化走向成熟的特征

中国饮食文化在成熟发展时期，无论是在饮食原料的应用、烹饪工具的创新、烹饪技术的提高、饮食市场的繁荣、饮食理论著作的大量问世等各个方面都展现出了饮食文化前所未有的繁盛景象，具有突出的饮食文化成果与发展特征。

1. 烹饪原料的广泛引进和利用

这一时期外域烹饪原料大量地引进中国，如辣椒、番薯、番茄、南瓜、四季豆、土豆、花菜等。其中，辣椒原产于秘鲁，明代传入中国。番薯原产于美洲中南部，也是明代传入中国的。南瓜原产于中、南美洲，明末传入中国。土豆原产于秘鲁和玻利维亚的安第斯山区，15～19世纪分别由西北和华南多种途径传入。面对这些引进的烹饪原料，中国的厨师们洋为中用，利用这些洋原料来制作适合中国人口味的菜肴。此外，由于原料品种和产量不断增加，人们对原料的质量提出了更高的要求。元明清时，菜农增加，蔬菜的种植面积进一步扩大，菜农的蔬菜栽培技术也有了相应的提高，这不仅促进了蔬菜品种的增多，也促进了蔬菜品种的优化。可以说，对现有原料的优化与利用，又是这一时期烹饪原料开发利用的主旋律。如白菜是我国古代的蔬菜品种，至明清时，经过不断改良，培育出多个品种和类型，南北方都大量栽培，成为深受人们喜爱的蔬菜品种。在妙用原料方面，中国古代的厨师早已养成了珍惜和妙用原料的美德，尽管当时的社会经济有了很大的发展，烹饪原料日渐丰富，但人们在如何巧妙合理地利用烹饪原料方面还是不断地探索和尝试，并总结出一料多用、废料巧用和综合利用的用料经验。如通过分档取料和切配加工，采用不同的烹调方法，就可以把猪、羊、牛等肉类原料分别烹制出由多款美味组成的全猪席、全羊席或全牛席。又如锅巴本是烧饭时因过火而形成的结于锅底的焦饭，理应废弃不用，但人们可以用来发酵制醋，在烹饪中甚至用它做成锅巴菜肴，如“白云片”“桃花泛”“锅巴海参”等风味独特的菜肴，真可谓是匠心独运，妙手创造。

2. 烹饪工具和烹饪技术的进一步发展与应用

这一时期的烹饪工具有很大的发展，宋人林洪在其《山家清供·拨霞供》中记载，武夷六曲一带人们冬季使用的与风炉配用的“铫”，其实就是今人所说的火锅，可见当时火锅在南方一些地区已经流行。而汴京饮食市场上出现的“入炉羊”一菜，则表明当时已有了烤炉。值得一提的是，珍藏于中国历史博物馆中的河南偃师出土的宋代烹饪画像砖，画中的主人公是一位中年妇女，正在挽袖烹调，其旁边有镣炉一个，炉内火焰正旺，炉上锅水正开，从画面上看，这种镣炉可以移动，通风性能很好，节柴省时，火力很猛，是当时较为先进的烹调炊具。元代宫廷太医忽思慧在其《饮膳正要·柳蒸羊》中记载了一种用石头砌的地炉，其用法是先将石头烧热至红，置于炉内，再将原料投入烘烤。该书还提到了“铁烙”“石头锅”“铁签”等新的烹饪工具。明代以后，炊具的成品质量较之前代有很大提高，广东、陕西所产的铁锅成为当时驰名全国的优质产品。到了清代，锅不仅种类很多，而且使用得相当普及。而烤炉也有了焖炉和明炉之分。

自两宋开始，我国烹饪工艺的各大环节如原料选取、预加工、烹调、产品成形已基本定型。又经明清数百年的完善，整个烹饪工艺体系已完全建立。首先，对原料的选取和加工已有了较为科学的总结，从《吴氏中馈录》《饮膳正要》等文献记载中可知，人们对烹饪原料的选用已不仅考虑到原料自身的特性及烹调过程中配伍原料间的内在关系，而且也开始对原料的配用量重视起来。而袁枚在其《随园食单·须知单》中首先讲的就是选料问题：“凡物各有先天，如人各有资禀”，“物性不良，虽易牙烹之，亦无味也。”作者明确指出：“大抵一席佳肴，司厨之功居其六，买办之功居其四。”这段文字实际上是总结了几代厨师的原料选用与配伍经验，意识到烹饪原料的选用是整个烹饪工艺过程之要点所在，烹饪产品是否能出美味，关键在于烹饪原料的选用。明代厨师已经能较为全面地掌握一般性原料，如牛、羊、猪、鸡、鱼等如何治净、如何分档取料等基本原理，如用生石灰加水释热以涨发熊掌等。清代厨师对山珍海味等干料的涨发、治净总结出了较为系统的经验，这在袁枚的《随园食单》一书中有具体载述。元代出现了“染面煎”的挂糊方法，即在原料外挂一层面糊后加以油煎。明清时期的厨师已经开始用多种植物淀粉进行勾芡。清代厨师用蛋清和淀粉挂糊上浆，这已与今天的挂糊上浆方法基本相同。明代的厨师已经普遍地掌握了吊汤技术。通过制作虾汁、蕈汁、笋汁等来提味的方法已成为当时厨师的基本技能之一。其次，这一时期的刀工技术有了很大的提高。据《江行杂录》描述，宋代有一厨娘运刀切肉的情形：“据坐胡床，缕切徐起，取抹批脔，惯熟条理，真有运斤成风之势。”足见此厨娘的刀工技术之精湛。这一时期的食雕水平也有很大的提高。《武林旧事》载，在张俊献给高宗的御宴中，就有“雕花蜜煎一行”，共12个品种，书中虽未具体描绘这些食雕作品的精美程度，但既是御宴，其食雕水平自然是相当高的。元代厨师很重视菜肴中原料的雕刻，擅长运用刀工技术来美化原料。据《广东新语》记载，明代厨师已能将“鱼生”切得非常之薄，说“细脍之为片，红肌白理，轻可吹起，薄如蝉翼，两两相比”。清代扬州的瓜雕堪称绝技，代表了这一时期最高的食品雕刻艺术。再次，烹调方法与调味技术在这一时期有了很大发展。早在宋代，主要的烹调方法已经发展到30种以上，就“炒”的方法而论，已有生炒、熟炒、南炒、北炒之分。从《山家清供》的记载中可知，此时还出现了“涮”法，名菜“拨霞供”的基本方法与今天的涮羊肉无异。另从《居家必用事类全集·煮诸般肉法》中可知，元代厨师已熟练掌握许多种煮肉之法。至明代时，制熟方法更是花样繁多，如《宋氏养生部》一书就收录了为数可观的食品加工方法，其中仅“猪”类菜肴的制熟方法就达30多种，而书中记载的酱烧、清烧、生爨、熟爨、酱烹、盐酒烹、盐酒烧等都是很有特色的制熟方法。到了清代，制熟工艺在继承中又有所发展，出现了爆、炒等速熟法。值得一提的是清代厨师蒸法上的许多创新，如无需去鳞的清蒸鲥鱼，以蟹肉填入橙壳进而清蒸的蟹酿橙等，这都是对蒸法的改进。同样，这一时期厨师在把握火候和调味方面，也颇有建树。《饮膳正要·料物性味》中记载元代的调味品已有近30种之多。明代厨师将火候以文、武这样颇有意味的字眼来形容。清代厨师把用油的温度划分为十成，以此判断油热程度，多次油烹的重油复炸工艺已能熟练把握。宋元时期的厨师在烹调过程中已开始了复合味的调味方法，清代后期，厨师们将番茄酱和咖喱粉用于调味之中。至此，已出现了姜豉、五香、麻辣、蒜泥、糖醋、椒盐等味型，今天的烹饪调味工艺中大多数的味型都是在这一时期定型的。

尤其值得一提的是菜肴、面点、小吃的造型艺术在这一时期大放异彩。像宋元资料中记录的假熊掌、假羊眼羹、假蚬子等以“假”命名的菜肴，就是以非动物性原料模仿动物造型制作而成的菜肴。在南宋招待金国来使的国宴中，就有假圆鱼、假鲨鱼这样的仿生造型的艺术菜肴。明代还出现了“假腊肉”“假火腿”等造型艺术菜肴。

微课插播

《武林旧事》宴席菜单（部分）

《武林旧事》记载高宗皇帝在张俊府上的御宴菜单中，仅主打菜肴就有十五盏：第一盏是花炊鹌子、荔枝白腰子。第二盏是奶房签、三脆羹。第三盏是羊舌签、萌芽肚胘。第四盏是肫掌签、鹌子羹。第五盏是肚胘脍、鸳鸯炸肚。第六盏是沙鱼脍、炒沙鱼衬汤。第七盏是鳝鱼炒鲎、鹅肫掌汤齑。第八盏是螃蟹酿橙、奶房玉蕊羹。第九盏是鲜虾蹄子脍、南炒鳝。第十盏是洗手蟹、鯚鱼（即鳜鱼）假蛤蜊。第十一盏是五珍脍、螃蟹清羹。第十二盏是鹌子水晶脍、猪肚假江珧。第十三盏是虾橙脍、虾鱼汤齑。第十四盏是水母脍、二色茧儿羹。第十五盏是蛤蜊生、血粉羹。此外有插食八品、劝酒果子十道、四时果四色，另有所谓厨劝酒十味等，一桌宴席各色食品多达200余种。

3. 饮食风味流派与地方菜的形成

饮食风味流派的形成与社会的发展，政治、经济、文化中心的形成和转移相关联。便利的交通条件和繁荣的经济环境是促成一个都市餐饮业发达的重要前提。各地有着不同的饮食习惯，正如《中华全国风俗志》中所言："食物之习性，各地有殊，南喜肥鲜，北嗜生嚼（如葱、蒜等），各得其适，亦不可强同也。"这样就出现了风味各异的餐馆，而这种地方风味餐馆的出现，正是地方风味流派形成的发端。各种地方风味餐馆的日渐发展，进而在一些大城市中出现了"帮口"。来自各地的餐饮业经营者，为了在经营中能相互照应，自然结合成帮，从而使"帮口"具有行帮和地方风味的双重特性。他们联合起来，主持或者占领某一大城市的餐饮行业，形成独具特色的餐饮行业市场。早在夏商周时期，中国菜点的文化体系与流派已出现了黄河流域和长江流域之分。隋唐以后，又出现了岭南饮食文化流派、少数民族饮食文化流派和素食饮食文化流派。各地风味流派的形成，主要得助于一大批名店、名厨和名菜。宋代以后，市肆饮食文化流派已成气候，出现了北食、南食、川食、素食等不同风味的餐馆。至清代末年，地域性饮食文化流派已经形成，清人徐珂编撰的《清稗类钞》论述了有关当时地域性饮食风味流派的情况："肴馔之有特色者，为京师、山东、四川、广东、福建、江宁、苏州、镇江、扬州、淮安。"我国目前所说的四大菜系即长江下游地区的淮扬菜系、黄河流域的鲁菜系、珠江流域的粤菜系和长江中游地区的川菜系在这一时期已经发展成熟。除地域性饮食文化、少数民族饮食文化和市肆饮食文化外，这一时期的宫廷饮食文化、官府饮食文化也都走向成熟并基本定型，这正是中国饮食文化在其历史长河中发展积淀走向成熟的结果。

4. 饮食市场繁荣发达、饮食消费水平日益提高

这一时期我国的饮食市场与饮食消费呈现出空前的繁荣景象。宋代的宴会不仅名目繁多，而且相当奢侈。例如为皇上举办寿宴，仅进行服务和从事食品准备工作的就

有数千人之多，场面盛况至极，难以言状。据《武林旧事》一书记载，绍兴二十年十月，清河郡王张俊接待宋高宗及其随从，宴会从早到晚，分六个阶段进行，皇上一人所享菜点达200余道之多。当时的餐饮市场上已有了四司六局，专门经营民间喜庆宴会，采取统一指挥、分工合作的集团化生产方式。高档宴会很讲究审美，如南宋集贤殿宴请金国使者，上菜九道，“看食”四道。元代的宴会受蒙古族影响，菜点以蒙古风味为主，并充满了异国情调。蒙古族人原以畜牧业为主，习嗜肉食，其中羊肉所占比重较大。宫廷菜尤其庞杂，除蒙古族菜外，兼容女真、西域、印度、阿拉伯、土耳其及欧洲一些民族的肴馔，大型宴会多羊肉、奶酪、烧烤、海鲜，所以，当时一般宴会都少不了羊肉奶品。同时与草原民族风格相应。宴饮出现了豪饮所用的巨型酒器“酒海”。元延祐年间，宫廷饮膳太医忽思慧在其《饮膳正要·聚珍异馔》中就收录了回族、蒙古族等民族及印度等国的养生美食菜点94种，比较全面地反映了元代在饮食消费方面对各族传统饮食风味融会贯通、兼收并蓄的时代特点。明代人在饮食方面十分强调饮膳的时序性和节令食俗，重视南味。据《明宫史》载：“先帝最喜用炙蛤蜊、炒海虾、田鸡腿及笋鸭脯。又海参、鳆鱼、鲨鱼筋、肥鸡、猪蹄筋共烩一处，名曰‘三事’，恒喜用焉。”由于明代在北京定都始于永乐年间，皇帝朱棣是南方人，其嫔妃多来自江浙一带，南味菜点在明代宫廷中唱主角，自洪熙以后，北味在宫廷菜点中的比重渐增，羊肉成为宫中美味。另据《事物绀珠》记载，明中叶后，御膳品种更加丰富，面食成为主食的重头戏，而且与前代相比，肉食类品种有所增强。时至清代，人们的饮食消费水平又有了很大的提高。无论是官宴还是民宴，宴会都很注重等级、套路和命名。清宫中的烹调方法上还特别重视“祖制”，许多菜肴在原料用量、配伍及烹制方法上都已程式化。而奢侈靡费和强调礼数，这是历代宫廷生活的共同特点，清代宫廷或官府的饮食生活在这两个方面上表现得尤为突出。如在菜点上席的程序上，一般是酒水冷碟为先，热炒大菜为中，主食茶果为后，分别由主碟、座汤和首点统领。其中的“头菜”则决定着宴会的档次和规格。命名方法有很多，或以数字命名的，如三套碗、十二钵等；或以头菜命名的，如燕窝席、熊掌席、鱼翅席等；或以意境韵味命名的，如混元大席、蝴蝶会等；或以地方特色命名的，如洛阳水席等。值得一提的是，这一时期的全席不仅发展成熟，而出现了多样化的局面。在众多全席中，以全羊席和满汉全席最为有名。全羊席是蒙古族喜食的宴会，也是招待尊贵客人的最为丰盛和最为讲究的一种传统宴席。席间肴馔百余种，皆以羊肉为料，其中的头菜大烹整羊，是将羊羔按要求分头部、颈脊部、带左右三根肋条和连着尾巴的羊背以及四条整羊腿，共分割成七块，入锅煮熟即起。用大方盘，先摆好前后四只整羊腿，还要放一大块颈脊椎，又在上面扣放带肋条及有羊尾的一块，最后摆一羊头及羊肉，拼成整羊形，以象征吉利。清代的满汉全席，又称为“满汉席”“满汉大席”“满汉燕翅烧烤席”，是中国历史上最著名，也是中国饮食文化发展史上影响最大的宴席之一，其基本格局包括红、白烧烤，各类冷热菜肴、点心、蜜饯、瓜果以及菜酒等。

5. 饮食养生与烹饪理论的成熟发达

根据著名饮食文化学者邱庞同先生所著《中国烹饪古籍概述》等有关资料统计，这一时期完整地流传下来的有关饮食养生、烹饪理论文献中，影响较大的主要有宋代浦江吴氏《中馈录》、林洪的《养小录》、陈达叟《本心斋疏食谱》、元代宫廷饮膳太医忽思慧的《饮膳正要》和倪瓒的《云林堂饮食制度集》、元明之际贾铭的《饮食须知》和韩奕的《易牙遗意》、明代宋诩的《宋氏养生部》、宋公望的《宋氏尊生部》、高濂的《饮馔服食笺》、张岱的《老饕集》等。清代出现的饮食烹饪专著，数量更是空前，而且理论水平较高。主要有著名文人袁枚的《随园食单》、戏剧理论家李渔的《闲情偶寄·饮馔部》、张英的《饭有十二合》、曾懿的《中馈录》、顾仲的《养小录》、四川人李化楠著并由其子李调元整理刊印的《醒园录》、著名医学家王士雄的《随息居饮食谱》、宣统时文渊阁校理薛宝辰的《素食说略》、清末朱彝尊的《食宪鸿秘》以及《调鼎集》等。这些饮食烹饪文献中，既有总结前人烹饪理论方面的，又有饮食保健方面的，从烹饪原料、器具、工艺、产品，一直到饮食消费，这些文献都有不同程度的理论研究与概括，并形成了一个较为完善的体系，其中袁枚的《随园食单》堪称是这一理论体系的代表。

微课插播

袁枚与《随园食单》

袁枚，字子才，号简斋、随园老人，浙江钱塘人。乾隆四年进士，选翰林院庶学士，40岁起即退隐于南京小仓山，筑“随园”。常以文酒会友，享盛誉数十年，是清代著名的文人名士。《随园食单》是他72岁以后整理写成的一本烹饪专著。他在该书中兼收历代各家烹饪之经验，融会各地饮食风味，以生动的比喻、雄辩的论述，对烹饪技术进行了具体的阐释，他从实践中提炼出理论，为中国烹饪理论著述的方法，树立了一面格调鲜明的旗帜。《随园食单》有序和须知单、戒单、海鲜单、特牲单、江鲜单、杂牲单、羽族单、水族有鳞单、水族无鳞单、杂素菜单、小菜单、点心单、饭粥单、茶酒单等章。这部著作在我国饮食文化史上具有承前启后的作用，其中有许多论点足供今人借鉴。

单元五　近现代中国饮食文化全盛发展

清王朝的灭亡，不仅标志着中国封建社会的终结，也奏响了中国饮食文化走进现代阶段的交响乐。在这一阶段中，社会的发展虽然经历了跌宕起伏，而且就时间来说并非很长，但是中国饮食文化却发生了突飞跃进性的发展，无论是烹饪实践还是理论研究，中国饮食文化以全新的姿态进入了新开拓的新时代，走上与世界各民族饮食文化进行广泛交流的道路。以近现代科学思想指导烹饪实践和理论研究，运用现代科学技术改良、培育和人工生产烹饪原料新品种、并改进发明烹饪生产工具，广泛开辟新型的能源，为烹饪原料的来源、烹饪物质要素的发展开辟了全新的道路。与此同时，饮食风味流派与菜肴体系在结构和内容上发生了不同于传统形式的改变和革新，在烹饪技艺传承上发展了现代意义的烹饪职业教育；餐饮生产经营管理日趋科学化、社会化，现代饮食文化经过数十年的努力已初步构成了全新的体系。因此，中国饮食文化的发展进入近代与现代已经达到了全面繁盛的历史时期。近现代中国饮食文化的发展成果与特征主要表现在如下几个方面。

1. 饮食、烹饪原料丰富发展，品类繁多

首先，在近现代饮食文化发展阶段，由于国家自觉或不自觉地对外开放，尤其是近年来提倡优质高效的农业生产，从世界各国引进了许多优质的烹饪原料。植物性原料主要有洋葱、西芹、苦苣、樱桃番茄、奶油白菜、西蓝花、凤尾菇等；动物性原料主要有牛蛙、珍珠鸡、肉鸽、鸵鸟、象拔蚌、皇帝蟹等，这些烹饪原料已在我国广泛种植或养殖，并用于烹饪之中，丰富了原有的食材品类。

其次，进入20世纪以来，人们曾在一个时期内毁林造田，乱砍滥伐，使得许多野生动植物濒临灭绝，生态环境遭受到严重破坏，于是又不得不对野生动植物进行加倍保护，国家还为此颁布了野生动植物保护条例。同时，科研人员利用先进的科学技术对一些珍稀动植物原料进行人工培植或养殖，并获得了成功。如今，人工培植成功的珍稀植物原料有猴头菇、银耳、竹荪、虫草及多种食用菌。人工饲养成功的珍稀动物原料有果子狸、竹鼠、环颈雉、牡蛎、刺参、湖蟹、对虾、鳜鱼、长吻鮠、鳗鲡、蝎子等。这些珍稀原料的产量大大超过了野生的，能够更多地满足众多食客的需求。

再次，各种优质烹饪原料品种不断增多，其中最引人注意的是粮食、禽畜及加工制品。在粮食中，仅米的名贵品种就有广东丝毛米、福建过山香、云南接骨糯等。而绿豆约有200多个品种，著名的有安徽明光绿豆、河北宣化绿豆、山东龙口绿豆等。此外大小麦等也有众多名品。在禽畜类原料中，猪的优良品种有四川荣昌猪、浙江金华猪、苏北淮猪等。近年来，全国又推行养殖瘦肉型猪，以减少脂肪的含量。鸡的优良品种也很多，有寿光鸡、狼山鸡、浦东鸡等。加工制品中优良品种众多，如板鸭名品有江苏南京板鸭、福建建瓯板鸭、江西南安板鸭等；豆腐名品有八公山豆腐、黄陂豆腐、榆林豆腐、平桥豆腐等。

总之，饮食、烹饪原料的丰富发展，品类的日益繁多，不仅为我们现代人的饮食生活开拓了食料空间，为烹饪技术的进步发达奠定了物质基础，同时更加促进了中国饮食文化的丰富发展。

2. 烹饪加工、生产趋于现代化

随着现代科学技术的发达，近现代烹饪阶段的烹饪工具发生了很大变化，集中表现在能源和设备上。就能源而言，木柴已退居次要地位，城镇居民家庭与酒店宾馆中主要使用的是煤炭、煤气、天然气，另外还有液化气、汽油、柴油、太阳能、电能等，部分农村已使用沼气。用这些能源制熟或加热食物有着省时、方便和卫生的特点。就烹饪设备而言，电器炊餐器具已经在部分大城市、大饭店逐渐使用，品类繁多。如用于加热的设备有电磁炉、微波炉、电烤箱等；用于制冷的设备有冷藏柜、保鲜陈列冰柜、浸水式冷柜等；用于切割加工的设备有切肉机、刨片机、绞肉机等。值得一提的是，我国现在已经出现了许多大型的厨房设备生产企业，可以生产出灶具、通风脱排、调理、储藏、餐车、洗涤等300余个规格和品种的厨房设备。

基于上面的因素，无论是工业食品加工，还是烹饪菜点的生产方式都发生了很大变化，生产方式日益现代化。现代食品工业是传统烹饪的派生物，是现代科学进入烹饪领域的结果，如今，中国食品工业已经形成比较完整的生产体系。至于烹饪生产方式的变化，主要表现在两个方面：一是餐馆、饭店中食品原料的切割、制蓉等某些烹饪工艺环节，以及许多成品的加工等已经出现了以机械代替厨师的手工操作，甚至出现了智能机器人厨师作业；二是食品工业的兴起，已经出现了食品工厂，并生产火腿、月饼、香肠、饺子、包子、面条等这些传统手工烹饪的食品，既减轻了手工烹饪繁重的体力劳动，又使大批量食品的生产质量更加规范化和标准化。

3. 现代营养科学对中国传统饮食产生重大影响

诞生于近代的饮食营养科学，是研究食物与人体健康关系的一门综合性学科，它起源于18世纪中后期，丰富发展于19世纪，完善于20世纪，进入21世纪以来，营养学的成果对人类健康的影响越来越突出。其优势是微观、具体、深入，通过现代自然科学已有的各种检测手段，能够严格地进行定量分析。现代营养学大约在1913年传入中国，到20世纪20年代后，中国现代营养学逐步发展起来。一些营养学专家还逐步将营养与烹饪结合起来研究，取得了长足进步，并在20世纪80年代前后发展成为一门新兴学科即烹饪营养学。这门学科在中国虽然起步较晚，但已取得一定成果。许多高等烹饪学府都开设了烹饪营养学课程，使学生能够运用营养学的知识科学合理地烹饪，制作出营养丰富、风味独特的菜点。

近年来，随着人们对饮食健康的追求，中国烹饪与现代营养学密切结合的同时，仍然没有，也不可能放弃长期指导中国菜肴、面点制作的传统饮食养生学的研究与应用。中国饮食养生学说虽然比较直观、笼统、模糊，带有经验型烙印，但有宏观把握事物本质的长处。正是由于中西医学的结合，传统饮食养生学说与现代营养学的相互渗透，宏观把握与微观分析两种方法的相互配合，使得中国烹饪向现代化、科学化迈出了更快的步伐。传统饮食养生学与现代营养科学有机结合的饮食健康理念，越来越受到当代人的欢迎。

4. 中国饮食文化进入更广泛意义上的交流与融合

众所周知，中国是一个多民族的国家，各民族之间的交流从未停止过。无论秦、汉、南北朝，抑或是唐、宋、元、明、清这些朝代，食品原料、烹饪技艺交流已很普遍。通过不断交流，汉族的食品烹饪、饮食风俗影响了兄弟民族，而各兄弟民族的食品烹饪与饮食风俗也影响了汉族，促进了共同发展。进入现代饮食文化发展阶段以来，民族之间的烹饪技艺与饮食文化交流更加频繁。如今满族的“萨其马”、维吾尔族的“烤羊肉串”，土家族的“米包子”，黎族与傣族的“竹筒饭”等品种，已成为各民族都认同和欢迎的食品，并且有了新的发展。如“萨其马”已进行工业化生产；而在“烤羊肉串”的启发之下，又出现了“烤鸡肉串”“烤兔肉串”，以及烤各种海鲜串等；“竹筒饭”及其系列品种“竹筒烤鱼”“竹筒乳鸽”等更是在北京、四川、广东等地大显身手。信奉伊斯兰教的各民族之清真菜、清真小吃、清真糕点等，更是遍及中国各大中城市。

与此同时，由于交通的日益发达、便捷，人员流动增大，国内地区间的饮食文化交流更加频繁。在许多大中城市林立的酒楼餐饮业馆中，既有当地的风味菜点，也有异地的风味菜点，而且还出现了相互交融与渗透的现象。可以说，地区间的饮食文化交流，加之改革开放后全国范围内进行的多次烹饪大赛，对提高中国烹饪的整体水平、缩小地区间的烹饪技术的差别起到了巨大的推动作用，促进了中国饮食文化的全面发展。

尤其引人瞩目的是中国与世界各地、各国间的饮食文化交流，在近现代饮食文化发展阶段中发生了翻天覆地的变化。20世纪初，随着西方教会、使团、银行、商行的涌入，洋蛋糕、洋饮料、奶油、牛排、面包等西菜西点也进入了中国，并对中国饮食文化产生了很大的影响。近几十年来，随着改革开放的深入，西方的一些先进的厨房设施和简易的烹饪方式正在被学习和借鉴。在食品方面，西式快餐、日本料理、泰国菜、韩国烧烤等异国风味竞相登陆，这不仅是对古老的中国饮食文化的挑战，更是中国饮食文化蓬勃发展的机遇。其中，西式快餐是将高科技发展的成果应用于快餐，是工业化标准和标准化思想、标准化科学技术运用的结果。它适应了高科技社会的客观需要，并以崭新的姿态赢得了中国人的喜欢，获取了巨大的成功。面对这一现实，中国也正努力借鉴西式快餐的优点和成功经验，发展中式快餐，并将其作为饮食业的新增长点。另外，中国饮食文化在海外的影响也越来越大，在遍布世界各地的6000多万中国侨民中，有不少人开中式餐馆谋生，传播着中国饮食文化和美味可口的中国菜点，使洋人大开眼界。改革开放以来，中国又不断派出烹饪专家和技术人员到国外讲学、表演，参加世界性的烹饪比赛，使海外更多人士了解中国饮食文化，喜爱中国菜点，这也促进了世界烹饪水平的提高。

微课插播

英国罗伯茨《东食西渐》中的中国饮食文化

晚近以来，西方人的饮食习惯发生了巨大的变化，而这种变化的推动原因之一就是“西方人对中国饮食态度的改变。正是由于这种改变，才有了西方城镇里中国餐馆和外卖店的遍地开花（几乎每一个城镇都是如此），也才有了对中国烹饪法的普遍改良和采用。”在今天的西方世界里，很多国家的每条高速公路边上，几乎都有中式快餐店，差不多每家每户的厨房里都备有一口中式的炒菜铁锅。可以说，中国饮食文化背景下的餐饮业已经风靡西方国家，很多令西方人敬而远之的中国食物现今已经成为餐桌上的常食之品。

5. 饮食市场空前繁荣与烹饪创新日新月异

中国自古以农立国，历代统治者都实行“重农抑商”的政策，因此作为商业重要组成部分的饮食业虽然在不断地走向繁荣，但常受到轻视，不能理直气壮地发展。直到20世纪80年代，第三产业蓬勃兴起，饮食业也受到了前所未有的重视和青睐，并迅速成为第三产业的中坚力量，饮食市场空前繁荣。据有关部门统计报告，2018年，全国餐饮收入42716亿元，同比增长9.5%。餐饮业已成为国内消费需求市场中发展速度最快的行业，对扩大内需和促进国民经济的发展作出了突出贡献。

与此同时，随着时代浪潮的冲击、社会经济的发展，人们的生活条件和消费观念发生了变化，尤其是对新、奇、特的追求日益强烈。为适应这些新的追求，创新出大量的风味别具菜肴、面点与特色筵席，如淮扬菜系中的姑苏肴宴，它将菜点与茶结合起来，开席后先上淡红色的似茶又似酒的茶酒，再上芙蓉银毫、铁观音炖鸭、鱼香鳗球、银针蛤蜊汤等，用名茶烹制的菜肴，再上用茶汁、茶叶等作配料的点心玉兰茶糕、茶元宝等。目前，姑苏茶肴宴的茶酒、茶菜、茶点共18种，已经初成系列。再如，鲁菜中仅海参一项，经过无数厨师的创新，使海参菜肴的款式由原来的几十种，发展到现今的几百种，而因此设计创新的海参宴席更是不计其数。这些风味独特的创新筵席与传统筵席一起，共同促进了中国筵席的进一步发展和繁荣。此外，受西方饮食文化的影响，中国也出现了冷餐酒会、鸡尾酒会等宴会形式。

■ 模块小结

中国饮食文化的发展历程悠久而漫长，大致经过了五大阶段。整个原始社会，是中国饮食文化的起源，先民在熟食活动中又经历了火烹、石烹和陶烹三个过程。夏商周时期，中国饮食文化进入形成阶段，烹饪原料进一步扩大，新的烹调手段应运而生，饮食器具更是品类多样，传统饮食养生理论初步建立。从秦汉至唐代，是一个发展壮大的时期，烹饪原料大量增加，植物油用于烹饪，烹饪工具迅速发展，灶具、刀具、餐具以及桌、椅和燃料等都比前阶段大有改善，烹饪工艺水平有了很大的提高，风味流派已基本成型，烹饪名家辈出，理论研究繁荣。从宋到清朝灭亡，是饮食文化的转变时期，主要表现在外域的烹饪原料和饮食品大量地引进中国，各类烹饪器具已经基本上能满足烹饪工艺过程的需要，并已形成体系。至清末，地域性饮食文化流派已经形成。辛亥革命后至今，中国饮食文化有着飞跃性的发展，这一时期，人们以近代科学思想指导烹饪实践和理论研究，为烹饪原料的来源、烹饪物质要素的发展开辟了新的道路，风味流派体系在结构和内容上发生了不同于传统形式的改变和革新，烹饪教育培训、生产管理日趋科学化、社会化，现代饮食文化经过数十年的努力已经初步构成了全新的体系。

社会课堂

山东博山饮食文化博物馆

山东省博山聚乐村饮食文化博物馆，系博山聚乐村餐饮文化公司自建的一所体系完备、内容丰富的饮食文化博物馆，该馆由饮食体验和文物展示两大部分组成，被誉为山东省首家“能吃的博物馆”。饮食体验区提供典型鲁菜和特色博山菜等产品，以富有地方特色的“四四席”为主打产品。展馆馆藏藏品5600余件，按照传统的文物历史断代的方法，从旧石器、新石器、陶器、青铜器等排列，较为全面地展示了各个历史时期饮食在政治、经济、文化、社会生活等方面的发展状况，着重展现了中国饮食四次大交流、大融合、大发展局面的形成，体现了中国饮食文化的博大精深。山东博山被中国饭店协会专家评定为“中国鲁菜发源地之一”，素有“鲁菜之乡”的美誉，而博山饮食文化博物馆为了解鲁菜、认识鲁菜、品鉴鲁菜提供了一个优良的场所。

【延伸阅读】

1. 元·忽思慧. 饮膳正要［M］. 上海：上海古籍出版社，2014.
2. 清·李斗. 扬州画舫录［M］. 北京：中华书局，2007.
3. 清·袁枚. 随园食单［M］. 北京：中华书局，2010.
4. 邱庞同. 中国烹饪古籍概述［M］. 北京：中国商业出版社，1989.
5. 赵荣光. 中国饮食文化［M］. 北京：高等教育出版社，2003.
6. 王仁湘. 中国饮食文化［M］. 北京：中华书局，1989.

【讨论与应用】

一、讨论题

1. 中国饮食文化的形成与发展大致经历了哪几个时期？

2．为什么说原始先民的饮食活动对人类文明的生成与发展起着重要的启迪作用？

3．为什么说汉代是中国饮食文化史上的一个重要的转折时代？

4．古代的养生理论对今天的餐饮消费产生了哪些影响？

5．为什么宋代的餐饮业盛况空前？

6．周代“八珍”与现在的“八珍”的意义相同吗？

二、应用题

1．请举出三部清代饮食文化方面的专著，并说出它们的作者。

2．认真研读《饮膳正要》一书，结合现代烹饪营养学的研究成果，总结一下养生学和营养学的区别，总结一下现代我国餐饮业发展的特点。

3．与传统饮食文化相比，现代饮食文化具有哪些基本特征？

4．请你根据清代李斗的《扬州画舫录》中的有关满汉全席食单的记载和自己所掌握的有关知识，判别一下满汉全席中的菜点都是哪个菜系的，为什么？

中国菜肴文化

■ 本模块提纲

单元一　中国菜肴制作技艺

单元二　中国主要菜肴体系

单元三　其他菜肴体系与民族风味

■ 学习目标

知识目标：认识、了解包括中国烹饪方法在内的技术内容，尤其在了解和学习了热菜烹制与面点制作的一般工艺流程后，认识到系统提高对中国烹饪文化的认识水平是必要的，了解中国饮食风味流派的形成与众多的风味流派，深刻理解中国饮食文化的博大精深。

能力目标：通过本模块内容的学习，认识中国烹饪、饮食文化的深刻内涵，并掌握中国主要菜肴体系的形成及其基本特征，能够了解和掌握中国菜肴制作的初步技术内容。

中国肴馔文化是中国饮食文化的主体构成部分。中国肴馔文化的主要内容包括菜肴、主食及面点的制作工艺；中国主要的菜肴风味体系与民族风味体系等。中国肴馔文化内容丰富，是认识中国饮食文化的重点内容。

单元一　中国菜肴制作技艺

中国菜肴制作技艺，包括菜肴、主食及面点等一切肴馔食品的制作。中国菜肴技术是一个非常复杂的工艺过程，不仅技术较强，而且专业性也非常强，并且由于大部分工艺环节都是用手工操作的，因此，掌握起来就需要经过一定时间的专门学习和技术训练，不是所有的人都可以在较短的时间内就能掌握的。中国菜肴的主要技术环节包括菜肴原料的选择、原料的初步加工处理、原料的切割与配份、原料的预热处理与型坯处理、加热烹调及装盘等。

一、中国菜肴工艺流程

1. 菜肴工艺流程的概念

在学习和了解工艺流程的构成之前，我们需要对其中的几个基本概念进行学习和了解。

（1）工艺的概念　一般来说，工艺是指把原料或半成品运用各种手段将其加工成为产品的方法和过程。这是一个非常宽泛的含义，既适合于以机器为生产工具的产品生产，也适合于用手工进行的各种产品生产。菜肴的生产制作也是一个把原料加工成为成品的过程，也是一种生产工艺。

（2）流程的概念　从一般意义上来说，流程是指一个或一个系列连续有规律的运行过程，而且这些运行过程以确定的方式发生或执行，导致特定结果的实现。菜肴的生产加工也是由若干个有规律的连续作业的不同环节的运行过程组成，也有一个工艺流程的问题。

（3）菜肴工艺流程　我们这里所说的菜肴工艺流程，就是指菜肴加工技术人员运用不同的加工工具，采取多种形式的方式方法，对食品原料进行加工处理，最后制成可以供人们直接食用的成品的过程，这个系统而完整的过程就构成了菜肴生产的工艺流程。

菜肴的工艺流程虽然表面上看，只是把生的原料加工成为熟食品的过程，但在这个运行过程中是运用了若干不同的生产工具、不同的加工手段和方法、不同的加热途径等才完成的，其复杂性和工艺难度并不比一般的工业产品低。作为一个学习中国烹调技术的人员必须要明确这一点。

2. 中国菜肴工艺流程的构成

从广义上考虑，中国菜肴工艺包括的内容相当广泛，如菜肴原料的初始加工和食品成型后的上桌等。但考虑到最基本的，我们把它限定在生产过程中直接的、核心的部分即菜肴的物质三要素和工艺流程两个方面。

（1）中国菜肴生产的物质条件　中国菜肴的物质条件中最主要的有三个，被称为菜肴生产三要素。它们是：菜肴生产的对象——食品原料；菜肴生产的手段——烹饪工具；菜肴生产的主体——烹饪专业技术人员。三个要素是一个统一的整体，缺一不可。

没有食品原料，“巧妇难为无米之炊”，产品就没有物质基础；没有烹饪工具，菜肴生产就失去了物质手段，也无法改变原料的形状；没有烹饪专业技术人员，所有的菜肴活动就无法进行。

（2）中国菜肴生产的技术条件　中国菜肴生产即食品加工制造的技巧艺术，也就是平常所说的烹饪工艺。中国菜肴工艺分为传统菜肴工艺和现代菜肴工艺两类。中国菜肴工艺的内容，包括其生产过程中各个环节所使用的技巧方法。生产的菜肴类别不同，其具体工艺就不同。而且每一类工艺之中还包括若干具体的技巧方法，组成这一工艺的技法系统。

宏观上看，中国菜肴的工艺流程按次序包括如下几大内容，而且这几个内容如果按照生产顺序排列起来，就是菜肴工艺流程的几个阶段，主要包括：食品原料的选择阶段，原料加工阶段，加工成型的原料进行组配阶段，加热烹调阶段，成品菜肴装盘出品阶段等。

第一，食品原料的选择阶段：食品原料的选择阶段表面上看，似乎不应属于工艺范畴，但实际上它不仅与下面的几个工艺过程有着紧密的联系，而且食品原料选择过程的本身就是一项非常复杂的工艺过程，菜肴技术人员必须运用自己所掌握的丰富的技术手段，对不同的食品原料进行品质优劣的分析和鉴别。因此，食品原料的选择是菜点工艺流程中不可缺少的第一个关键环节。

第二，原料加工阶段：原料的加工阶段主要包括两个大的工序，一是原料的初步加工处理阶段，简称初加工；二是在原料初步加工的基础上进行原料的成型加工过程，简称细加工。对原料进行初步加工的过程，主要包括对鲜活原料的宰杀处理、原料分档、洗涤净治处理，以及对干货原料的涨发处理等工艺。原料的初步加工阶段对于菜肴的质量影响是非常大的，如果不能很好地把原料进行初步的加工处理，或是在加工处理过程中将原料的质量降低，那就必然会影响到最后菜肴的完成质量。因此，原料的初步加工处理是至关重要的工艺环节。现在的许多年轻厨师和初学厨艺的人，对于原料的初步加工技术不是非常重视，甚至有的厨师上灶炒菜作业都运用自如了，但仍然不会对原料、特别是一些重要的原料进行初步的加工处理，这应该是现代青年厨师的一个误区。原料的细加工阶段，也就是原料的成型加工工艺，是最能体现厨师刀工水平的工艺过程。是厨师运用各种刀法把不同的原料根据菜肴规格的需要切割成不同的形态，如丁、丝、条、片、块、段、粒、米、泥等，以达到菜肴烹调的需要，其重要意义是不言而喻的。

所以，厨师的基本功之一就是要练好运刀的技术，菜肴行业称为“刀工技术”。

第三，加工成型的原料进行组配阶段：大部分中式菜肴使用的原料，是由两种或两种以上搭配而成的，有的甚至达到十几种以上，这就需要在菜肴正式烹调之前，按照菜肴的原料搭配规格把它们组配起来。这个工艺过程就是中国菜肴的原料组配阶段。目前，大多数的厨房中都配有专门负责原料组配的“主配师”，与原料成型的切割岗位有了明确的分工。

第四，加热烹调阶段：菜肴工艺流程中的加热烹调阶段是菜肴完成的关键所在，也是工艺难度最大的一个环节。严格讲，这一阶段应分为两个小的工艺环节，即正式烹调前的预制阶段和正式烹调阶段。正式烹调前的预制阶段一般是由打荷岗厨师来完成的，主要的技术处理内容包括原料的型坯处理和预热处理，特别是一些运用复合烹调方法完成的菜肴，以及一些工艺难度要求较高的菜肴，原料的型坯处理与预热处理是非常关键的工艺环节。正式烹调阶段的工作是站灶厨师完成的。加热烹调阶段的工艺难度是整个菜肴工艺流程中最高的，它不仅要求有较高的掌握运勺（或炒锅）的功夫，而且尤其要有熟练运用火候、准确调味的种种技术能力。一个菜肴成功与否，加热烹调是关键的一环，也是菜品成熟的最后一道工序。

最后，成品菜肴装盘出品阶段：一个完整产品的最后工序就是包装，对于菜肴的出品来说，它的最后一道工序就是装盘。不同的菜肴有不同的装盘要求，不同的菜肴有不同的盛器与之相配合。所以，菜肴的装盘也不是随随便便就可以应付的，它有着较高的装盘艺术要求。操作人员必须根据具体菜品的装盘要求来完成成品菜肴装盘出品阶段的工艺过程。

3. 中国菜肴工艺流程示意图及其作用

如果我们把中国菜肴工艺的流程用一个示意图表示出来，就会直观、清楚、全面地把菜肴工艺的工艺内容与流程顺序展示出来。

（1）中国菜肴工艺流程示意图　把能够展示系统、全面表现中国菜肴工艺流程的简单图示称作菜肴工艺流程示意图（图2-1）。

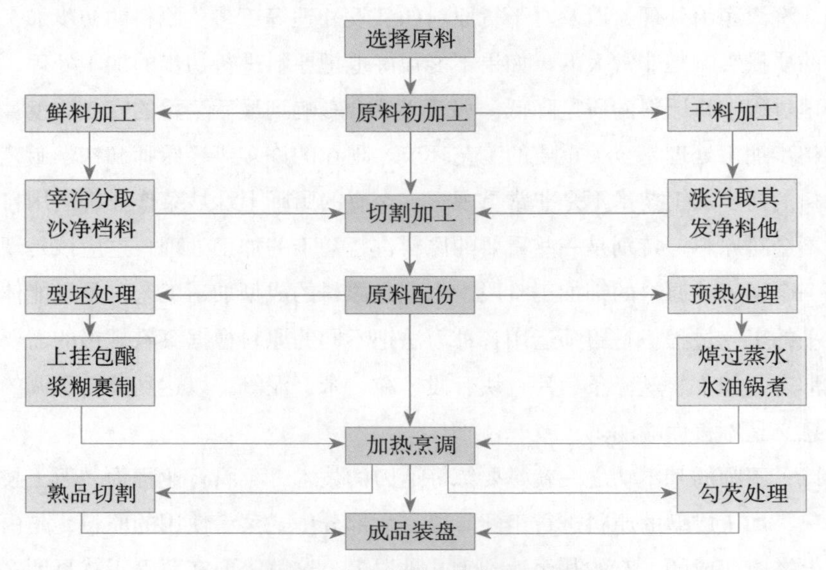

图2-1　中国菜肴工艺流程示意图

（2）中国菜肴工艺流程示意图的作用　对于每一位了解与学习菜肴技术的人来说，仅仅熟练掌握了中国菜肴工艺流程示意图，就可以学到全部的菜肴技艺吗？就能很好地进行菜肴技术的操作并掌握其操作要领吗？显然是不行的。因为在中国菜肴工艺流程中的每一个技术环节，都需要学习者通过反复的实践与练习才能运用自如。那么，中国菜肴工艺流程示意图有什么作用呢？

首先，揭示中国烹调技术的一般规律。中国菜肴的烹调方法很多，不同的烹调方法之间都有一定的差异，但如果把这些烹调方法归结起来，再从中找出它们的共性与规律性，对于我们了解中国菜肴技术的内涵具有重要的指导意义。中国菜肴工艺流程示意图，就是通过一个简单、清楚、直观、明了的示意图，把中国烹调技术的一般性规律揭示出来。也就是说，在这个示意图中，虽然没有表述具体的烹调方法，但无论哪一种烹调方法从工艺流程的角度上看，都包含在菜肴工艺流程示意图中了。

菜肴工艺流程示意图中的每一个技术环节也不是说每一种烹调方法都能用到，可能有的烹调方法只用到了其中的几个环节，但在工艺流程的顺序结构上都是一致的。因而，中国菜肴工艺流程示意图揭示的是中国烹调技术的一般规律，它适合于一切烹调方法。

其次，展现并揭示菜肴工艺流程中各个技术环节之间的相互关系。任何一个生产工艺流程都是从“原料—加工—出品”的流向运行的，菜肴的加工制作也是如此。加工烹制一个菜品，也有不同工艺环节上的先后顺序、相互关系、制约体系等，中国菜肴工艺流程示意图也体现了这一点。只要掌握了中国菜肴工艺流程示意图，就可以从中了解到上一个环节与下一个环节的顺序关系以及同一环节中不同技术要点的关键所在。了解了这样的关系所在，对于菜肴生产、出品质量的控制具有特别重要的意义。

再次，能够使人更加全面地掌握中国菜肴技术。学习烹调技术需要循序渐进，这是人人皆知的道理，菜肴需要一个一个地学习、练习，烹调方法需要一个一个地慢慢掌握。但有时学了几年，甚至十几年，也掌握了几十，甚至数百个菜肴的烹制，但对于中国菜肴的系统知识和全部内容仍然不甚了解，其原因就在于没有能够从中国菜肴完整体系的高度对其加以总结。中国菜肴工艺流程示意图则是从中国菜肴完整体系的角度进行高度的总结，这对于全面、系统地学习、掌握菜肴技术具有重要的指导意义。

最后，有助于菜肴的生产管理。在厨房生产中，完成一个菜肴的制作，是需要若干人在不同的工艺环节中从事不同的技术作业实现的，如果某一两个环节之间出现脱节，就会影响到菜肴的出品，这就需要菜肴生产管理人员对菜肴工艺流程的运行进行管理。如果管理人员不了解整个菜肴的工艺流程，不熟悉菜肴工艺流程各环节之间的关系，就不能实施有效的菜肴生产管理。中国菜肴工艺示意可以帮助管理人员对整个的工艺流程进行分析，找出问题，并解决问题。

4．中国面点工艺流程

中式面点是中国肴馔的重要组成部分之一。中国面点加工过程虽然与菜肴的肴馔加工有异曲同工之处，但在实际运用中还是有很大区别的。如果从主干工艺环节上看是基本相同的，中国面点工艺流程包括：原料的选择、原料的加工调制、成型方法与手段、成熟方法与装盘。

如果用菜肴工艺流程图的方式表示出来，就可以展示出各个工艺环节中的不同之处。同样，面点工艺流程示意图（图2-2）对于学习中式面点技术的人员来说，同样具有重要的指导意义。

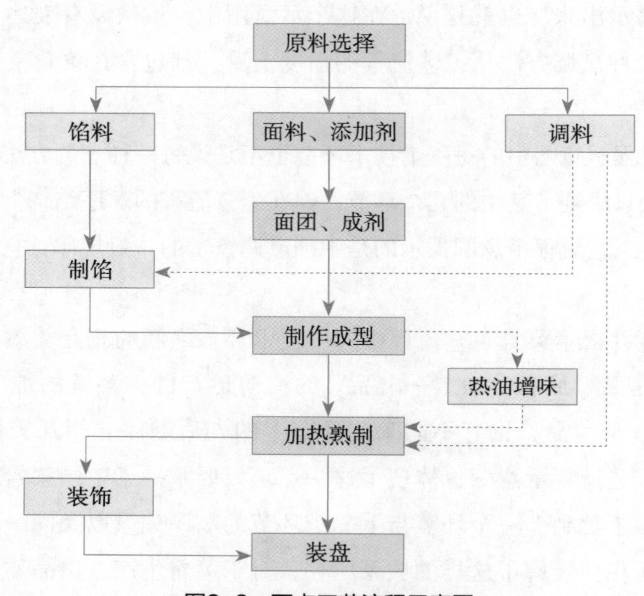

图2-2　面点工艺流程示意图

微课插播

中国烹饪工艺流程的应用意义

烹饪工艺中的各个环节是相互联系的，但并不是每个菜肴都必须运用统一的工艺流程。不同的菜肴应根据具体的技术要求采用不同的程序，有的菜肴制作时几个工艺程序都要使用，有的菜肴制作只需要其中的几道或一两道程序就可以。

同样，中国面点工艺流程图与中国烹饪工艺流程图是一样的，都是反映加工工艺流程的一般规律。不同的面点在运用中是有所区别的，有的面点要经过所有工艺程序，有的则不需要。

二、热菜烹调方法

烹调方法就是把经过初步加工和切配成型的原料，通过加热和调味，制成不同风味菜肴的操作方法。我国菜肴品种虽多至数千种，但就其菜肴的加热途径、制作特点、形态及风味特色而言，归结起来有三四十种基本的烹调方法。常用的有炸、炒、熘、爆、烹、炖、焖、煨、烧、扒、煮、氽、烩、煎、贴、塌、蒸、烤、涮等。

在常用的肴馔方法中，有的加热时间较长，有的则较短（几乎转瞬即成），也有的加热时间长短适中等。有的肴馔方法是以油为主要的传热媒介进行的，有的则是用水，也有的是以蒸汽等为传热媒介进行的。下面就以导热媒介为依据进行分类，介绍肴馔中经常用到的熟制方法。

1. 以油为导热体的肴馔熟制方法

以油为主要导热体的肴馔方法包括炒、炸、爆、熘、煎、贴、塌、烹、拔丝、挂霜等多种，它们的主要特征是在菜肴的加热烹制中是以油为主要的传热媒介，由于油在短时间内可以产生较高的温度，因而烹调时间都比较短，有的在瞬间就可以完成。

（1）炒　炒是将切配后的丁、丝、片、条、粒等小型原料，用中油量或少油量，以旺火快速加热的肴馔方法。根据工艺特点和成菜风味，炒的肴馔方法又可分为许多种，主要的有滑炒、软炒、生炒、熟炒等种。滑炒的成品菜肴具有柔软滑嫩、紧汁亮油的特点，如滑炒虾仁、滑炒里脊丝等；软炒的成品菜肴具有细嫩软滑、酥香油润的特点，如炒木樨肉、软炒鲜奶等；生炒成菜具有鲜香脆嫩、汁薄入味、滑润清爽的特点，如金钩挂银条等；熟炒成菜具有酥香油润、见油不见汁、韧柔醇美的特点，如炒蟹黄、回锅肉等。

（2）爆　爆是指将原料剞成花形，先经沸水稍烫或油滑、油炸后，直接在旺火热油中快速烹制成菜的工艺过程。爆的菜肴具有形状美观、脆嫩清爽、亮油包汁的特点。适宜于爆的原料多为具有韧性和脆性的水产品和动物肉类及其内脏类原料。爆可分为油爆、葱爆、酱爆、芫爆、汤爆等数种，它们的原料、刀工和制作方法基本相同，只是所用的主要辅料或调味料有所区别。其中油爆最有代表性，成品菜肴具有色泽光亮、鲜嫩爽口、亮油包汁等特点，如油爆肚仁、油爆海螺片等。

微课插播

炒、爆是最富有中国特色的烹调方法

中国在刚刚实施改革开放的年代里，有一次中国烹饪代表团参加国际烹饪比赛。中国厨师运用炒、爆的烹调方法制作菜肴，手持炒勺，在熊熊燃烧的火焰上颠来翻去，少则几十秒钟、多则几分钟的时间，一盘盘美味菜肴就展现在众人面前，被外国同行称为“魔法师”的烹饪技艺。中国烹饪中的炒、爆，素以旺火速成见长，菜肴不仅保持脆、嫩的特色，更益于营养素的保护，是富有中国烹饪技术特点的代表。

（3）炸　炸是将经过加工处理的原料，放入大油量的热油锅中加热使其成熟的一种肴馔方法。炸的特点是火力旺，用油量多。炸的应用范围很广，它既是一种能单独成菜的方法，又能配合其他肴馔方法共同成菜。用于炸的原料在加热前，一般需用调味品浸渍，有些菜肴在加热后，往往还要随带辅助性调味品。炸可分为清炸、酥炸、软炸、干炸、卷包炸等几种，菜肴的成品特点是香、酥、脆、嫩。清炸成菜具有外香酥、里鲜嫩的特点，如清炸仔鸡、清炸里脊等；酥炸成菜的特点是外酥松、内软烂细嫩、香醇，如香酥鸡腿等；软炸成菜的特点是外酥香、内鲜嫩、柔韧醇厚，如软炸大虾、椒盐里脊等；干炸的成菜特点是外脆内嫩、干香醇美，如干炸里脊、干炸豆腐丸子等；卷包炸的成菜特点是造型优美、外酥脆、内鲜嫩，如纸包虾、香酥蛋卷等。

（4）烹　烹是将新鲜细嫩的原料切成条、片、块等形状，调味后，经挂糊或不挂糊，用中火温油炸至呈金黄色捞出，另起小油锅投入主辅料，再加入兑好的调味汁，翻匀入味成菜的工艺过程。烹的特点是"逢烹必炸"，即菜肴原料必须经过油炸（或油煎），然后再烹入事前兑好的不加淀粉的调味汁。烹适用的原料为新鲜易熟、质地细嫩的动物性肉类，尤其适合于海产类的烹制。烹的成菜特点是外酥香、内鲜嫩、汁少醇厚、爽口不腻，如烹虾段、烹带鱼段等。

（5）熘 熘是将切配后的丝、丁、块等小型或整形原料，经划油、油炸、蒸或煮的方法加热成熟，再用芡汁粘裹或浇淋成菜的一种烹饪方法。熘的菜肴一般芡汁较宽。熘因操作方法和技巧上的不同，可分为炸熘、滑熘、软熘。炸熘的成菜特点是外酥香松脆、内鲜嫩熟软，如炸熘鱼条、焦熘肉片等；滑熘的成菜特点是滑软柔润、鲜嫩多汁、清淡醇厚，如滑熘肉片、醋熘白菜等；软熘的成菜特点是滑嫩清鲜、柔软爽口，如软熘鱼扇等。

（6）煎　煎是将少量油加入锅内，放入经加工处理成泥、粒状原料制成的饼，或挂糊的片形等半成品原料，用小火两而煎熟的工艺过程。煎的成菜特点是色泽金黄，外酥脆内软嫩。如椒盐鸡饼、南煎丸子等。

（7）贴　贴是一种特殊的烹调方法，是将两种以上的新鲜、细嫩原料，经加工成片或蓉（蓉状原料调味后叠粘在一起）等形状，用肥膘肉垫底，挂薄浆，以净锅适量油小火，把膘朝下放入锅内，加热定型，再烹入酒和适量清水焖至成熟的烹饪方法。贴的成菜特点是一面香脆、一面软嫩、鲜香味浓、美观整齐。贴的烹调方法一般在菜肴制作中应用较少，因其加工操作较为烦琐又不易大量制作。贴的代表菜例有锅贴鱼、锅贴虾仁、锅贴鸡、锅贴飞龙等。贴的方法也可将原料加工粘叠后以汽蒸的方法先行加热成熟，再以肥膘粘干粉拖蛋糊进而油煎成菜。

（8）煽　是将加工切配的原料，挂糊后放入锅内煎至两面金黄起酥，另起小油锅加入调味品及少量清汤，用小火煨透收浓汤汁，或经勾芡成菜的工艺过程。煽的成菜特点是色泽金黄，质地酥嫩，滋味醇厚。如锅煽豆腐、拖煽黄鱼等。

（9）挂霜　是将经过初步熟处理的半成品，粘裹上一层由白糖经熬后冷却而成的白霜或撒上一层糖粉成菜的工艺过程。挂霜的烹调方法适用于核桃仁、花生仁、银杏、鸡蛋、香蕉、苹果、雪梨、猪肥肉、排骨等原料。其成菜特点是色泽洁白，甜香酥脆。如挂霜丸子、酥白肉等。

（10）拔丝　把经油炸熟的半成品，放入由白糖熬制成的糖液中粘裹而成菜的工艺过程。因成菜后，若将其中几块相互粘结的菜肴拉开，就会拔出糖丝，故名拔丝。拔丝的菜肴在宴席中用得较广，尤其是喜庆宴席，拔丝菜多为必备之品。适用于拔丝的原料主要是水果和根茎类蔬菜，如香蕉、苹果、山楂、橘子、梨、山药、土豆、白薯等。拔丝的成菜特点是色泽金黄，明亮晶莹，外脆里嫩，口味香甜。如拔丝香蕉、拔丝山药等。

趣味链接

蒲松龄与拔丝菜肴

蒲松龄是中国明末清初著名的文学家，一本《聊斋志异》享誉国内外。在蒲松龄的家乡山东淄博，举凡婚嫁迎娶的宴席上，拔丝菜肴是必不可少的，蒲松龄为此还在他的《日用俗字》中进行过记载："而今北地兴缠果，无物不可用糖粘。"拔丝菜肴在当时我国北方民间的广泛应用由此可见一斑。拔丝菜肴作为宴席中的一道收尾菜，具有甜甜蜜蜜、情谊不断的寓意，是喜庆宴席中的必备之品。

2. 以水为导热体的烹饪方法

以水为菜肴烹饪时热量传导体的烹饪方法主要有烧、扒、焖、炖、煨、煮、烩、氽、涮、熬等，是烹饪中运用极为广泛的烹调方法。因为水加热时的最高温度只有100℃，烹饪原料在受热时是逐级由外到内成熟的，因而，以水为传热媒介的烹饪方法一般需要较长的加热时间，其中有的甚至需要几个小时，乃至十几个小时。成菜则具有软滑、酥烂等特点。

（1）烧　烧是将半成熟的原料，在加入适量的汤汁和调味品后，先用旺火烧沸，再用中火或小火加热至汤汁浓稠入味成菜的工艺过程。按工艺特点和成菜风味，烧可为分红烧、白烧、干烧、酱烧、葱烧等多种。红烧的成菜特点是色泽金黄或红亮、质地细嫩或软熟、鲜香味厚，如红烧鱼、红烧牛肉等；干烧的成菜特点是色泽红亮、质地细嫩、带汁亮油、香鲜醇厚，如干烧鱼等。

（2）扒　扒是将初步熟处理的原料，经切配后整齐地叠码在盘内成型，然后堆放入锅加入汤汁和调味品，用中火烧透入味，最后勾芡收汁大翻勺，并保持原形装盘成菜的工艺过程。扒制菜肴所用的多为一些经过加工的高档原料，如鱼翅、海参、鱼肚及蔬、菌等类原料。扒的方法，根据其色泽可分为红扒、白扒，烹调技巧完全相同，只是红扒用有色调味料，白扒用无色调味料。从形态上讲，可分为整扒、散扒，整扒为整形不改刀的原料，散扒是切配成小型原料摆码整齐成形。其成菜特点是选料精细，讲究切配造型，原形原样，不散不乱，略带卤汁，鲜香味醇。如海米扒油菜、白扒鱼肚等。

（3）焖　把经过炸、煸、煎、炒、焯水等初步熟处理的原料，掺入汤汁用旺火烧沸，撇去浮沫，再放入调味品加盖用小火或中火慢慢加热，使之成熟并收汁至浓稠的成菜工艺过程。适合焖的原料，主要有鸡、鸭、鹅、兔、猪肉、鱼、蘑菇、鲜笋、蔬菜等。焖的烹调方法按色泽和调味的区别，细分有油焖、黄焖、红焖三种，但操作程序和技巧大同小异。焖的成菜特点是形态完整，汁浓味醇，熟软醇鲜或软嫩鲜香。如蚝油焖鸭、黄焖舌尾等。

（4）炖　把经过加工处理的大块或整形原料，放入炖锅或其他陶器中，加足水分，用旺火烧开，再用小火加热至熟软酥烂的工艺过程。炖的成菜特点是汤多味鲜，原汁原味，形态完整，软熟不碎烂，滋味醇厚。如清炖牛肉、烂炖肘子等。

（5）煨　把经过炸、煸、炒、焯水等初步熟处理的原料，加入汤汁用旺火烧沸，撇去浮沫，放入调味品加盖，用小火或微火长时间加热，使其熟烂成菜的工艺过程。其成菜的特点是原汁原味，形态完整，软熟不碎烂，滋味醇厚。如甲鱼汤、坛子肉等。

（6）煮　将原料（或经过初步熟处理的半成品）切配后放入多量的汤汁中，先用旺火烧沸，再用中火或小火加热，然后经调味制成菜肴的工艺过程。煮制的方法适应面较广，鱼类、猪肉、豆制品、水果、蔬菜等原料都适合煮制菜肴。其成菜的特点是保持原形，汤宽汁浓，汤菜合一，清鲜爽利，原汁原味。如盐水大虾、水煮肉片等。

（7）烩　将多种易熟或经初步熟处理的小型原料，一起放入锅内，加入鲜汤、调味料用中火加热烧沸，再用湿淀粉勾成汁宽芡浓的成菜工艺过程。成菜具有原料多种，汁宽芡厚，色泽鲜艳，菜汁合一，清鲜香浓，滑润爽口的特点。如烩四宝、烩鸭舌掌等。

（8）氽　氽是以新鲜质嫩、细小、薄而易熟的原料，入沸汤水中旺火短时间加热断生，再以多量汤汁调味烧沸，混合成菜的烹调方法。氽的加热时间极短，原料在滚沸汤水中迅速断生即成，汤汁只调味、不勾芡。有的氽菜可根据原料及成菜特点，运用相适应的氽水加热方法成菜。氽的菜肴的成品特点是汤宽鲜醇、原料质地嫩脆、清淡爽口。如清氽丸子、生氽鱼片等。

（9）涮　涮是一种特殊的烹饪方法，它是取用火锅将汤水烧沸，将质地新鲜、细嫩或形体小、加工成薄片状的烹调原料放入沸汤水中烫至断生成熟，随即蘸上调味品佐食的方法。涮的特点是原料质地鲜嫩，汤味鲜醇，宜菜宜汤，随涮随吃。原料、调味料除规范配置外，可由食用者自行选择取用掌握。涮菜在选料、加热和调味特色方面较为讲究。涮的方法是由食用者在餐桌上利用加热器具自行对原料加热熟制，火锅多采用固体酒精、炭、液化气、电能等加热，由于加热器具较小，火力集中，保持汤汁沸腾，原料熟制较快。涮的原料一般有牛肉片、羊肉片、鱼片、腰片、百叶、虾等，配备有新鲜的叶类蔬菜、豆制品、粉丝等，涮菜特别重视荤素搭配及口味的调剂，常见的有涮羊肉、四川火锅、毛肚火锅、四生（六生或八生）火锅、菊花火锅、鸳鸯火锅等，皆以鲜嫩、爽脆、本味突出、风味香鲜醇厚见长。

微课插播

丰富多彩的烹饪方法对中国烹饪的意义

中国烹饪技术的精湛深厚就包括丰富多彩的烹饪方法的运用，它反映了华夏民族在自身的发展过程中所展示的聪明才智。烹饪方法的多样化，是形成中国菜肴丰富多彩的因素之一，并充分体现出中国烹饪文化的特色与深厚的底蕴。

一个烹饪技术高超的烹饪工作者，也就是厨师，必须具备全面的技术素养。掌握烹饪技术的系统过程和全面知识，尤其是掌握对烹饪原料品质检验的技术、原料的加工技术、烹饪方法的运用技术等，都显得特别重要。

3. 以其他介质为导热体的烹饪方法

在众多的烹饪方法中，除以油和水为导热体的两大类之外，还有一些用其他传热媒介进行菜肴烹制的烹饪方法，由于每一种的数量都比较少，所以归为以其他介质为导热体的烹饪方法，主要的有蒸、烤、蜜汁、焗、微波烹饪法等。

（1）蒸　是将切配并调味的原料装盘，利用蒸汽加热，使原料成熟或软熟入味成菜的工艺过程。蒸的适用范围很广，无论形大或形小、流体或半流体、质老难熟或质嫩易熟的各类原料，均适用于蒸。蒸看似容易，其实技术要求复杂。根据不同的制肴特点蒸可分为清蒸、粉蒸、扣蒸等。成菜的特点是原形不变，原味不失，原汤原汁，软嫩柔韧，清香爽利。如清蒸鱼、粉蒸肉等。

（2）烤　是利用各种燃料（如柴、炭、煤、天然气、煤气等）燃烧的温度或远红外线的辐射热使原料至熟成菜的工艺过程。烤适用于鸡、鸭、鹅、鱼、乳猪、方肉等整形和大块的原料。成菜的特点是色泽美观，形态大方，皮酥肉嫩，香味醇浓，干爽无汁。如烤牛肉片、烤鸡等。

（3）蜜汁　把经过加工处理或初步熟处理的小型原料，放入用白糖、蜂蜜与清水熬成的糖液中，使其甜味渗透，质地软糯，糖汁收稠成菜的工艺过程。凡适合于拔丝的原料均适用于蜜汁。成菜的特点是色泽美观，酥糯香甜，滋润滑爽。如蜜汁莲子、蜜汁山药墩等。

（4）焗　焗是由西式烹饪传入的方法，原意特指烤，是广东特有的烹调术语。焗是将整只或整形或经加工成较小形状的原料过油处理后，添加汤汁在加热中自然稠汁，入味较透，有油汁，其成菜特点为色泽和谐美观、质地软嫩、香鲜浓醇、油汁光泽明亮。焗的方法在用料、调味、火候运用和成形的质量标准上均具特色，根据所用调料的类别，焗有蚝油焗、陈皮焗、西汁焗、香葱焗、西柠焗等，突出各具味型的风味特色，代表菜例有陈皮焗凤翅、蚝油焗乳鸽、葱姜焗蟹、西汁焗鸡腿等。

（5）微波烹调　微波烹调主要是利用微波炉内的磁控管放射微波，使经加工调味的烹饪原料在较短时间内成熟成菜的方法，具有节能、省时、快速、均匀成熟的特点，能较好地保持原料的色泽、水分、新鲜质地和营养成分，不易将原料烧焦。微波炉还可用于原料的解冻和菜肴的保温，微波加热的效果取决于时间与功率的配合设定，加热时间的设定，即烹调火候的掌握和运用是非常关键的，所以要认真全面地了解和掌握微波设备的正确使用，使之灵活运用于多种烹饪方法。微波炉可用于多种烹饪方法，如煎、炸、炒、蒸、煮、烧、烤等，可烹制烤肉串、海鲜串、纸包鸡、啤酒炖牛肉、豆豉排骨、红烤牛腩、扣虾饼、五彩鱼丸汤等多种风味菜肴，微波烹调必须依赖厨师的操作技能和丰富的经验，是菜肴制作的有益补充和变革。

三、冷菜烹调方法

冷菜是指制作后用来凉吃的菜肴，有热制冷吃和冷制冷吃两大类。绝大多数冷菜是经过加热烹制，晾凉后食用的。冷菜具有脆嫩爽口、香而不腻、造型美观、干香少汁等特点。烹饪中常用的冷菜烹调方法一般分为两大类。

1. 热制冷吃菜肴的烹调方法

热制冷吃菜肴的烹调方法，是指调味过程中需要先加热制成菜肴晾凉后再供食用的菜肴，常见的烹制方法有卤、酱、蒸、白煮、冻、酥、熏、烤等。

（1）卤　卤是指将加工处理的大块或整形的原料，放入多次使用的卤汁中，加热煮熟使卤汁的香鲜滋味渗透入内的烹调方法。操作过程一般是将卤汁倒入锅内，烧开，调好色、味、香后，再放入需要卤制的原料。先用旺火烧开，再用小火加热，至原料达到成熟程度，滋味渗透入味后捞出。静置晾凉后，按食用所需切成条或片等形装盘即成。菜肴具有色泽紫红，光亮清爽，味醇不腻等特点。

（2）酱　酱是指将经腌制或焯水的半成品，放入酱汁中浇沸，再用小火煮软捞出，然后把酱汁收浓淋在酱制的原料上（或将酱制的原料浸泡在收浓的酱汁内）的烹调方法。具体操作过程是先将原料用精盐或酱油腌渍，或进行焯水处理，然后放入以酱油为主的汤中，汤中加入葱段、姜块、精盐、白糖、绍酒和香料包（大料、桂皮、草果、丁香、陈皮、甘草、小茴香、砂仁、豆蔻、白芷、花椒等）。先用旺火烧沸，撇去浮沫，再用小火煮至软熟酥烂捞出，取部分酱汁用微火熬浓，涂在酱制品表面上即成。也可将煮酥烂的制品放入原酱汁中浸泡，随用随取。菜肴具有色泽棕红，酥烂咸香，滋味醇厚等特点。

（3）白煮　将原料放在白汤锅中煮熟的烹调方法。工艺过程是先把原料洗涤干净，先放冷水锅中，烧沸，焯去血污，捞出另放入沸水锅里浸煮至熟透（捞出或放原汤汁中浸泡），晾后改刀装盘，再佐以调制的复合调味料即成。

（4）冻　冻是指利用原料本身的胶质或以另外酌加的猪皮、食用果胶、明胶、琼脂等（经熬或蒸制后）的凝固作用，使原料凝结成一定形状成菜的烹调方法。加工时一般将含有胶质的原料洗净，和不含有胶质的原料一起放入冷水锅中，用旺火烧沸，用中小火加热至原料酥烂，停火，捞出香料包，晾凉即可。

（5）酥　将原料用油炸酥或投入汤锅内加以醋为主的调料用小火焖烂的烹调方法。具体操作过程是将原料处理干净，略腌后，用热油炸至上色，捞出放入加入调味料的汤锅内，或取不用油炸的原料，摆在锅内，加入大量食醋及其他调味料，然后加盖，旺火烧开，中小火焖煮至酥烂软滑即成。如酥鲫鱼、酥海带等。菜肴具有酥烂鲜香，味道酸甜，醇厚滑润等特点。

（6）熏　熏是指将经加工处理后的半成品，放入熏锅内，利用熏料起烟熏制成菜的烹调方法。熏分生熏和熟熏两种，未经熟处理的原料熏制为生熏，经过熟处理的原料为熟熏。具体作业是将经过加工处理或经过煮、蒸、卤、炸等熟处理的原料，放入锅内的网架上，锅底放入湿木屑、茶叶等，加盖密封，然后在锅底加热，熏至熟透取出，晾凉刷上香油即成。

（7）烤　原料腌渍后，放入烤箱或挂入明炉内，经热空气循环传热，使原料成熟的烹调方法。一般的工艺过程是把原料经过加工处理，内外用调味料抹匀腌好入味（有的皮面还要抹一层着色剂），然后放入烤箱内，定好温度、时间，烤至熟透上色，取出晾凉，外表刷上一层香油即成。

（8）蒸　加工工艺与热菜的蒸相同，是将切配并调味的原料装盘，利用蒸汽加热，使原料成熟或软熟入味成菜的工艺过程。蒸的适用范围很广，无论形大或形小、流体或半流体、质老难熟或质嫩易熟的各类原料，均适用于蒸。冷菜的蒸与热菜的蒸，其区别在于，热菜的蒸讲究火候，老嫩适中，而冷菜则必须蒸透，取出放置晾凉后，大块的需经刀工处理装盘。

微课插播

冷菜的作用

冷菜是中国烹饪的重要组成部分。冷菜是指制作后用来凉吃的菜肴，有热制冷吃和冷制冷吃两大类。绝大多数冷菜是经过加热烹制，晾凉后食用的。

冷菜具有脆嫩爽口、香而不腻、造型美观、干香少汁等特点，是宴席和家庭日常饮食中不可缺少的菜品。尤其是在炎热的夏季，一盘味美清爽的冷拼菜肴，可以给人带来无限的惬意。

2. 冷制冷吃菜肴的烹制方法

冷制冷吃菜肴的烹制方法是指在制作菜肴的最后调味阶段不加热，也就是只调味不烹制的工艺过程。常见冷制冷吃菜肴的制作方法有拌、炝、浸、糟、腌腊等。

（1）拌　拌的工艺过程是将切配成形的丝、丁、条、片等原料，用油滑过或是用沸水焯过，捞出控净油（水）盛盆内，加入各种调味品搅拌均匀装盘即成。

（2）炝　炝的工艺过程是将切配成形的丝、丁、条、片等原料，用油滑过或是用沸水焯过，捞出控净油（水）盛盆内。另用锅加油烧热，加花椒炸至焦香，捞出花椒粒，趁热将花椒油浇在原料上，略加盖焖一会，拌匀装盘即成。

（3）浸　浸的工艺过程是把原料加工处理后，用调味料先进行腌渍或煮、炸等熟处理，然后再放入兑制的卤汁中，进行浸泡，使其入味成菜的加工过程。

（4）糟　其工艺过程是把原料加工处理后，用调味料进行腌渍或放锅内煮熟，再放到调好的红糟汁或香糟汁中浸泡，使其入味成菜的操作过程。

（5）醉　醉的工艺过程一般多用鲜活动物性原料。将原料治净后放入预先调制好的白酒或料酒中浸泡，使其浸透入味成菜的操作过程。

（6）腌腊　腌腊是把原料（多为动物性原料）加工处理干净后，用盐、料酒等调味品腌渍入味，然后置阴凉处晾干或风干（也有用烘烤和烟熏的方法），使其水分蒸发而成的操作过程。如香肠制作，成品具有色泽红褐，咸淡适中，香味浓郁，鲜美不腻，便于久贮的特点。

趣味链接

艺术拼盘与食品雕刻

冷菜的艺术拼盘实际上就是美化冷菜的装盘艺术，把制作好的冷菜，经过刀工处理后，按一定的规格要求和艺术造型，整齐美观地装入盘中，具有造型优美，形态多样，富于变化的特点。食品雕刻，是将某些烹饪原料用特殊刀具、刀法雕刻成花卉、虫鸟、山水等各种实物形象，用以美化、装饰菜肴的一种精巧细致的特殊技艺。艺术拼盘与食品雕刻是中国饮食文化的组成部分，是色彩和造型的表现艺术，是烹饪技术和艺术的结合。不仅可以美化单个菜肴，而且可丰富宴席的内容，增加菜肴色、形的感染力，活跃宴会气氛，诱人食欲，给人以高雅优美的艺术享受。

四、面点烹饪方法

面点加工，习惯上又称为白案技术，而用于面点制作的技术也是一个较为复杂的过程，较之菜肴的制作又显得容易些，但要运用好面点制作的各个技术环节，也并非易事。面点制作工艺一般包括调制面团、调制馅料、加工手法、成形方法及熟制方法等。

1. 面团的种类

由于和面时所用的原料和添加料的不同，调制的方法及其用途也不一样，因而面团可分为很多种，主要有水调面团、膨松面团、油酥面团、米粉面团等。

（1）水调面团　水调面团是指面粉掺水拌和而成的面团。这种面团一般组织严密，质地坚实内无孔洞，体积也不膨胀，富有韧性和可塑性。水调面团按和面时使用水的温度不同，还可以分为冷水面团、温水面团、热水面团。

（2）膨松面团　膨松面团就是在调制面团过程中，加入适当添加剂或采用一定的调制方法，使面团组织产生孔洞，变大变疏松的工艺过程。膨松面团在烹饪中应用极广，常使用的有发酵面团、化学膨松面团和物理膨松面团三种。

（3）油酥面团　油酥面团是用油和面粉作为主要原料调制成的面团，它具有很强的酥松性。油酥面团制作时一般由两块面团制成。一是水油面，一是干油酥。水油面是用水、油、面粉三者调制，用料比例为水：油：面粉=2：1：5。和面时将水与油一起加入面粉中抄拌。水的温度一般为35℃左右。面团要反复搓擦，使其柔软，有光泽，有韧性。然后用干净湿布盖好，静置；干油酥是把油脂加入面粉里，采用推擦的方法而成团。面粉与油的比例为1：0.5。一般先把面粉和冻猪油拌和，用双手的掌根一层一层向前推擦，反复操作，直到擦透为止。

（4）米粉面团　是指用米磨成粉后与水和其他辅助原料调制而成的面团。具有黏性强、韧性差的特点。米粉面团是以制作糕、团、饼、粉等点心为主的面团，特别在我国南方地区，应用非常普遍。米粉面团制品很多，但最常用的有米糕制品和米团制品。

（5）其他面团　其他面团的种类较多，但主要的有蛋和面团、杂粮面团、鱼虾蓉面团等。

2. 面团的调制

面团的调制包括调制的手法和面团的种类两个方面。

（1）和面　和面是指将面粉与水、油、蛋等按比例配方掺和揉成面团的工艺过程。它是整个面点制作中最基础的一道工序。面点的好坏，与和面的优劣有着直接关系。和面的手法一般有抄拌法、调和法、搅和法。

（2）揉面　揉面就是在面粉吸水发生粘连的基础上，通过反复揉搓，使各种粉料调和均匀，充分膨胀形成面团的过程。揉面是调制面团的关键，它可使面团进一步均匀、增劲、柔润、光滑等。揉面的主要手法有捣、揉、搋、摔、擦等几种。

3. 面点成形方法

面点成形是运用调制好的各类面团，配以各式馅心制成形状多样的成品生坯的过程。这一过程直接影响着成品的形态和质量，是面点制作中的重要工艺。虽然面点制品成形方法是多种多样的，但面点制作中常用的方法不外乎以下几种。

（1）揉　揉是将下好的剂子，用两手互相配合，揉成圆形或半圆形的团子。这种方法是比较简单、常用的成形方法之一。一般用于馒头的制作。

（2）包　包是将擀好或压好的皮子内包入馅心使之成形的一种方法。面食品中许多馅心品种都采用包的方法，如包子、水饺、馅饼、汤圆等。

（3）卷　是将面片或坯皮，按需要抹上油或馅，然后卷起来，成为有层次的圆筒状的成形方法。卷是面点中较常用的方法，常用于制作花卷及各类“卷”酥。卷可分为单卷法和双卷法两种。

（4）按　按是将包好的面点生坯，用两手配合，利用手掌压成扁圆形的成形方法。主要适用体形较小的包馅品种。

（5）擀　擀是用面杖或走锤等工具将面团或包馅的生坯压延成制品要求的形态的成形方法。这种方法在日常家庭的面点加工中用途很广，适用于各式坯皮的制作。如饺子、面条、各式酥皮等。

（6）叠　是把生坯加工成薄饼后，抹上油、馅心等，再折叠起来的方法。叠与擀可结合操作，如千层酥、兰花酥等。

（7）摊　是将生坯加热制成较薄的坯皮的方法。这种成形方法具有两个特点。一个是边成形边制熟；另一个是所使用的面团较稀软或是面糊，如煎饼、春卷皮等品种。

（8）捏　就是运用拇指与其他手指协调配合用力，把生坯捏成一定形状的方法。多用于各色蒸饺、酥点的花形加工。如梅花饺、四色饺等。

（9）切　切是以刀为工具，将面坯分割成形的一种方法。常见的品种有刀切面和一些小型酥点的成形等。

（10）削　是将经过加工的坯料利用特制刀具推削，使其成为一定形状的方法。一般只用于刀削面的制作。

（11）抻　抻是将面团用一定的手法反复抻拉成形的一种方法。是北方制面条的一种独特方法。其技术难度较大，需多抻拉练习才能掌握。

（12）钳花　就是将半成品的表面，用花钳或剪刀等工具进一步加工成多种多样形态的方法。钳花的方法多种多样，可在生坯的边上竖钳或斜钳，也可在生坯的上面斜钳出各种花样，还可以钳出各式小动物的羽、翅、尾纹及鱼鳞等。

（13）模印　就是把经加工的坯料放入特制的模具内，使其具有一定花纹形态的方法。模具的图案多种多样，如梅花、菊花、喜、寿、福、蝴蝶、金鱼、小鸟、桃、苹果等。操作时将面剂揉成团压入模具内，成形后轻轻磕出。这种成形法具有使用方便，规格一致，保证形态质量等特点。如月饼的制作。

（14）滚沾　就是把加工成小型的馅料，沾水后放入各种各样的粉料中，反复摇晃，使其沾上层层粉料，而成为圆形制品的方法。滚沾成形法工艺较独特，常用于北方元宵的成形。

（15）镶嵌　是在经加工的半成品表面或内部嵌入一定原料，使之成熟后形成美观图案的方法。镶嵌成形又可分为直接和间接镶嵌两种。直接镶嵌就是在加工成的半成品表面嵌入不同颜色的物料，如在生坯上嵌枣或果脯等；间接镶嵌是把各种配料和粉料拌和在一起，制作成品后表面露出配料，如红豆糕、八宝饭即是。

微课插播

中国的面塑艺术

面塑在我国有着源远流长的历史，是中国民间文化艺术的一项绝技。它也是烹饪工作者用来美化宴席、追求饮食艺术美的一种形式。一块块面团，在面塑艺人的手中，可以变化成为各色的艺术人物形象，形态逼真、栩栩如生、寓意深刻，用以点缀宴席、菜肴，不仅能够烘托宴会主题，营造宴会气氛，而且更有提升宴会艺术品格、创造宴会艺术美的效果。

4. 馅心的制作技法

馅心，就是用各种不同的烹饪原料，经过精细加工拌制或熟制而成的形式多样、味美适口的面点心子。馅心制作，是面点制作过程中的重要工艺之一。馅心制作的好坏，对成品的质量有直接影响。制馅技术比较复杂，需要具备多方面的能力，除刀工技艺、调味技术外，还要掌握制馅原料的特点及熟制方法等。而且还需经过多次反复实践操作，才能制出较为理想的馅心。

（1）馅心种类　常见的馅心按口味可分为咸馅、甜馅等。

咸馅：咸馅种类较多，根据用料可分为素馅、荤馅、荤素馅。这三种馅心的制作过程又有生熟之分。

甜馅：甜馅虽然南、北有别，种类较多，但大都是以糖为基本原料，再配以各种豆类、果仁、果脯、油脂以及新鲜蔬菜、瓜果、蛋乳类或少量香料等。有时还需经过复杂的工序和各种加工法，如浸泡、去皮、切碎、挤汁、煮拌等制作而成。甜馅常用的有糖馅、泥蓉馅和果仁蜜饯馅。

（2）馅心制作要领　馅心的制作有拌制和烹调两类制作方法，不论采用哪种方法，调制馅心都要掌握以下几个方面的要领：

① 严格选料，正确加工；

② 根据面点的要求，确定口味的轻重；

③ 正确掌握馅心的水分和黏性；

④ 根据原料性质，合理投放原料。

5. 面点熟制方法

面点熟制是对成形的面点半成品，运用各种加热方法，使其成为色、香、味、形俱佳的成品的过程。从大多数面点品种的操作程序看，熟制是最后也是最关键的一道工序，制品的色泽、定型、入味等，都与熟制有密切关系。面点熟制方法主要有蒸、煮、炸、烙、烤、煎等单加热法，有时为了适应特殊需要也可采用综合加热法，即采用蒸、煮后再进行煎、炸等，但大多数面点还是以单加热法为主。

（1）蒸　蒸是把制品生坯放笼屉或蒸箱内，利用蒸汽传热使制品成熟的方法。这种方法多用于发酵面团和烫面团类的熟制，如馒头、蒸包等。蒸的操作程序主要包括蒸锅加水、生坯摆屉、上笼蒸制、控制加热时间、成熟下屉等工艺流程。

（2）煮　煮就是把成形的生坯放入开水锅中，利用水的传热，使制品成熟的一种方法。煮法的使用范围比较广泛。如冷水面团的饺子、面条、馄饨等，米粉制品的汤圆、元宵等。煮的操作程序主要有制品下锅、加盖煮制、成熟捞出等几个步骤。

（3）炸　炸是将制作成形的面点生坯，放入一定温度的油锅中，以油为传热介质，使之成熟的方法。这种熟制方法适用性较强，几乎各种面团都可使用。如油酥面团制品的油酥点心，膨松面团制品的油条，米粉面团制品的油炸糕等。炸的油温一般最高可达到300℃左右。因而，不同的制品，需要不同的油温。有的用热油，有的用温油，还有的先低后高或先高后低，情况各有不同。从面点炸制情况看，油温主要分为温油和热油。温油炸制多用于较厚、带馅和油酥面团制品；热油炸制主要用于矾碱盐面团及较薄无馅的制品。

（4）煎　煎是在平底锅内加入少量的油或水等，放入生坯，利用锅、油或水等传热使之成熟的方法。这种方法常用于水调面团制品的熟制，如煎包、锅贴等。煎的方法，一般可分为油煎和水煎两种。油煎的特点是制品两面金黄，口感香脆；水煎，也称水油煎，是经油煎后再加放少量清水，利用部分蒸汽传热使制品成熟，制品具有底部金黄酥脆，上部柔软油亮的特点。

（5）烤　烤是把制品生坯放入烤炉内，利用烤炉的内热，通过对流、传导和辐射的传热方式，使其成熟的方法。这种方法主要用于各种膨松面团、油酥面团等制品。如面包、酥点等。一般烤箱的温度都在200～300℃，在这种高温的情况下，可使制品外表呈金黄色，内部富有弹性和疏松，达到香酥可口的效果。

（6）烙　烙就是把制品的生坯摆放在加热的锅内，利用锅底传热于制品，使其成熟的方法。这种方法主要适用于水调面团，发酵面团和部分米类面团。主要用于各种饼的熟制，如家常饼、葱油饼等。一般烙制的温度在180℃左右。通过锅底热量至熟的烙制品具有外皮香脆，色泽金黄，内部柔软的特点。烙制方法根据其操作的不同，可分为干烙、刷油烙。

社会课堂

淮安中国淮扬菜文化博物馆

中国淮扬菜文化博物馆坐落在淮扬菜的发源地和故乡之一江苏淮安。博物馆于2009年10月建成开馆，是中国最大的以菜系为主题的文化博物馆，占地面积6500平方米。博物馆共有3个馆区、5个部分，整个馆群融合了中国庭园和中式园林风格。博物馆由“河馆”（展示与菜肴文化相关的古黄淮河、运河等文化）、“菜馆”（陈列展示淮扬菜文化）、“食俗馆”（展示与菜肴文化相关的饮食民俗文化）和“学艺馆”（互动学习淮扬菜的制作及品尝美食）四大功能馆区组成。博物馆在传统展陈方式的基础上，通过声、光、电、动漫等现代科技手段，再现淮扬菜发源、发展、继承、创新到鼎盛的悠久历史进程，成为传播淮扬菜美食文化的重要窗口和研究基地。

博物馆集知识性、趣味性、参与性于一体，充分展示淮扬菜文化发展、创新、鼎盛过程，让参与者全面了解淮扬菜悠久的历史文化内涵。

另外，扬州也有一家中国淮扬菜博物馆，是利用清代盐商遗留的旧宅建设而成的，分为展馆区和体验区。

单元二　中国主要菜肴体系

一、中国菜肴风味体系的形成

我国是一个幅员辽阔的国家，各地区的自然条件、地理环境和物产资源有着很大的差别，如“南米北面”的饮食特点，古已有之，这是各地人民的饮食品种和口味习惯各不相同的物质基础和先决条件。《博物志·五方人民》中说：“东南之人食水产，西北之人食陆禽。”“食水产者，龟蛤螺蚌以为珍味，不觉其腥臊也；食陆禽者，狸兔鼠雀以为珍味，不觉其膻也。”物产决定了人们的食性，而长期形成的对某些独特口味的追求，渐渐地变成了难以改变的习性，成为饮食习惯中的重要组成部分。所谓“南甜北咸，东辣西酸”地域性群体口味的形成，也是顺理成章的事情。正因为如此，中国饮食风味才形成了丰富多样、特色各异的风味流派，其中最有代表性的就是各具特色的菜肴体系。

所谓菜肴体系，即当前人们所通称的菜系，是指具有明显地域特色的饮食风味体系。它以地域性的群体口味为主要特征，以独具一格的烹调方法、调味手段、风味菜式、辐射区域、历史文化传统为基本内涵，并且在国内外的传播与交流中形成了一定的影响。严格意义上讲，中国菜肴体系的形成不是按不同时代的行政区辖划分的。如学术界公认的“三大文化流域孕育了四大菜系”就是以文明背景与文化特征为依据的。如此一来，就有了黄河文化流域的鲁菜、长江文化流域上游的川菜、长江文化流域下游的苏菜、珠江文化流域的粤菜。这是目前从专家学者到社会广泛公认的具有鲜明特色的中国四大菜系。

1. 中国菜肴风味体系形成的因素

我国饮食风味流派各具特色，饮食风俗鲜明迥异，名菜名点琳琅满目，其形成的原因是多方面的。既有自然的因素，也有历史的因素；既有政治的因素，也有文化方面的因素；更有聪慧、辛勤的华夏民众与专业厨师们勤劳创造的因素。

（1）自然、物产是基础条件　地理环境、气候及物产是形成地方饮食风味的基本条件与关键性因素。自然地理的不同、气候水土的差异，必然形成物产不同、风俗各异的地域性格局。我国疆域辽阔，分为寒温带、中温带、暖温带、亚热带、热带和青藏高原6个气温带，加之地形复杂，山川丘原与江河湖海纵横交错，适合不同动植物的生长，由于各地动植物的不同，便出现以本土原料为主体的地方菜品。正如晋人张华《博物志》所说“土地所生者有饮食之异”，以及《史记》中的“人各任其能，竭其力，以其所欲”都是指这个意思。《黄帝内经》还谈过地理环境对人生理和食性的影响。清人徐珂也指出：“人类所用之食物，实视气候之寒暖为标准。”俗语所谓“一方水土养一方人”就是这个道理，属于自然规律使然。很显然，是物产决定食性，并影响烹调技艺，也影响到食俗食风与菜肴风味特色的形成与发展。

（2）历史、政治是人文环境　从我国历史上看，一些古城古邑曾是国家政治、经济和文化的中心，西安、洛阳、开封、杭州、南京、北京是驰名的古都；济南、广州、福州、上海、武汉、成都是繁华的商埠。这些古代的大都市，人口相对集中，商业十分繁荣，加之历代统治者讲究饮食，宫廷御膳、官府排筵、商贾逐味、文人雅集，这些不仅大大地刺激了当地烹饪技术的提高和发展，也对菜系的生成产生过积极而深远的影响。至于秦菜与唐代珍馐关系密切，鲁菜与清代宫廷名菜渊源深厚，苏菜中保留着“十里春风的艳彩”，鄂菜中能看到“九省通衢”的踪影，川菜体现了“天府之国”的风貌，粤菜有“门户开放”后的遗痕，更可说明这一问题。

（3）宗教、风俗是影响因素　宗教是人类文化发展过程的必然阶段。种种饮食习俗与文化现象，往往是由宗教的哲理衍生出来的，并折射出一个民族的文化心理。我国人口众多，宗教信仰各异，佛教、道教、伊斯兰教、基督教和其他教派，都拥有大批信徒。由于各宗教教规教义不同，生活方式也有区别。饮食是人最基本的生活需要，所以自古就有把饮食生活转移到信仰生活中去的习俗。这一习俗反映在菜品上，便孕育出素菜和中国清真菜。至于食礼、食规、食癖和食忌，这也是千百年的习染和熏陶形成的，且有固定的传承性。《清稗类钞》说：“食品之有专嗜者，食性不同，由于习尚也。”这些都是对饮食风味体系形成由来的合理解释。

（4）市场、消费是促进条件　生产力的发展是经济繁荣的重要前提，而经济一经繁荣，市场贸易、市肆饮食也便兴旺起来，与之相应的稳定的消费群体也便应运而生，这是风味流派形成发展的重要条件。如同各种商品都是为了满足一部分人的需要生产的一样，各路菜肴也是迎合一部分食客的嗜好而问世的。人们对某一风味菜肴喜恶程度的强弱，往往能决定其生命的长短和威信的高低。还由于烹饪的发展，与权贵追求享乐、民间礼尚往来、医家研究食经、文士评价馔食关系密切，所以任何菜系的兴衰都有明显的人为因素的关系。更重要的是，群众对乡土菜的热爱是菜系扎根的前提。乡土风味是迷人的，人们对故乡的依恋，既有故乡的山水、亲友、乡音、习俗，也有故乡的美食。所谓“物无定味，适口者珍”，所谓“一世长者知居处，三世长者知服食”，在很大程度上是取决于共同的心理状态和长期形成的风习的。乡情、食性和菜肴风味水乳交融，支配了一个地区的烹调工艺的发展趋向。

（5）文化、审美起催化作用　我国的文化板块特色鲜明，有黄河流域文化、长江流域文化、珠江流域文化、辽河流域文化等。因此形成了中原大地的雄壮之美、塞北草原粗犷之美、江南园林的优雅之美、西南山区的质朴之美和华南沃土的华丽之美，可谓绚丽多彩，各领风骚。顺应自然，以求生存，这是人与生俱来的本性。改造自然，以求更好的生活，是人类共有的特性。本性决定生活审美观的形成，而特性能够导致生活审美观的发展与升华。而所有这一切反映在饮食风味体系与菜肴体系中，其中文化气质与审美风格则必然居于主导地位，如江南优雅之美造就出文人式的美学风格，形成精巧雅致的淮扬菜；中原雄壮之美孕育出宫廷式的美学风格，形成雄伟壮观的鲁豫菜与宫廷菜；西南质朴之美确定了平民式的美学风格，形成平实无华的巴蜀菜；塞北粗犷之美打造出牧民式的美学风格，形成蒙古族豪放朴素的蒙古族菜等。

（6）工艺、筵宴起决定作用　食品烹调工艺的不断进步与发达，地方筵宴饮食风气的兴盛与流行，是中国地方菜系形成的内部因素，在一定意义上能够起到决定性的作用。一个地方菜肴体系的形成，仅仅有着丰富的物产和悠久的历史是不够的，它需人们的智慧与创造。具有明显风味特色的菜系之所以能够从众多地方菜中脱颖而出，靠的是什么？显然是自身的实力——烹调工艺好，名菜美点多，筵席铺排精。强大的实力可以使它们在激烈的市场竞争中保持优势。从古到今，影响大的菜系无不都是跨越省、市、区界，向四方渗透发展，朝气蓬勃。如明清以来直至晚近的鲁菜，由于厨师大量进入皇宫，对宫廷饮食的影响极大，由于山东移民的原因对广大东北地区饮食的影响等；再如我国改革开放以来，随着南方经济的飞速发展，粤菜厨师的大量北进，从而对北方各大城市产生了很大的影响。而一些较小的地方菜则只能在自己的“根据地”内活动，各方面都受到限制。究其原因，仍是实力的差距。尤其是近年来，各大菜系的竞争也相当激烈，优胜劣败，毫不留情。总之，谁能征服食客谁就能发展，菜系的原动力就是菜品的质量和信誉。

2. 中国菜肴体系应具备的条件

菜系既然是中国饮食烹饪的风味流派，作为一个客观存在的事物，它必然有着数量的限制和品质的规定。从菜系历史和现状考察，举凡社会舆论认同的菜肴体系，它们一般都具有如下几个方面的条件。

（1）广泛运用地方特色的乡土原料　菜系的表现形式是菜品，菜品只有依原料才能制成。如果原料特异，乡土气息浓郁，菜品风味往往别具一格，颇有吸引力。故而不少菜系所在地，都很注重名特原料的开发。如北京的填鸭、山东的大葱大蒜、四川的郫县豆瓣等，从而用地方特色鲜明的食材制成“我有你无”的标志性菜品，形成了独树一帜的风格。尤其是一些特异调味品的使用，在菜肴风味形成中有很大作用，如山东的豆酱、福建的红糟、广东的蚝油、湖南的豆豉、江苏的香醋之所以受到青睐，原因也在于此。

（2）烹调工艺的创新与独到之处　烹调工艺是形成菜肴的重要手段。不少风味菜闻名遐迩，正是在炊具、火功、味形和制法上有某些绝招，并且创造出一组组系列菜品，像山东的汤菜、湖北的蒸菜、安徽的炖菜、辽宁的扒菜等。由于技法有别，菜肴品质感便截然不同，故而可以以“专”擅名、以“独”争光、以“异”取胜。例如海派川菜、港式粤菜、谭家菜、宫廷菜、孔府菜等的名气，主要是由此而来。

（3）菜品系列具有浓郁的地方特征　任何一个有影响力的菜肴体系，必须能够在菜品中融入明显的地方特征与乡俗食风，这是大大小小风味流派的灵魂所在。它能确定风味流派的“籍贯”，使其成为独具一格的菜肴体系。地方特征与乡土气息表面上似乎看不见摸不着，但只要菜肴、面点上桌观之，入口品之，人们立即感觉到它的存在，而且对家乡人来说，它又是那样的亲切、温馨和舒适。地方特征主要是通过地方特产、地方风味、地风习俗、地方礼仪等方面来展示，常有诱人的魅力。所谓川味、闽味、豫味、湘味，这个“味”字就是指地方特征与乡土情韵。

（4）众多名菜名点促进地方筵席的发达　纵观中国著名的菜系，无论是四大菜系，还是八大菜系，都拥有众多的名菜肴与面点小吃，并由此为地方筵席的发展提供了基础条件，促进了地方宴饮民俗活动的形成与发展。由于筵席不仅是地方烹调工艺的集中反映和名菜美点的汇展橱窗，而且还是地方礼仪风尚与民俗文化的凝聚点。所以，能否拿出不同格局的众多乡土筵席，应是区分菜系和菜种的一项具体指标。同时也只有风味特异的乡土筵席，才能参加饮食市场的激烈角逐。这就像名牌产品是企业的生命一样，必须能经受住较长时间的考验。

（5）具有持久的生命力与发展空间　如上所述，菜系的形成，需要众多条件的创造与长时间的孕育，其发展的历程可谓峰回路转，起起落落。只有久经考验，不断积累，形成旺盛的生命活力，历经不同时代的筛选，才能日臻成熟，逐步走向完善，达到成熟定型。同时，它还要在稳定中不断扩大自身的发展空间，在发展中再创新与丰富提升。这正是一个菜肴体系生命力旺盛的关键所在。

3. 中国菜肴风味体系概况

中国菜肴体系的划分是一个非常复杂的问题，如果按照菜肴食用对象为依据来划分，则可分为宫廷菜、官府菜、民间菜、民族菜、寺院菜、地方菜。所谓宫廷菜，就是历代皇室御膳厨师专为皇室烹制的菜肴，如明宫菜、清宫菜等；官府菜就是封建社会地位显赫的王公贵族官府内所制作的菜肴，如孔府菜、谭家菜等；而民间菜则是流行于乡村民间家庭、市肆，非专业烹饪人员所制的菜肴，如田野、山野菜等；民族菜是流行于各民族间独特的、与其他民族不同风味的菜肴，如傣家菜、满族菜等；寺院菜就是流行于众多庙宇、寺院、道观中专供出家人食用的一类菜肴，如素菜、道家菜等；地方菜是以地域范围内相似的群体口味为主形成的菜肴体系，古称帮口，如山东菜、四川菜等。

中国最具有代表意义的是著名的“三大文化流域孕育四大菜系”，即黄河文化流域的鲁菜、长江文化流域上游的川菜、长江文化流域下游的苏菜、珠江文化流域的粤菜。不过，随着历史进程的变化，四大菜系在饮食风味的涵盖度上越来越显示出它的模糊性。因此，其他说法随之诞生。首先是八大菜系的划分观点，八大菜系是在原有四大菜系的基础上，增加了浙、湘、闽、徽，成为八大菜系。如果在八大菜系的基础上加上北京和上海就构成了十大风味流派。

改革开放以来，随着各地经济的繁荣发展，出于促进改善、提高广大人民群众饮食生活水平为前提的地方经济发展的需要，各地都在不断总结地方资源。于是，各地都以富有地方特色为理由而争取菜系的成立。十六大菜系、新八大菜系、小八大菜系等应运而生。

二、中国主要菜肴体系简介

1. 鲁菜

鲁菜，又叫山东菜。历史悠久，影响广泛，是中国饮食文化的重要组成部分，成为中国四大菜系之一。鲁菜以其味鲜咸脆嫩，口味纯正，风味独特，制作精细享誉海内外。《黄帝内经》云：“东方之域，天地之所始生也。鱼盐之地，海滨傍水，其民食鱼而嗜咸。皆安其处，美其食。”齐鲁大地就是依山傍海，物产丰富。经济发达的美好地域，为饮食文化的发展、山东菜系的形成，提供了良好的条件。早在春秋战国时代，齐桓公的宠臣易牙就是以“善和五味”而著称的名厨；南朝时，高阳太守贾思勰在其著作《齐民要术》中，对黄河中下游地区的烹饪术作了较系统的总结，记下了众多名菜做法，反映当时鲁菜发展的高超技艺；唐代，段文昌，山东临淄人，穆宗时任宰相，精于饮食，并自编食经五十卷，成为历史掌故；到了宋代，宋都汴梁所作“北食”即鲁菜的别称，已颇具规模；明清两代，已经自成菜系，从齐鲁至京畿，从关内到关外，影响所及已达黄河流域中下游、京津、东北地带，有着广阔的饮食群众基础。

山东古为齐鲁之邦，地处半岛，三面环海，腹地有丘陵平原，气候适宜，四季分明。海鲜水族、粮油牲畜、蔬菜果品、昆虫野味一应俱全，为烹饪提供了丰盛的物质条件。庖厨烹技全面，巧于用料，注重调味，适应面广。其中尤以“爆、炒、烧、煽”等最有特色。正如清代袁枚称：“滚油炮（爆）炒，加料起锅，以极脆为佳。此北人法也。”瞬间完成，营养素保护好，食之清爽不腻；烧有红烧、白烧，著名的“九转大肠”是烧菜的代表；“塌”是山东独有的烹调方法，其主料要事先用调料腌渍入味或夹入馅心，再沾粉或挂糊。两面塌煎至金黄色。放入调料或清汤，以慢火煤尽汤汁。使之浸入主料，增加鲜味。山东广为流传的锅塌豆腐、锅塌菠菜等，都是久为人们所乐道的传统名菜。

鲁菜还精于制汤。汤有“清汤”“奶汤”之别。《齐民要术》中就有制作清汤的记载，是鲁菜烹调提鲜的关键调料。俗有“厨师的汤，唱戏的腔”之称。经过长期实践，现已演变为用肥鸡、肥鸭、猪肘子为主料，经沸煮、微煮、“清哨”，使汤清澈见底，味道鲜美。奶汤则呈乳白色。用“清汤”和“奶汤”制作的菜肴，多被列为高级宴席的珍馐美味。

随着历史的演变和经济、文化、交通事业的发展，鲁菜逐渐形成了济南、胶东、济宁为代表的地方风味，而不拘一格的孔府菜在近几十年了也成为鲁菜的标志。

泉城济南，自金、元以后便设为省治，济南的烹饪大师们利用丰富的资源，全面继承传统技艺，广泛吸收外地经验。把东路福山、南路济宁、曲阜的烹调技艺融为一体，将当地的烹调技术推向精湛完美的境界。济南菜取料广泛，高至山珍海味，低至瓜果菜蔬，就是极为平常的蒲菜、芸豆、豆腐和畜禽内脏等，一经精心调制，即可成为脍炙人口的美味佳肴。济南菜讲究清香、鲜嫩、味纯，有“一菜一味，百菜不重”之称。鲁菜精于制汤，则以济南为代表。济南的清汤、奶汤极为考究，独具一格。在济南菜中，用爆、炒、烧、炸、塌、扒等技法烹制的名菜就达二三百种之多。

胶东风味以烟台、青岛菜为代表，以烹制海鲜见长。胶东菜源于福山，距今已有700余年历史。福山地区作为烹饪之乡，曾涌现出许多名厨高手，通过他们的努力，使福山菜流传于省内外，并对鲁菜的传播和发展作出了贡献。烟台是一座美丽的海滨城市，山清水秀，果香鱼肥，素有“渤海明珠”美称。“灯火家家市，笙歌处处楼”，是历史上对烟台酒楼之盛的生动写照。用海味制作的宴席，如全鱼席、鱼翅席、海参席、海蟹席、小鲜席等，构成品类纷繁的海味菜单。青岛菜在保持胶东菜传统风味的基础上又受到西式菜肴烹饪的影响，是胶东菜创新发展的代表。

济宁风味主要指微山湖区饮食风格的菜肴，源于古代鲁国文化的属地内，具有丰富的淡水水产资源。“鲁”字本身就有“日食有鱼”的含义。菜肴富有乡土气息、质朴典雅，发展到后来融南北方的特长为一体。而坐落在山东曲阜的孔府，自古以来优越的社会地位与经济保障，在孔府历代厨师的不断创新努力下，奠定了孔府菜的基础，形成了从接待上至历代皇帝、王公大臣，下至一般家庭饮食的完整菜肴体系，具有雅俗共赏、精美并举的特色，成为中国饮食文化发展史上具有典型意义的官府菜。

鲁菜在用料上具有明显的地域特色，体现海产与陆产结合，高端与普通共用。讲究选料，长于鉴别。在味型上则讲究调味纯正，以鲜咸为主，擅用葱蒜。沿海以鲜活海味的原味取鲜，内陆以吊制清汤调味取鲜的特点。在烹调技法上丰富繁多，有爆、炒、烧、扒、烩、氽、熘、炸、熬、蒸、烤、熏、腊、拔丝、挂霜、琉璃、蜜汁、水晶等。其中尤以爆、炒最能体现鲁菜快速出菜的特色。鲁菜具有鲜爽脆嫩，突出原味，刀工考究，配伍精当，善于调和，工于火候，技法全面，菜式众多的综合特点。并且体现咸鲜脆嫩，口味纯正，讲究配伍，平和适中的特征。鲁菜中传统代表性名菜有九转大肠、清汤燕菜、奶汤鸡脯、糖醋鲤鱼、葱烧海参、清蒸加吉鱼、油爆双脆、带子上朝、八仙过海闹罗汉、诗礼银杏、青州全蝎、泰安豆腐、博山烤肉、德州脱骨扒鸡等。

趣味链接

“九转大肠”的趣闻

相传，九转大肠是清光绪年间济南的九华楼酒楼首创。有一次，九华楼的店主请客，厨师上了一道风格独特的菜——烧大肠，颇受宾客们的赞赏。大家品尝后都赞不绝口。但各人说法不一：有的说甜，有的说酸，有的说咸，有的说辣。其中有位颇有学识的客人站起来说：“道家善炼丹，有‘九转仙丹’之名，食此佳肴可与仙丹媲美，这道美食就叫‘九转大肠’吧！”在座宾客都十分赞赏这一菜名，从此九转大肠就越来越为大家所知。制作方法和用料也不断改进，味道越来越好。

2. 川菜

四川菜，简称川菜，川菜饮食文化是巴蜀文化的重要组成部分，它发源于古代的巴国和蜀国。川菜的发展有着优势的自然条件，川地位于长江中上游，四面皆山，气候温湿，烹饪原料丰富多样，川南菌桂荔枝硕果累累，川北鳞介禽兽品种珍异，川东海盐香料尤佳，川西三椒茂盛。川地江河纵横，水源充沛，水产品种特异，如江团、肥沱、腾子鱼、东坡墨鱼、剑鱼等，质优而名贵。山岳深丘中盛产野味，如熊、鹿、獐、贝母鸡、虫草、竹荪、天麻等。调味品更是多彩出奇，如自贡的川盐、阆中的保宁醋、内江的糖、永江的豆豉、德阳的酱油、郫县的豆瓣、茂汶的花椒等。这些特产为川菜的发展提供了必要而特殊的物质基础。

一般来说，川菜是以成都、重庆两个地方菜为代表，选料讲究，规格划一，层次分明，鲜明协调。川菜作为我国八大菜系之一，在我国烹饪史上占有重要地位，它取材广泛，调味多变，菜式多样，口味清鲜，醇浓并重，以善用麻辣著称，并以其别具一格的烹调方法和浓郁的地方风味为特色，融汇了东南西北各方的特点，博采众家之长，善于吸收，善于创新，享誉中外。

川菜起源于古巴蜀文化，但从地方风味的代表流派看，习惯上分为以成都和乐山菜为主的上河帮、以重庆和达州菜为主的下河帮、以自贡和内江为主的小河帮。上河帮菜肴的特点是口味清淡，传统菜品较多，小吃多样。菜式讲求用料精细准确，严格以传统经典菜谱为准，其味温和，绵香悠长。其著名菜品有麻婆豆腐、回锅肉、宫保鸡丁、盐烧白、粉蒸肉、夫妻肺片、蚂蚁上树、灯影牛肉、蒜泥白肉、樟茶鸭子、白油豆腐、鱼香肉丝、泉水豆花、盐煎肉、干煸鳝片、东坡墨鱼、清蒸江团等。下河帮的特点是以家常菜为主，比较麻辣，多有创新。菜式大方粗犷，以花样翻新迅速、用料大胆、不拘泥于材料著称，俗称江湖菜。大多起源于市民家庭厨房或路边小店，并逐渐在市民中流传。以重庆火锅为代表的菜肴近几年来在全国范围内大受欢迎，不少川菜馆的主要菜品均为重庆川菜。其代表作有酸菜鱼、毛血旺、口水鸡等，有干菜炖烧系列；有水煮肉片和水煮鱼为代表的水煮系列；有辣子鸡、辣子田螺和辣子肥肠为代表的辣子系列；有泉水鸡、烧鸡公、芋儿鸡和啤酒鸭为代表的干烧系列；有泡椒鸡杂、泡椒鱿鱼和泡椒兔为代表的泡椒系列；有干锅排骨和香辣虾为代表的干锅系列等。风靡海内外的麻辣火锅、毛肚火锅发源于重庆，因为其内涵已超出川菜的范围，通常被认为是一个独立的膳食体系而被视作中国饮食文化的组成部分。小河帮，又称为盐帮菜，其特点是大气，怪异，高端。

四川各地小吃通常也被看作是川菜的组成部分。主要有担担面、川北凉粉、麻辣小面、酸辣粉、叶儿粑、酸辣豆花等，以及用创始人姓氏命名的赖汤圆、龙抄手、钟水饺、吴抄手等。川菜在调味上具有明显特点，突出麻、辣、香、鲜、油大、味厚，重用辣椒、花椒、胡椒和鲜姜。常见的调味方法有干烧、鱼香、怪味、椒麻、红油、姜汁、糖醋、荔枝、蒜泥等复合味型，形成了川菜的特殊风味，享有“一菜一格，百菜百味”的美誉。

趣味链接

麻婆豆腐的民间传说

陈麻婆豆腐店，于清同治初年（1862年）开业于成都北郊的万福桥，原名“陈兴盛饭铺”，主厨为陈兴盛之妻，此人脸上有几颗麻子，人称陈麻婆。该店初为卖小菜、便饭、茶水的小饭铺，来店用饭者多为挑油担子的脚夫，这些人经常买些豆腐，从挑篓里舀点菜油，请老板娘代为烹饪，烹出的豆腐又麻、又辣、又烫，风味别具，日子一长，该店铺的烧豆腐就出了名。人们为区别与其他饭铺的烧豆腐，赠名“麻婆豆腐”，名气一大，店子也依菜名改为“陈麻婆饭店”。清朝末年，陈麻婆的豆腐，就被列为成都著名食品。作家冯家吉曾在《成都竹枝词》中写道：“麻婆陈氏尚传名，豆腐烘来味最精。万福桥边帘影动，合沽春酒醉先生。”

3. 苏菜

江苏菜，简称苏菜，还因为淮扬风味在江苏菜中占有重要地位，因而也被称为淮扬菜。苏菜是我国长江下游地区饮食风味体系的代表，发展历史悠久，文化积淀深厚，具有鲜明的江南饮食风味特色。

江苏是我国名厨荟萃的地方，我国第一位典籍留名的职业厨师和第一座以厨师姓氏命名的城市均在这里。彭祖制作野鸡羹供帝尧食用，被封为大彭国，亦即今天的徐州，故名彭铿，又名彭祖。夏禹时代，“淮夷贡鱼”，淮水出产的白鱼直至明清均系贡品。“菜之美者，具区之菁”，商汤时期的太湖佳蔬韭菜花已登大雅之堂。早在2000多年前，吴人即善制炙鱼、蒸鱼和鱼片。春秋时齐国的易牙曾在徐州传艺，由他创制的“鱼腹藏羊肉”千古流传，是为“鲜”字之本。专诸为刺吴王，在太湖向太和公学“全鱼炙”，其炙鱼技术影响广泛，如现在苏州松鹤楼的“松鼠鳜鱼”。汉代淮南王刘安在八公山上发明了豆腐，首先在苏、皖地区流传。汉武帝逐夷民至海边，发现渔民所嗜“鱼肠”滋味甚美，南宋时期的明帝也酷嗜此食。其实“鱼肠”就是乌贼鱼的卵巢精白。名医华佗在江苏行医时，与其江苏弟子吴晋均提倡“火化”熟食，即食物疗法。梁武帝萧衍信佛，提倡素食，以面筋为肴。晋人葛洪有“五芝”之说，对江苏食用菌影响颇大。南宋时，苏菜和浙菜同为“南食”的两大台柱，吴僧赞宁作《笋谱》，总结食笋的经验。豆腐、面筋、笋、蕈号称素菜的“四大金刚”。这些美食的发源都与江苏有关。南北朝时南京“天厨”能用一个瓜做出几十种菜，一种菜又能做出几十种风味来。此外，腌制咸蛋、酱制黄瓜，在1500年前就已载入典籍。野蔬大量入馔，江苏人有“吃草”之名，高邮王盘有专著，吴承恩在《西游记》里也有所反映。江南食馔中增加了满蒙菜点，有了“满汉全席”。饮料中则是香露崭露头角。《红楼梦》中宝玉所食木樨香露，董小宛手制玫瑰香露，虎丘山塘肆所售香露均为当时滋神养体，又能使人齿颊留芳的美食。苏菜主要由金陵风味、淮扬风味、姑苏风味、徐海风味组成。

在整个苏菜系中，淮扬风味菜占主导地位。淮扬风味源于文化古城扬州和淮安，这里自古富庶繁华，文人荟萃，商业发达，因而烹饪领域高手辈出，菜点被誉为东南佳味。淮扬菜不仅历史悠久，而且也以物产富饶而称雄。水产尤其丰富，如南通的竹蛏、吕泗的海蜇、如东的文蛤等。内陆水网如织，水产更是四时有序，接连上市；土地肥沃，气候温和，粮油珍禽，干鲜果品，罗致备极，一年四季，芹蔬野味，品种众多，从而使淮扬风味生色生香，味不雷同而独具鲜明的地方特色。菜肴具有浓而不腻，淡而不薄，酥烂脱骨不失其形，滑嫩爽脆不失其味的特色。金陵风味为南京饮食特色，这里乃鱼米之乡，物产丰饶、饮食资源十分丰富。著名的水产品有享誉海内外的长江三鲜鲥鱼、刀鱼、河豚，有南京龙池鲫鱼、南京湖熟鸭等。菜肴以清新淡雅、色形优美见长。姑苏风味包括苏州、无锡一带，西到常熟，东到上海、松江、嘉定、昆山都在这个范围内。姑苏菜与淮扬菜有异曲同工之妙，其虾蟹莼鲈，糕团船点味冠全省，茶食小吃尤优于苏菜系中其他地方风味。其菜肴注重造型，讲究美观，色调绚丽，白汁清炖独具一格，兼有糟鲜红曲之味，食有奇香；口味上偏甜，无锡尤甚。徐海风味原近齐鲁风味，肉食五畜俱用，水产以海味取胜。菜肴色调浓重，口味偏咸，习尚五辛，烹调技艺多用煮、煎、炸等。

整体而言，江苏菜风格清新雅丽、制作精美。反映在刀工精细，刀法多变上。无论是工艺冷盘、花色热菜，还是瓜果雕刻，或脱骨浑制，或雕镂剔透，都显示了精湛的刀工技术。江苏名菜有烤方、水晶肴蹄、扬州炒饭、清炖蟹粉狮子头、金陵丸子、白汁圆菜、黄泥煨鸡、清炖鸡孚、金陵桂花鸭、拆烩鱼头、碧螺虾仁、蜜汁火方、樱桃肉、松鼠鳜鱼、母油船鸭、烂糊、黄焖栗子鸡、莼菜银鱼汤、万三蹄、响油鳝糊、金香饼、鸡汤煮干丝、肉酿生麸、凤尾虾、三套鸭、无锡肉骨头、梁溪脆鳝、苏式酱肉和酱鸭、沛县狗肉等。

趣味链接

松鼠鳜鱼与乾隆皇帝

据说早在乾隆皇帝下江南时，苏州就有“松鼠鲤鱼”了，乾隆曾品尝过。后来便发展成了“松鼠鳜鱼”。清代《调鼎集》中有关于“松鼠鱼”的记载：“取季鱼，肚皮去骨，拖蛋黄，炸黄，作松鼠式。油、酱油烧。”季鱼，应是鲤鱼。这条记载间接证明苏州乾隆年间有“松鼠鲤鱼”的传说是可能的。因为《调鼎集》中的不少菜肴均是清乾、嘉时的。其次可以说明今天的“松鼠鳜鱼”正是在“松鼠鱼”的基础上发展起来的。不同的是，古代的“松鼠鱼”挂的是蛋黄糊，而今天的“松鼠鱼”是拍干淀粉。古代的“松鼠鱼”是在炸后加“油、酱油烧”成的，今天则是在炸好后直接将制好的卤汁浇上去的。

4. 粤菜

粤菜是广东菜系的简称，也是我国岭南饮食文化的代表，是著名的四大菜系之一。

粤菜的形成有着悠久的历史，自秦始皇南定百越，建立“驰道”与中原的联系加强，文化教育经济便有了广泛的交流。汉代南越王赵佗，五代时南汉主刘龚归汉后，北方各地的饮食文化与其交流频繁，官厨高手也把烹调技艺传予当地同行，促进了岭南饮食烹饪的改进和发展。汉魏以来，广州成为我国南方大门和与海外各国通商的重要口岸，唐朝异域商贾大批进入广州，刺激了广州饮食文化的发展。至南宋，京都南迁，大批中原士族南下，中原饮食文化融入了南方的烹饪技术，明清之际，粤菜广采“京都风味”“姑苏风味”以及扬州炒卖和西餐之长，使粤菜在各大菜系中脱颖而出，名扬四海。除历史因素外，粤菜的生成环境也是一个不可忽视的重要因素。广东地处我国东南沿海，山地丘陵，岗峦错落，河网密集，海岸群岛众多，海鲜品种多而奇。因此原料不仅丰富，而且很有特色。

粤菜包括广州风味、东江风味和潮汕风味。广州菜包括珠江三角洲和肇庆、韶关、湛江等地的名食在内。地域最广，用料庞杂，选料精细，技艺精良，善于变化，风味讲究，清而不淡，鲜而不俗，嫩而不生，油而不腻。夏秋力求清淡，冬春偏重浓郁，擅长小炒，要求掌握火候和油温恰到好处。广州菜取料广泛，品种花样繁多，令人眼花缭乱。天上飞的，地上爬的，水中游的，几乎都能上席。鹧鸪、禾花雀、豹狸、果子狸、海狗鱼等飞禽野味自不必说，猫、狗、蛇、鼠、猴、龟，甚至不识者误认为“蚂蝗”的禾虫，亦在烹制之列，而且一经厨师之手，顿时就变成异品奇珍、美味佳肴，令中外人士刮目相看，十分惊异。广州菜的另一突出特点是，用料精而细，配料多而巧，装饰美而艳，而且善于在模仿中创新，品种繁多。广州菜的第三个特点是口味比较清淡，力求清中求鲜、淡中求美。而且随季节时令的变化而变化，夏秋偏重清淡，冬春偏重浓郁。食味讲究清、鲜、嫩、爽、滑、香，调味遍及酸、甜、苦、辣、咸，此即所谓五滋六味。代表菜肴有龙虎斗、白灼虾、烤乳猪、香芋扣肉、黄埔炒蛋、炖禾虫、狗肉煲、五彩炒蛇丝、脆皮乳鸽、炸鲜奶等。东江风味又叫客家菜。客家人原是中原人，在汉末和北宋后期因避战乱南迁，聚居在广东东江一带。其语言、风俗尚保留中原固有的风貌，菜品多用肉类，极少水产，主料突出，讲究香浓，下油重，味偏咸，以砂锅菜见长，有独特的乡土风味。东江菜以惠州菜为代表，下油重，口味偏咸，酱料简单，但主料突出。喜用家禽、畜肉，很少配用菜蔬，河鲜海产也不多。代表品种有东江盐焗鸡、东江酿豆腐、爽口牛丸等，表现出浓厚的古代中州之食风。潮汕风味，是指潮州、汕头一带的地方饮食，该地区在我国古代隶属闽地，其语言和习俗与闽南相近。划归广东之后，又受珠江三角洲的影响。故潮州菜接近闽、粤，汇两家之长，自成一派。潮汕菜以烹调海鲜见长，刀工技术讲究，口味偏重香、浓、鲜、甜。喜用鱼露、沙茶酱、梅膏酱、姜酒等调味品，甜菜较多，款式百种以上，都是粗料细作，香甜可口。代表品种有烧雁鹅、豆酱鸡、护国菜、什锦乌石参、葱姜炒蟹、干炸虾枣等。除此之外，粤菜还有近代发展起来的海南风味菜，虽然菜肴的品种较少，但颇具南国热带地域食物特有的风味，而且越来越受到广大食客的喜欢。

整体来看，粤菜具有生猛、鲜淡、清美的特色。用料奇特而又广博，技法广，集中西之长，趋时而变，勇于创新。点心精巧，大菜华贵，富于商品经济色彩和热带风情。代表性名菜有三蛇龙虎凤大会、金龙脆皮乳猪、红烧大裙翅、盐焗鸡、鼎湖上素、蚝油网鲍片、大良炒牛奶、白云猪手、烧鹅、炖禾虫、咕噜肉、南海大龙虾等。

趣味链接

白云猪手的趣闻轶事

相传很久很久以前，白云山有座寺院，那里的小和尚常趁寺院的长老下山化缘之际偷偷食肉。有一天，小和尚正在山门外偷煮猪肘，那猪肘刚刚煮熟，恰逢长老化缘归来。小和尚害怕触犯戒律受长老惩罚，连忙将那猪肘子丢到旁边的小溪中。次日，猪肘被一樵夫发现捞起来带回家中重新煮制，以糖、醋、盐拌而食之，发现这样吃美味无比。此后不久这种吃法便流传开来，因这种吃法来源于白云山，故而取名白云猪手。

5. 湘菜

湘菜，湖南菜的简称，是我国历史悠久的一个地方风味菜系。

湘菜历史悠久，早在汉朝就已经形成菜系，烹调技艺已有相当高的水平。湖南地处我国中南地区，长江中游南岸。这里气候温暖，雨量充沛，阳光充足，四季分明。南有雄奇天下的南岳衡山，北有一碧万顷的洞庭湖，湘、资、沅、澧四水流经全省。自然条件优厚，利于农、牧、副、渔的发展，故物产特别富饶。湘北是著名的洞庭湖平原，盛产鱼虾和湘莲，是著名的鱼米之乡。《史记》中曾记载，楚地“地势饶食，无饥馑之患”。长期以来，“湖广熟，天下足”的谚语，更是广为流传。湘东南为丘陵和盆地，农牧副渔都很发达。湘西多山，盛产笋、蕈和山珍野味。丰富的物产为饮食提供了精美的原料，著名特产有：武陵甲鱼、君山银针、祁阳笔鱼、洞庭金龟、桃源鸡、临武鸭、武冈鹅、湘莲、银鱼及湘西山区的笋、蕈和山珍野味。在长期的饮食文化和烹饪实践中，湖南人民创制了多种多样的菜肴。据考证，早在2000多年前的西汉时期，长沙地区就能用兽、禽、鱼等多种原料，以蒸、熬、煮、炙等烹调方法，制作各种款式的佳肴。随着历史的前进以及烹饪技术的不断交流，逐步形成了以湘江流域、洞庭湖区和湘西山区三种地方风味为主的湖南菜系。从湖南的新石器遗址中出土的大量精美的陶食器和酒器，以及伴随这些陶器一起出土的谷物和动物骨骸的残存来测算，证实潇湘先民早在八九千年前就脱离了茹毛饮血的原始状态，开始吃熟食了。春秋战国时期，湖南主要是楚人和越人生息的地方，多民族杂居，饮食风俗各异，祭祀之风盛行。秦汉两代，湖南的饮食文化逐步形成了一个从用料、烹调方法到风味风格都比较完整的体系，其使用原料之丰盛，烹调方法之多彩，菜肴风味之鲜美，都是比较突出的。从出土的西汉遗策中可以看出，汉代湖南饮食生活中的烹调方法比战国时代已有进一步的发展，发展到羹、炙、煎、熬、蒸、濯、脍、脯、腊、炮、醢、苴等多种。烹调用的调料就有盐、酱、豉、曲、糖、蜜、韭、梅、桂皮、花椒、茱萸等。由于湖南物产丰富，素有“鱼米之乡”的美称，所以自唐、宋以来，尤其在明、清之际湖南饮食文化的发展更趋完善，逐步形成了全国八大菜系中的一支。

具有鲜明特色的湘菜是由湘江风味、洞庭湖区风味和湘西山区风味为主构成。湘江流域的菜以长沙、衡阳、湘潭为中心，是湖南菜系的主要代表。它制作精细，用料广泛，口味多变，品种繁多。其特点是油重色浓，讲求实惠，在品味上注重酸辣、香鲜、软嫩。在制法上以煨、炖、腊、蒸、炒诸法见称。煨、炖讲究微火烹调，煨则味透汁浓，炖则汤清如镜；腊味制法包括烟熏、卤制、叉烧，著名的湖南腊肉系烟熏制品，既作冷盘，又可热炒，或用优质原汤蒸；炒则突出鲜、嫩、香、辣，市井皆知。著名代表菜有海参盆蒸、腊味合蒸、走油豆豉扣肉、麻辣仔鸡等，都是名菜佳肴。洞庭湖区的菜以烹制河鲜、家禽和家畜见长，多用炖、烧、蒸、腊的制法，其特点是芡大油厚，咸辣香软。炖菜常用火锅上桌，民间则用蒸钵置泥炉上炖煮，俗称蒸钵炉子。往往是边煮边吃边下料，滚热鲜嫩，津津有味，当地有“不愿进朝当驸马，只要蒸钵炉子咕咕嘎”的民谣，充分说明炖菜广为人民喜爱。代表菜有洞庭金龟、网油叉烧洞庭鳜鱼、蝴蝶飘海、冰糖湘莲等，皆为有口皆碑的洞庭湖区名肴。湘西山区菜擅长制作山珍野味、烟熏腊肉和各种腌肉，口味侧重咸香酸辣，常以柴炭作燃料，有浓厚的山乡风味。代表菜有红烧寒菌、板栗烧菜心、湘西酸肉、炒血鸭等，皆为驰名湘西的佳肴。

湘菜的共同风味代表是辣味菜和腊味菜。以辣味强烈著称的朝天辣椒，全省各地均有出产，是制作辣味菜的主要原料。腊肉的制作历史悠久，在我国相传已有2000多年历史。整体来看，湘菜则是以刀工精细，形味兼美，调味多变，酸辣著称，讲究原汁，技法多样，尤重煨烤的特点见称。

6. 徽菜

徽菜，是安徽菜的简称，安徽菜起源于汉魏时期的歙州，发端于唐宋，兴盛于明清，民国间继续发展，新中国成立以后进一步发扬光大。徽菜是我国饮食文化发展历史上典型的“因商而彰”的菜肴体系，明清年间，徽菜餐馆遍及三大流域的众多大中城市及地方重镇。徽菜具有浓郁的地方特色和深厚的文化底蕴，是中华饮食文化宝库中一颗璀璨的明珠。徽菜的形成与江南古徽州独特的地理环境、人文环境、饮食习俗密切相关。绿树丛荫、沟壑纵横、气候宜人的徽州自然环境为徽菜提供了取之不尽、用之不竭的徽菜原料。得天独厚的条件成为徽菜发展的有力物质保障，同时徽州名目繁多的风俗礼仪、时节活动，也有力地促进了徽菜的形成和发展。

徽州，古称新安，自秦置郡县以来，已有2200余年的历史，追本溯源，这里曾先后设新都郡、新安郡、歙州等，宋徽宗宣和三年（公元1121年），改歙州为徽州，历元、明、清三代，统“一府六县”（徽州府、歙县、休宁、婺源、祁门、黟县、绩溪，除婺源今属江西省外，其余今皆属安徽省）行政版属相对稳定。1987年11月，国务院批准改徽州地区为黄山市。仅以绩溪而言，民间宴席中，县城有六大盘、十碗细点四，岭北有吃四盘、一品锅，岭南有九碗六、十碗八等，饮食文化非常发达。徽州风味的主要特点是：擅长烧、炖，讲究火功，并习以火腿佐味，冰糖提鲜，善于保持原汁原味。不少菜肴都是用木炭火单炖、单燁，原锅上桌，不仅体现了徽州古朴典雅的风格，而且香气四溢，诱人食欲。其代表菜有清炖马蹄、黄山炖鸽、腌鲜鳜鱼、红烧果子狸、徽州毛豆腐、徽州桃脂烧肉等。

除了徽州风味，安徽菜系还包括沿江风味和沿淮风味。沿江风味，以芜湖、安庆地区为代表，主要流行于沿江以后也传到合肥地区。沿江风味以烹调河鲜、家禽见长，讲究刀工，注意形色，善于用糖调味，擅长红烧、清蒸和烟熏技艺，其菜肴具有酥嫩、鲜醇、清爽、浓香的特色。代表菜有清香炒乌鸡、生熏仔鸡、八大锤、毛峰熏鲥鱼、火烘鱼、蟹黄虾盅等。“菜花甲鱼菊花蟹，刀鱼过后鲥鱼来，春笋蚕豆荷花藕，八月桂花鹅鸭肥”，鲜明地体现了沿江人民的食俗情趣。沿淮风味，是以蚌埠、宿县、阜阳等地为代表，主要流行于安徽中北部。沿淮风味有质朴、酥脆，咸鲜、爽口的特色。在烹调上长于烧、炸、熘等技法，善用芫荽、辣椒配色佐味。代表菜有奶汁肥王鱼、香炸琵琶虾、鱼咬羊、老蚌怀珠、朱洪武豆腐、焦炸羊肉等。

徽菜在整体上看，其风味特色是长于制作山珍海味，精于烧炖、烟熏和糖调；重油、重色、重火力，原汁原味。代表性名菜有无为熏鸡、清蒸鹰龟、屯溪臭鳜鱼、八公山豆腐、软炸石鸡、毛峰熏鲥鱼、和县炸麻雀、酥鲫鱼、金雀舌、葡萄鱼、椿芽拌鸡丝、红烧果子狸等。

7. 浙菜

浙江菜，简称浙菜，是著名的八大菜系之一。浙菜富有江南特色，历史悠久，源远流长，是中国著名的地方菜种。浙菜起源于新石器时代的河姆渡文化，经越国先民的开拓积累，汉唐时期的成熟定型，宋元时期的繁荣和明清时期的发展，浙江菜的基本风格已经形成。

浙江菜的形成有其历史的原因，同时也受资源特产的影响。浙江濒临东海，气候温和，水陆交通方便，其境内北半部地处我国东南富庶的长江三角洲平原，土地肥沃，河湖密布，盛产稻、麦、粟、豆、果蔬，水产资源十分丰富，四季时鲜源源不断；西南部丘陵起伏，盛产山珍野味，农舍鸡鸭成群，牛羊肥壮，无不为烹饪提供了殷实富足的原料。特产有富春江鲥鱼、舟山黄鱼、金华火腿、杭州油乡豆腐皮、西湖莼菜、绍兴麻鸭、西湖龙井茶、舟山梭子蟹、安吉竹鸡、黄岩蜜橘等。丰富的烹饪资源、众多的名优特产与卓越的烹饪技艺相结合，使浙江菜出类拔萃地独成体系。

浙菜主要由杭州、宁波、绍兴、温州四个地方风味所组成，各自带有浓厚的地方特色。杭州菜历史悠久，自南宋迁都临安（今杭州）后，商市繁荣，各地食店相继进入临安，菜馆、食店众多，而且效仿京师。据南宋《梦粱录》记载，当时“杭城食店，多是效学京师人，开张亦御厨体式，贵官家品件”。经营名菜有“百味羹”“五味焙鸡”“米脯风鳗”“酒蒸鳅鱼”等近百种。明清年间，杭州又成为全国著名的风景区，游览杭州的帝王将相和文人骚客日益增多，饮食业更为发展，名菜名点大批涌现，杭州成为既有美丽的西湖，又有脍炙人口的名菜名点的著名城市。杭州菜制作精细，品种多样，清鲜爽脆，淡雅典丽，是浙菜的主流。名菜如西湖醋鱼、东坡肉、龙井虾仁、油焖春笋、西湖莼菜汤等，集中反映了“杭菜”的风味特点。改革开放以来，随着浙江经济的迅猛发展，“杭州菜”以其特有的魅力吸引了大江南北的食客，“杭州菜”馆如今已经遍布全国各地。宁波菜以“鲜咸合一”，蒸、烤、炖制海味见长，讲究嫩、软、滑。注重保持原汁原味，色泽较浓。著名菜肴有雪菜大汤黄鱼、薹菜拖黄鱼、木鱼大烤、冰糖甲鱼、锅烧鳗、熘黄青蟹、宁波烧鹅等。绍兴菜富有江南水乡风味，作料以鱼虾河鲜和鸡鸭家禽、豆类、笋类为主，讲究香酥绵糯、原汤原汁，轻油忌辣，汁浓味重。其烹调常用鲜料配腌腊食品同蒸或炖，且多用绍酒烹制，故香味浓烈。著名菜肴有糟熘虾仁、干菜焖肉、绍兴虾球、头肚须鱼、鉴湖鱼味、清蒸鳜鱼等。温州古称“瓯”，地处浙南沿海，当地的语言、风俗和饮食都自成一体，别具一格，素以“东瓯名镇”著称。温州菜也称“瓯菜”，瓯菜则以海鲜入馔为主，口味清鲜，淡而不薄，烹调讲究“二轻一重”，即轻油、轻芡、重刀工。代表名菜有三丝敲鱼、双味蝤蛑、橘络鱼脑、蒜子鱼皮、爆墨鱼花等。

总之，浙江菜品种丰富，菜式小巧玲珑，菜品鲜美滑嫩、脆软清爽，其特点是清、香、脆、嫩、爽、鲜。原料运用讲究品种和季节时令，以充分体现原料质地的柔嫩与爽脆，所用海鲜、果蔬之品，无不以时令为上，所用家禽、畜类，均以特产为多，充分体现了浙菜选料讲究鲜活、用料讲究部位，遵循“四时之序”的选料原则。主要代表名菜有西湖醋鱼、东坡肉、赛蟹羹、家乡南肉、干炸响铃、荷叶粉蒸肉、西湖莼菜汤、龙井虾仁、杭州煨鸡、虎跑素火腿、干菜焖肉、蛤蜊黄鱼羹、叫化童鸡、香酥焖肉、丝瓜卤蒸黄鱼、三丝拌蛏、油焖春笋、虾爆鳝背、新风蟹鲞、雪菜大汤黄鱼、冰糖甲鱼、蜜汁灌藕、嘉兴粽子、宁波汤团、湖州千张包子等。

趣味链接

西湖醋鱼的趣闻轶事

相传在杭州西湖附近有一个以打渔为生的宋青年，因家境困难，常年不见荤腥，得了病，他嫂嫂就亲手在西湖捉了一条鱼，以醋糖为调料，做出了这道菜，此菜色泽红亮，肉质鲜嫩，酸中带甜，青年吃后，病即痊愈。后来，这道菜就成为杭州地区各家菜馆里的著名菜肴，在孤山“楼外楼”壁上曾留有“亏君有此调和气，识得当年宋嫂无”的诗句，慕名前往品尝者络绎不绝。康熙皇帝到西湖游览时，亦品尝过“西湖醋鱼”。

8. 闽菜

闽菜，也就是福建菜，是中国八大菜系之一，经历了中原汉族文化和当地古越族文化的混合、交流而逐渐形成。根据闽侯县甘蔗镇恒心村的昙石山新石器时代遗址中保存的新石器时期福建先民使用过的炊具陶鼎和连通灶，证明福州地区在5000年之前就已从烤食进入煮食时代了。早在两晋、南北朝时期的“永嘉之乱”以后，大批中原衣冠士族入闽，带来了中原先进的科技文化，与闽地古越文化的混合和交流，促进了当地的发展。晚唐五代，河南光州固始的王审知兄弟带兵入闽建立“闽国”，对福建饮食文化的进一步开发、繁荣，产生了积极的促进作用。唐朝徐坚的《初学记》云：“瓜州红曲，参糅相半，软滑膏润，入口流散。”这种红曲由中原移民带入福建后，由于大量使用红曲，竟逐渐成为闽菜的烹饪特色，有特殊香味的红色酒糟也成了烹饪时常用的作料。红糟鱼、红糟鸡、红糟肉等都是闽菜中红糟菜肴体系的代表。

福建是我国著名的侨乡，旅外华侨从海外引进的新品种食品和一些新奇的调味品，对丰富福建饮食文化，充实闽菜体系的内容，也曾发生过不容忽略的影响。福建人民经过与海外、特别是南洋群岛人民的长期交往，海外的饮食习俗也逐渐渗透到闽人的饮食生活之中，从而使闽菜成为带有开放特色的一种独特的菜系。清末民初，福建先后涌现出一批富有地方特色的名店和有真才实艺的名厨。当时福建是对外贸易的一个重要区域，福州和厦门一度出现了一种畸形的市场繁荣景象。为了满足官僚士绅、买办阶层等上流社会应酬的需要，福州出现了“聚春园”“惠如鲈”“广裕楼”“嘉宾”“另有天”，厦门出现了“南轩”“乐琼林”“全福楼”“双全”等多家名菜馆。这些菜馆或以满汉大席著称，或以官场菜见长，或以地方风味享有盛誉各有擅长，促进了地方风味的形成和不断完善。

闽菜由福州、闽南和闽西三路不同风味的地方菜组合而成。福州菜是闽菜的主流，除盛行于福州外，也在闽东、闽中、闽北一带广泛流传。其菜肴特点是清爽、鲜嫩、淡雅、偏于酸甜，汤菜居多。福州菜善于用红糟为作料，尤其讲究调汤，予人“百汤百味”和糟香袭鼻之感，如茸汤广肚、肉米鱼唇、鸡丝燕窝、鸡汤氽海蚌、煎糟鳗鱼、淡糟鲜竹蛏等。闽南菜，盛于厦门和晋江、尤溪地区，东及台湾。其菜肴特点是鲜醇、香嫩、清淡，并且以讲究作料、善用香辣而著称，在使用沙茶、芥末、橘汁以及药物、佳果等方面均有独到之处，如东譬龙珠、清蒸加力鱼、炒沙茶牛肉、葱烧蹄筋、当归牛腩、嘉禾脆皮鸡等。闽西菜，盛行于“客家话”地区，其菜肴特点是鲜润、浓香、醇厚，以烹制山珍野味见长，略偏咸、油，善用生姜，在使用香辣作料方面更为突出。如爆炒地猴、烧鱼白、油焖石鳞、炒鲜花菇、蜂窝莲子、金丝豆腐干、麒麟象肚、涮九品等。

闽菜的烹饪技艺，既继承了我国烹饪技艺的优良传统，又具有浓厚的南国地方特色。其风味特色是：清鲜、醇和、荤香、不腻，重淡爽、尚甜酸，善于调制珍馐，汤路宽广，作料奇异，有“一汤十变”之誉。代表性名菜有佛跳墙、龙身凤尾虾、淡糟香螺片、鸡汤氽海蚌、太极芋泥、芙蓉鲟、七星丸、烧橘巴、玉兔睡芭蕉、扒通心河鳗、梅开二度、四大金刚等。

趣味链接

佛跳墙的趣闻轶事

据说“佛跳墙”这个菜起源于清道光年间，距今已有近200年的历史。开始是由福州市聚春园菜馆郑春发烹制出售的。郑春发早年在清衙门布政司周莲府中当家厨时，为了迎合周莲的口味，郑曾精心研究坛煨技术，巧妙地增加山珍海味，对每种主料都取其精华，经过多道加工，最后用绍兴酒坛细心煨制，成为远近闻名的坛煨菜肴。当时有几位秀才，听说聚春园菜馆有异香奇味的好菜，便拥进菜馆要求僮官供尝。僮官捧出一个陈酒坛来，打开坛子顿时异香扑鼻，秀才们陶醉了，一个个伸着脑袋观看，并拍手同赞：妙哉！妙哉！其中一人当场赋诗：“坛启荤香飘四邻，佛闻弃禅跳墙来。”“佛跳墙”由此得名。

9. 京菜

北京菜又称京帮菜，它是以北方菜为基础，兼收各地风味后形成的。北京以都城的特殊地位，集全国烹饪技术之大成，不断地吸收各地饮食精华。吸收了汉满等民族饮食精华的宫廷风味以及在广东菜基础上兼采各地风味之长形成的谭家菜，也为京帮菜带来了光彩。北京菜中，最具有特色的要算是烤鸭和涮羊肉。烤鸭是北京的名菜，涮羊肉、烤牛肉、烤羊肉原是北方少数民族的食法，辽代墓壁画中就有众人围火锅吃涮羊肉的画面。现在，涮羊肉所用的配料丰富多样，味道鲜美，其制法几乎家喻户晓。

自春秋时燕国建都于此，以后陆续有辽、金、元、明、清以北京为都。

一般来说，北京菜起源于金、元、明、清的御膳、官府和食肆，受鲁菜、满族菜、清真风味和江南名食的影响较大，波及天津和华北，近年来已推向海外。它由本地乡土风味、齐鲁风味、蒙古族风味、清真风味、宫廷风味、斋食风味、江南风味7个分支构成。其风味特色是：选料考究，调配和谐，以爆、烤、涮、扒见长；酥脆鲜嫩，汤浓味足，形质并重，名实相符，菜路宽广，品类繁多，广集全国美食之大成。

近几十年来，北京人口激增，全国各地来北京定居的人口占相当大的比重，他们带来了各地区的饮食习俗，这是我国各地饮食风俗空前的大融合。北京传统的饮食习惯、饮食风俗逐渐淡化。能代表北京饮食文化成就的，应首推北京的众多菜肴。北京菜富有代表意义的传统名菜主要有：北京烤鸭、涮羊肉、黄焖鱼翅、一品燕菜、八宝豆腐、抓炒鱼片、水晶肘子等。

趣味链接

关于北京烤鸭的来历

关于烤鸭的形成，早在南北朝时期，《食珍录》中即有“炙鸭”字样出现，南宋时，“炙鸭”已为临安（杭州）“市食”中的名品。其时烤鸭不但已成为民间美味，同时也是士大夫家中的珍馐。但至后来，据《元史》记载，元破临安后，元将伯颜曾将临安城里的百工技艺徙至大都。由此，烤鸭技术就这样传到北京，烤鸭成为元宫御膳奇珍之一。继而，随着朝代的更替，烤鸭亦成为明、清宫廷的美味。明代时，烤鸭还是宫中元宵节必备的佳肴；据说清代乾隆皇帝以及慈禧太后，都特别爱吃烤鸭。从此，便正式命名为“北京烤鸭”。后来，北京烤鸭随着社会的发展，逐步由皇宫传到民间。

10. 沪菜

上海菜，简称沪菜。起源于清代中叶的浦江平原，后受到各地帮口和西菜的影响，特别是受淮扬菜系的影响最大，成为今天的海派菜。

上海是我国最大的工业城市，也是世界上最大的国际贸易港口之一。近百年来，由于工业发达，商业繁荣，一直以“世界名都”著称于世。它位于我国长江三角洲，是一个沿江滨海的城市，气候温暖，四季分明，邻近江湖密布，全年盛产鱼虾，市郊菜田连片，四时蔬菜常青，物产丰富。上海位于交通枢纽，采购各地特产方便，这又为上海菜的发展提供了良好的原料、调料。

自1843年上海开埠以来，随着工商业的发展，四方商贾云集，饭店酒楼应运而生。到20世纪30、40年代，各种地方菜馆林立，有京、广、苏、扬、锡、杭、闽、川、徽、潮、湘，以及上海本地菜等16个帮别，同时还有素菜、清真菜，各式西菜、西点。这些菜在上海各显神通，激烈竞争，又相互取长补短，融会贯通，这为博采众长，发展有独特风味的上海菜创造了有利条件。

上海菜原以红烧、生煸见长。后来，吸取了无锡、苏州、宁波等地方菜的特点，参照上述16帮别的烹调技术，兼及西菜、西点之法，使花色品种有了很大的发展。菜肴风味的基本特点是汤卤醇厚，浓油赤酱，糖重色艳，咸淡适口。选料注重活、生、寸、鲜，调味擅长咸、甜、糟、酸。名菜如“红烧鮰鱼”，巧用火候，突出原味，色泽红亮，卤汁浓厚，肉质肥嫩，负有盛誉。“糟钵头”则是上海本地菜善于在烹调中加“糟”的代表，把陈年香糟加工复制成糟卤，在烧制中加入，使菜肴糟香扑鼻，鲜味浓郁。“生煸草头”，择梗留叶，重油烹酒，柔软鲜嫩，自成一格。而各地方风味的菜肴也逐步适应上海的特点，发生了不同的变革，如川菜从重辣转向轻辣，无锡菜从重甜改为轻甜，还有不少菜馆吸取外地菜之长。经过长期的实践，在取长补短的基础上，形成了上海菜的独特风味。

如今的上海菜，在不断兼收并蓄、博采众长的基础上，形成了选料新鲜、讲究品质、刀工精细、制作考究、火候恰当、清淡素雅、咸鲜适中、口味多样等优点。其代表性名菜有青鱼下巴甩水、青鱼秃肺、腌川红烧圈子、生煸草头、白斩鸡、鸡骨酱、糟钵头、虾子大乌参、松江鲈鱼、枫泾丁蹄等。

社会课堂

成都川菜博物馆

成都川菜博物馆位于四川省成都市郫县古城镇，在成都市西郊，为国家AAA级旅游景区、国家三级博物馆。

成都川菜博物馆是世界唯一以菜系文化为陈列内容的活态主题博物馆，包含了四川本土文化的重要部分：川菜、川酒、川茶、川戏、川派建筑、川式园林……景区占地约40亩，藏品6000余件，川西民居建筑构成新派古典园林风光。

成都川菜博物馆旅游资源十分丰富：共有民族文化及其载体、古迹与建筑、人文旅游、旅游购物、休闲娱乐求知五个主类。景区内分为典藏馆、互动演示馆、品茗休闲馆、灶王祠、川菜原料加工工具展示区、川菜原料展示区等。川菜博物馆作为成都的一张旅游名片，是一座可以吃的博物馆。

单元三　其他菜肴体系与民族风味

一、其他菜肴体系

1. 豫菜

河南菜简称豫菜，豫菜特色是中扒（扒菜）、西水（水席）、南锅（锅鸡、锅鱼）、北面（面食、馅饭）。就烹饪技术来说，豫菜的特色是选料严谨、刀工精细、讲究制汤、质味适中。而河南菜的烹调方法，也有50余种之多。扒、烧、炸、熘、爆、炒、炝别有特色。其中，扒菜更为独到，素有“扒菜不勾芡，汤汁自来黏”的美称。另外，河南爆菜时多用武火，热锅凉油，操作迅速，质地脆嫩，汁色乳白。

河南菜历史悠久，源远流长。根据仰韶、后冈（安阳市）、新郑等地出土文物的考证，早在5000年前，中华民族的祖先已在此居住，并形成了相当发达的文化底蕴。夏商两代，虽不断迁徙，但其都城多在河南境内。《左传·昭公四年》说：“夏启有钧台之享。”杜预注：“河南阳翟县南有钧台陂，盖启享诸侯于此。”这是我国最早的宴会记录。商朝开国宰相伊尹，出生于“伊水之滨”，“耕于有莘之野”，擅割烹，“善均五味”，被后人推崇为烹调始祖。洛阳自东周到五代有九个朝代建都，开封自战国到金朝有七个朝代建都。我国八大古都，河南省占居其四。周朝建都洛阳之后，饮食制度已初步建立。《周礼·天官》记载有“膳夫、庖人、内饔、外饔、亨人、猎人、食医”等职官，负责国王、王后的膳馐、食疗及祭祀。北宋时的国都汴梁（今开封），已拥有上百家著名饮食店和餐馆。南宋诗人曾作诗咏道：“梁园歌舞足风流，美酒如刀割断愁。记得承平多乐事，夜深灯火上樊楼。”樊楼是北宋时东京市场上有名的北食店之一。

河南菜总的特点是：鲜香清淡，四季分明，形色典雅，质味适中，可以说与中国菜的南味、北味有所区别，而又兼其所长。著名的菜肴品种有洛阳燕菜、开封糖醋软熘鲤鱼焙面、套四宝，卫源清蒸白鳝、司马怀府鸡、郑州二鲜铁锅蛋、信阳桂花皮丝、清蒸白鳝、琥珀冬瓜、烧臆子等。

2. 秦菜

秦菜即为陕西菜、陕菜，广义的秦菜包括陕西、甘肃、宁夏、青海、新疆等地方风味，是大西北饮食风味的简称，而以陕西菜具有代表性。狭义的秦菜以关中菜、陕南菜、陕北菜为其代表。秦菜起源于周秦时期的关中平原，活跃在渭水两岸，扩展于陕南陕北，对晋、豫和大西北都有影响。

陕西在中国文化发展史上具有重要地位，其烹饪发展可以上溯至仰韶文化时期。虽然八大菜系中没陕西菜的名字，但其实秦菜是中国最古老的菜系之一。它的形成发展对别的菜系或多或少都产生了一定影响。秦菜形成要从历史追溯到古人开拓周原开始。随着其后周的强大，其饮食逐渐丰富。大西北，历史上从长安到地中海东岸罗马帝国和黑海口君士坦丁堡的“古丝绸之路”，由于当时的政治、经济、文化、贸易的发展，形成了许多名胜古迹，也带动了膳食饮馔相应的发展。

在春秋战国时代，陕西为秦国治地，故简称“秦”。甘肃省境大都在陇山之西，古代曾有“陇西郡”“陇右郡”的设置，故简称“陇”。因此形成的秦陇风味，成为秦菜的代表。秦陇风味主要由衙门菜、商贾菜、市肆菜、民间菜和以清真菜为主的少数民族菜组成。衙门菜，又称官府菜，历史悠久，以典雅见长，如“带把肘子”“箸头春”等。商贾菜以名贵取胜，如“金钱发菜”“佛手鱼翅”等。市肆菜以西安、兰州等重镇中心的名楼、名店的肴馔为主，为了招徕顾客，竞争激烈，各有千秋，代表名菜如：“明四喜”“奶汤锅子鱼”“煨鱿鱼丝”“烩肉三鲜”等。民间菜经济实惠，富有浓厚的乡土气息，如“光头肉片”“肉丝烧茄子”“葫芦头”等。清真菜，历经明、清，初具规模，如“全羊席”，闻名遐迩。秦陇风味的五个组成部分各有特色，但由于市肆菜品种繁多，名厨如云，占有地理优势，接触面广，在保持传统特色的基础上，不断创新发展，充实提高，始终居秦陇风味的主导地位，对衙门菜、商贾菜、民间菜和少数民族菜的发展，有一定的影响。

秦菜具有“三突出”的特色：一为主料突出，以牛羊肉为主，以山珍野味为辅；二为主味突出，一个菜肴所用的调味品虽多，但每个菜肴的主味却只有一个，酸辣苦甜咸只有一味出头，其他味居从属地位；三为香味突出，除多用香菜作配料外，还常选干辣椒、陈醋和花椒等。干辣椒经油烹后拣出，是一种香辣，辣而不烈。醋经油烹，酸味减弱，香味增加。花椒经油烹，麻味减少，椒香味增加，选用这些调料的目的，并非单纯为了辣、酸、麻，主要是取其香。烹饪技法，则以烧、蒸、煨、炒、汆、炝为主，多采用古老的传统烹调方法，如石烹法，至今沿用，可谓古风犹存。烧、蒸菜，形状完整，汁浓味香，特点突出。清汆菜，汤清见底，主料脆嫩，鲜香光滑，清爽利口。温拌菜，不凉不热，蒜香扑鼻，乡土气息极浓。

秦菜代表菜主要有：奶汤锅子鱼、遍地锦装鳖、金钱酿发菜、温拌腰丝、红烧金鲤等。

3. 辽菜

辽菜是继中国八大菜系之后，推出的一个新菜系，它是根据辽宁地区民族特点、区域特点、饮食习俗、烹饪技法创建的一种地方菜系。辽菜历史源远流长，它的形成与辽宁的政治、历史、地理、民族、文化、风俗、资源及经济发展的因素有密切联系。辽菜是利用辽宁产的绿色食品原料和特有的烹饪工艺，并结合辽宁地区各民族饮食文化和习俗形成的独特菜系。清朝宫廷菜、王（官）府菜、市井菜、民俗菜、民族菜和海鲜构成辽菜的基本框架。

辽宁自古以来就是多民族居住的地方，创造出了灿烂的民族文化和源远流长的饮食文化。据考证，辽菜约有3000余年的历史。辽阳出土的东汉一号墓的庖厨壁画证明，东汉时期辽阳一带的烹饪技艺已有相当水平。进入清代，盛京（沈阳）已是清朝兴隆之地。由于清朝建都于沈阳，辽菜受满族食风影响较为深远，宫廷菜的精湛与考究、王府菜的名贵与品位、市井菜的雅俗共赏，民间的乡土醇厚形成了辽菜的广采胸襟。到20世纪初，辽菜汲取了宫廷菜、京菜、鲁菜的传统技艺精华，同时融合了满、蒙、朝、汉民族菜的特点和东北地区气候山水的优势，创造了具有菜品丰富、季节分明、口味浓郁、讲究造型的辽菜特点。

辽菜在长期的发展过程中，形成了一系列风味名菜，这些品种也较为集中地体现了辽菜特色。如“拌拉皮”“酸菜粉”“尖椒土豆片”“猪肉炖豆角”“小鸡炖蘑菇”“鲶鱼炖茄子”，当然还有富有代表性的“杀猪炖菜”等，这些菜深受关内外食客的喜爱，经久不衰。

4. 港台风味

所谓港台风味菜肴是指长期以来流行在香港、台湾两地民众生活中，并对当地民众饮食口味有一定影响的菜肴风味体系，包括流行菜肴和点心小吃等。

香港风味大部分属于粤菜，但近年来，随着国际化的进程与交流，香港风味已经不算是正宗的粤菜了，许多大酒楼现在大多经营新派菜色，跟以前的传统菜路不大相同。香港是美食天堂，世界各地的美味佳肴在此会集。西餐、中餐及其他各国风味菜在当地都能品尝得到，但伊斯兰风味菜较为少见。中餐以粤菜为主，兼收国内各大菜系的代表作。海鲜非常流行，连皮蛋瘦肉粥都加鲍鱼点缀。香港是广东“汤文化”的发扬光大者，也是“茶文化”的开拓创新者。香港的用餐环境、人文气氛、服务态度都会让人大开眼界，心满意足。入夜后，庙街有一些特色小菜，是典型的大众小吃。著名的港式小吃有云吞面、鱼蛋、牛丸、清汤腩、牛杂等。香港还有一些很具特色的熟食档，又名“大排档”，有一些当地极具特色的咕噜肉、椒盐濑尿虾等。

台湾风味菜因其特殊的历史背景更是呈现出多元化的特点。台湾岛内气候炎热，倾向自然原味，调味不求繁复，清淡鲜醇便成了台湾菜烹调的重点。不论炖、炒、蒸或水煮，都趋于清淡，在大多以色重味浓取胜的其他地方菜中，台菜的清鲜美味反而独树一帜。台湾四面环海，海产资源丰富，滋味本就鲜美的海中鲜，不需太多繁复的作料及烹调法，就已是美味无比。所以台湾菜一向以烹煮海鲜闻名，再加上受到日本料理的影响，台湾菜更发展出了海味之冷食或生吃，且颇为人们所喜爱。于是虾、蟹、鱼几乎占据了台湾烹饪的所有席面，而成为台湾菜异于其他菜系的特色。台湾菜中，亦汤亦菜的汤羹菜是一大特色，如西卤白菜、生炒花枝等。汤羹菜发展于清朝时，当时初移民来台湾的，只限男性，对于忙于开垦又不善家务的他们来说，煮一锅汤汤水水是最方便，而农耕生活辛劳，物质又不像现在这么丰沛，只要一锅可为汤又可为菜的汤羹菜，既可全家饱食三餐，又营养俱全，更为方便，台式羹汤逐渐深入民间，并普及为鲜美细致的美味。台湾菜中另一特色，便是善用腌酱菜烹出美味菜肴来。腌菜、酱菜之所以入得菜肴，也与天气炎热有关，昔时劳动量大，汗水流得多，而喜食咸味，再加上为能长时间保存食物，便制作了各种腌制菜，如咸菜、黄豆酱等，尤其是台湾的客家人所制作的腌酱菜更是无出其右者。将这些腌制过的或酱制过的食物佐以其他食材，其风味之特殊，至今依然广受欢迎。以中药材熬炖各种食材的药膳食补，是台湾饮食风味的又一显著特色，虽然各地方菜系中亦可见中药入菜，还是不如台湾菜对药膳食补的热爱。台湾菜口味清淡，菜品精致，主料以海鲜为主，融合了闽菜、粤菜及客家菜的烹调手法，先后经过荷兰、日本的文化影响，再结合台湾的物产及当地食俗发展起来的一种菜肴。

台湾人生活中最具代表性的饮食文化是琳琅满目、丰富多彩的台湾小吃，举凡蛤仔煎、虱目鱼肚粥、炒米粉、大饼包小饼、万峦猪脚、大肠蚵仔面线、甜不辣、台南但仔面、润饼、烧仙草、筒仔米糕、花枝羹、鱼酥羹、肉羹、猪血糕、东山鸭头、肉圆、卤肉饭、波霸奶茶、布丁豆花等，透过这些地方小吃，可以让我们看到一个丰富而多元的台湾饮食文化现象。

5. 清真菜

中国清真菜，起源于唐代，发展于宋元，定型于明清，近代已形成完整的体系。广义上的清真菜，是指信仰伊斯兰教的中国少数民族的饮食菜肴。这些民族包括回、维吾尔、哈萨克、塔吉克、塔塔尔、柯尔克孜、撒拉、东乡、保安等民族。他们有着共同的饮食习俗和饮食禁忌，但在饮食风味上则存在着一定的差别，因而人们在习惯上又常常把主要居住在新疆的几个少数民族的风味菜肴划出来，称为新疆菜，而特指回族菜肴为清真菜。这样从清真菜的历史变革、辐射范围、风味特色等方面与四大菜系比较，都毫不逊色。所以，有人认为清真菜足可以与四大菜系比肩，是中国的第五大菜系。

中国清真菜最突出的特点在于饮食禁忌比较严格，其饮食习俗来源于伊斯兰教教规。伊斯兰教认为，人们的日常饮食不仅为了养身，而且还要利于养性，因而主张吃洁净、合法的食物。此外，无鳞鱼和凶狠食肉、性情暴躁的动物也不能吃，如鹰、虎、豹、狼、驴、骡等。清真菜选料主要取材于牛、羊两大类，特别是烹制羊肉菜肴极为擅长。远在清代乾隆年间就已经有以羊肉、羊头、羊尾、羊蹄、羊舌、羊脑、羊眼、羊耳、羊脊髓和羊内脏为原料的清真全羊席。可以做出品味各异的菜肴120余种，体现了厨师高超的烹饪技艺。全羊席在清代同治、光绪年间极为盛行。以后，因烹制全羊席过于靡费，遂逐渐演化为全羊大菜。

中国清真菜的口味偏重咸鲜，汁浓味厚，肥而不腻，嫩而不膻。但不同地区的清真菜又有西北地区、华北地区、西南地区等不同的流派。中国清真菜点品种繁多，做工精细，经济实惠，雅俗共赏。清真菜点的制作方法很多。菜肴烹调，擅长于扒、烧、爆、炒、炸、烤、涮、炖、煨、焖、烩、熘、蒸、烹、氽等。面点的制作，主要有蒸、煮、烤、烙、炸。如“全羊席”，根据羊的不同部位，采用不同的制作手法，分别制成大件菜、熘炒菜、炸菜、凉菜、甜菜、汤菜等种类菜肴，丰富多彩。

中国穆斯林遍布全国各地，各地清真菜点都有自己风格独具的地方性。如新疆有羊肉抓饭、烤羊肉串、肉馕、新疆包子、烤包子、揪面片及烤全羊、手抓羊肉、博士汤等。北京有驰名中外的东来顺涮羊肉，月盛斋烧羊肉和五香酱牛羊肉，鸿宾楼的全羊大菜，烤肉宛和烤肉季的烤肉，通县小楼的烧鲇鱼；也有风味别致的爆糊、爆肚、炸卷果、它似蜜、炸回头、馓子麻花、门钉肉饼、蜜三刀、艾窝窝、荷叶饼、炖饽饽、糖火烧、开花馒首、碗蜂糕、螺丝转、豆腐脑等。

就整体而言，中国清真菜的风味特色是：选料严守伊斯兰教规，禁血生，禁外荤，不吃肮脏、可怖、凶恶和未奉真主之名而屠宰的动物。南方选料习用鸡鸭蔬果，北方与西北地区选料习惯使用牛羊粮豆。烹调方法擅长煎、炸、爆、熘、煨、煮、烤、炙等。本味为主，清鲜脆嫩与肥浓香醇并重，讲究菜型和配色，餐具多为淡绿彩瓷。生熟严格分开，甜咸互不干扰，注重饮食卫生，忌讳左手接触食物。代表菜主要有葱爆羊肉、清水爆肚、焦熘肉片、黄焖牛肉、扒羊肉条、麻辣羊羔肉、烤全羊、烤羊肉串等。

6. 素菜

中国素菜，是中国饮食文化重要的组成部分，也是菜肴流派之一。素菜通常指用植物油、蔬菜、豆制品、面筋、竹笋、菌类、藻类和干鲜果品等植物性原料烹制的菜肴。

中国素菜起源于我国先秦时期以粮豆瓜果为主体的膳食系统。西汉初期，淮南王刘安发明了豆腐，把素菜的发展推向了一个新阶段，形成了“民间素菜”。汉魏以后，这一膳食传统逐步与佛教、道教的教义教规结合，特别是南朝梁武帝时，寺院菜由寺观向民间发展，才形成一大风味流派。隋唐时期，素菜得到了很大发展。到唐代就有了花样素食，形成供帝王享用的“宫廷素菜”。北宋都市出现了市肆素食，有专营食素菜的店铺，仅《梦粱录》中记述的汴京素食即有上百种。明清两代是素食素菜的发展时期。尤其到清代时，我国素菜已形成寺院素菜、宫廷素菜与民间素菜三个流派。

寺院素菜，讲究“全素”，禁用“五荤”调味，且大多禁用蛋类，为我国大乘佛教所独有的食风。佛门弟子吃素茹蔬的目的，自然在于戒杀护生，养成大慈悲的佛性。宫廷素菜是素菜中的精品。在宫廷中，御膳房内专设“素局”，负责皇帝“斋戒”素食，能调制出好几百种素馔。皇帝在祭祀先人或遇重大事件时，事先要有数日沐浴，更衣独居，戒酒、食素，使心地纯一诚敬。南朝武帝萧衍，当了48年皇帝，此人长于文学、乐律、书法，笃信佛教，素食终身，为天下倡，曾四次舍身入同泰寺，皆由国家出钱赎回。民间素菜起源于民间吃素风气，大多是以慈善心怀和道德情操所为，认为吃素是仁者的美德。民间吃素，并不是不吃肉荤，只是强调多吃菜蔬，崇尚朴素清淡的生活。素菜营养丰富，别具风味，吃起来入口生津，有利于人体健康。素菜主要以绿叶菜、果品、菇类、菌类、植物油为原料，味道鲜美，富有营养，容易消化。从营养学角度看，蔬菜和豆制品、菌类等素食含有丰富的维生素、蛋白质、水，以及少量的脂肪和糖类，这种清淡而富于营养的素食，对于中老年人来说更为适宜。特别是素食中蔬菜往往含有大量的膳食纤维，还可及时清除肠中的垢腻，保持身体健康。

中国素菜发展到现在，品种已达8000多种。按其制作方法，大体可分为三类。一是卷货类：用油皮包馅卷紧，淀粉勾芡，烧制，如素鸡、素酱肉、素肘子、素火腿等；二是卤货类：以面筋、香菇为主，烧制而成，如素什锦、香菇面筋、酸辣片等；三是炸货类：是过油煎炸而成，如素虾、香椿鱼、小松肉、炸盒子等。素菜具有时鲜为主，清爽素净，花色繁多，制作考究，富含营养，健身疗疾的特征。代表菜主要有罗汉斋、鼎湖上素、雪积银钟、混元大菜、三姑守节、魔芋豆腐等。

现代科学的素菜，采用纯天然植物为原料，经高科技手段加工提取，制成大豆分离蛋白制品、魔芋制品，配以天然的山珍菌菇、绿色果蔬，通过拌、炒、炸、熘、烧、烩、焖、炖、蒸等烹饪手法，力求美味，力求营养。其制作出的“仿荤素菜”可谓神形兼备，达到以假乱真的程度，其美味堪与荤食大菜媲美，甚至更胜一筹，其营养价值远非肉食可比。当前，素菜因其健康、环保、天然、营养而备受人们的喜爱，成为一种时尚的生活方式，风行全球。

二、中国民族风味体系简介

在我国众多饮食风味流派中，影响最大的当属于地方风味菜系和民族风味流派。地方风味菜系有专节介绍，下面对我国较有影响的民族风味进行简要介绍。

1. 朝鲜族风味

流传于东北和天津，与朝鲜和韩国食馔同出一源。选料多为狗肉、牛肉、瘦猪肉、海鲜和蔬菜，擅长生拌、生渍和生烤，习以大酱、清酱、辣椒、胡椒、麻油、香醋、盐、葱、姜、蒜调味，菜品风味鲜香脆嫩，辛辣爽口。餐具多系铜制，喜好生冷。名菜有生渍黄瓜、辣酱南沙参、苹果梨咸菜、头蹄冻、烧地羊、生烤鱼片、冷面等。

2. 满族风味

流传于东北、京津和华北，有400余年的历史，在清代颇有名气。用料多为家畜、家禽或熊、鹿、獐、狗、野猪、兔子等野味。主要烹调方法有白煮和生烤，口味偏重鲜咸香，口感重嫩滑。菜品多为整只或大块，食用时用手撕解或刀割食，带有萨满教神祭的遗俗。名菜主要有白肉血肠、阿玛尊肉、烤鹿腿、手扒肉、酸菜等。

3. 蒙古族风味

流传于内蒙古、东北和西北地区，有800多年的历史，元代是其鼎盛时期。蒙古族菜与蒙古菜近似，统称“乌兰伊德”，意为“红食”，而奶、面、点心则称为“白食”。蒙古族菜肴取料多系牛羊，也有骆驼、田鼠、野兔、铁雀之类。一般不剔骨，斩大块，或煮或烤。仅用盐或香料调制，重酥烂，喜咸鲜，油多色深量足，表现塞北草原粗犷饮食文化的独特风采。名菜主要有反把羊肉、烤羊尾、炖羊肉、羊肉火锅、炒骆驼丝、烤田鼠、太极鳝鱼等。

4. 彝族风味

流传于川、云、贵、桂等地，有800多年的历史。宋辽金元时的南诏国菜品即以其为主体。取料多用“两只脚”的鸡鸭和“四只脚”的猪牛羊，也用其他野味。多为大块烹煮，添加盐和辣椒佐味。名菜有坨坨肉、皮干生、麂子干巴、羊皮煮肉、肝胆参、油炸蚂蚱、生炸土海参、巍山焦肝等。

5. 藏族风味

流传于西藏、云南和青海，有1400多年的历史，隋唐至今，其高原雪山的独特风味一脉相承。菜料多为牛羊、野禽、昆虫、菌菇等；重视酥油入馔，习惯于生制、风干、腌食、火烤、油炸和略煮；调味重盐，也加些野生香料；口感鲜嫩，份足量大。名菜有手抓羊肉、生牛肉、火上烤肝、油炸虫草、油松茸、煎奶渣、“藏北三珍”（夏草黄芪炖雪鸡、赛夏蘑菇炖羊肉、人参果拌酥油大米饭）、竹叶火锅等。

6. 苗族风味

流传于贵州、云南、四川、湖南等地，有1000多年的历史，红苗、黑苗、白苗、青苗、花苗的饮食风味大同小异。食料广泛，嗜好麻酸糯，口味厚重，制菜常用甑蒸、锅焖、罐炖、腌渍诸法，洋洋洒洒的酸菜宴独具特色。名菜有瓦罐焖狗肉、清汤狗肉、薏仁米焖猪脚、血肠粑、红烧竹鼠、油炸飞蚂蚁、炖金嘎嘎呜、辣骨汤、鱼酸、牛肉酸、蚯蚓酸、芋头酸、蕨菜酸、豆酸、蒜苗酸、萝卜酸等。

7. 侗族风味

流传在黔、桂、湖北省交界的山区，有近千年历史。侗族菜现仍秉承古代百越人的山林食风，最大的特点是无料不腌，无菜不酸，腌制方法巧妙独特，酸辣香鲜，甘口怡神，名菜有五味姜、龙肉、醅鱼、牛别、酸笋、酸鹅、腌龙虱、腌蜻蜓、腌葱头、腌芋头、腌蚌等。

8. 傣族风味

流传在云南西双版纳、德宏一带，有800余年历史，带有小乘佛教的浓郁情调。用料广博，制菜精细，煎、炒、炮、熘无所不通。口味偏好酸香清淡，昆虫食品在国外与墨西哥虫馔齐名。肴馔奇异自成系统，有热带风情和民族特色。名菜有苦汁牛肉、烤煎青苔、五香烤傣鲤、菠萝爆肉片、炒牛皮、鱼虾酱、香茅草烧鸡、牛撒撇拼盘、炸什锦、刺猬酸肉、蚂蚁酱、蜂房子、生吃竹虫、清炸蜂蛹、烧烤花蜘蛛、凉拌白蚁蛋、油煎干蝉、狗肉火锅等。

9. 土家族风味

流传在湘、鄂、川三省边界，有近2000年历史。由于受到湘、鄂、川菜系的影响，饮食文化较为发达。菜料包括禽畜鱼鲜和粮豆蔬果，还有山珍及野味，烹调技法全面，嗜好酸辣，有“辣椒当盐”之说。肴馔珍异而丰满，带有浓郁的南国原始山林情韵。名食有小米年肉、笼蒸油烤熊掌、煨白猬肉、白猕子汤、凉拌鹿丝、红烧螃螃等。

10. 壮族风味

流传在广西和粤、滇、湘等地，有3000年以上的历史，是现今岭南食味的本源。它以猫、狗、蛇、虫为珍味，也吃禽畜与果蔬，擅长烤、炸、炖、煮、卤、腌等，口味趋向麻辣酸香、酥脆爽口。美食众多，调理精细，宴席设计朴素，食礼隆重，在桂菜中占有重要的地位。名菜有辣白旺、火把肉、盐风肝、皮肝生、脆熘蜂儿、油炸沙蛆、清炖破脸狗肉、洋瓜根夹腊肉、龙虎斗、彗星肉、烤辣子水鸡、酿炸麻仁蜂、龙卧金山、白炒三七鸡、酸水煮鲫鱼、马肉米粉等。

三、中国面点、小吃流派简介

1. 中国面点流派

中国面点不仅制作精美，品种繁多，而且风格各异，五彩缤纷，但按照传统餐饮业的认知，习惯上分为京式、苏式和广式三大流派。

（1）京式面点　以北京为中心，涉及黄河中下游的鲁、津、豫等广大地区。是以面粉为主料，擅长调制面团，有抻面、削面、小刀面、拨鱼面四大名面等，工艺独具。风味上具有质感爽滑，柔韧筋抖，浓香鲜美，软嫩松泡的特点。代表品种有：北京的龙须面、艾窝窝、栗子面窝头、肉末烧饼、豌豆黄、炒疙瘩等；天津的狗不理包子、蜜饯三刀、十八街麻花、耳朵眼炸糕等；山东的蓬莱小面、高汤水饺、盘丝饼等；山西的刀削面、头脑、拨鱼儿、莜面栲栳栳等；河南的沈丘贡馍、勺子馍、武陟油茶、博望锅盔等。

趣味链接

北京名点艾窝窝的传说

据说，明时皇后和妃子住在“储秀宫”，她们天天吃山珍海味，感到有些腻了。有一天，在“储秀宫”做饭的一位回族厨师，从家里带了些经常食用的清真食品“艾窝窝”，正在厨房里吃的时候，被一位宫女看见了。她一尝很好吃，就给皇后带了点，皇后一尝，亦感到非常好吃，当即让这位回族厨师为居住在“储秀宫”的皇后和妃子们做“艾窝窝”吃。特别是皇后很喜欢吃艾窝窝，不仅在日常生活中经常食用，而且还格外赞赏，说厨师做的“艾窝窝”不仅“色雪白”好看，而且吃起来，其“味香甜”。此后艾窝窝就从紫禁城传了出来，一下子变得身价百倍，名震京城。

（2）苏式面点　以江苏为主体，活跃于长江下游地区的沪、浙、皖等地。米面与杂粮兼作，精于制作糕团，造型纤巧，由宁波、金陵、苏锡、淮扬、越绍、皖南等分支构成。其总体风味特色是重调理，口味厚，色深略甜，馅心讲究掺冻。代表品种主要有：江苏淮安文楼汤包、扬州富春包子和翡翠烧卖、南京的薄皮包饺和花色酥点、苏州糕团、黄桥烧饼、东台鱼汤面；上海的南翔馒头、小绍兴鸡粥、开洋葱油面、排骨年糕；浙江的虾爆鳝面、宁波汤圆、五芳斋粽子、西湖藕粉；安徽的乌饭团、笼糊等。

（3）广式面点　以广东为典型代表，包括珠江流域的桂、琼以及闽、台等地。善用薯类和鱼虾作坯料，大胆借鉴西点工艺，富有南国情调，茶点、席点久享盛名。风味特色是讲究形态、花式与色泽，用料偏重于油、糖、蛋，馅心晶莹，造型小巧，清淡鲜滑。代表品种主要有：广东的叉烧包、虾饺、沙河粉、艇仔粥、娥姐粉果和莲蓉甘露酥；广西的马肉米粉、蛤蚧粥、太牢烧梅、靖西大年粽和月牙楼尼姑面；海南的竹筒饭、芋角、云吞、海南粉；福建的米酒糊牛肉、蚝仔煎、土笋冻、鼎边糊；台湾的椰子糯米团、蛤子煲饭和虱目鱼粥等。

2. 中国小吃流派

菜肴制作水平的发达与面点制作技术的高超，大多是源于民间的饮食风味与广泛流行，而在民间能够体现饮食文化发达的还有菜肴、面点制作技术综合利用的小吃。这些小吃丰富多姿、品类众多、风格各异，最富有地方饮食风味和民俗文化特征。一般来说，中国具有典型意义的小吃流派主要有如下几种。

（1）北京小吃　萌发于元，当时已有正饼、仓馒头和炒黄面等，至清代，吸收满点，花色品种日趋多样。有荤素、甜咸、干稀、凉热之分。集中于隆福寺、西四、大栅栏、天桥一带。其风味特色是：应时当令，适应民俗。用料广博，品种丰富，做工精细，技法多样。汉民族小吃多以猪内脏为主料，风味突出，代表品种主要有三鲜烧卖、天仙居炒肝、合义斋灌肠、景泉居苏造肉等。回民小吃讲究品种配套，如老豆腐配火烧、豆腐脑配芝麻烧饼、馅饼配小米粥、焦圈配吊炉烧饼，另外还有奶酪、奶卷、奶饽饽等。宫廷小吃重视配方和造型，以精取胜，有小窝头、芸豆卷、栗子糕、豌豆黄、驴打滚等。

（2）天津小吃　始于明代，成熟于清代，民国初年达到繁荣景象，品种繁多。其风味特色是原料充裕，广集南北技艺之精华，季节性鲜明，强调时令性和民俗性，技法精妙，做工精细，经营方式灵活，网点成片。其代表品种主要有：狗不理包子、桂发祥麻花、耳朵眼炸糕、虾籽豆腐脑、嘎巴菜、肉火烧、白记水饺、五香驴肉等。

趣味链接

“驴打滚”的由来

对于“驴打滚”的由来，众说纷纭，很多的人把它看作是一种形象的比喻——制成的豆面糕放在黄豆面中滚一下，如郊野真驴打滚，扬起灰尘似的，故而得名。但古人对此也是疑惑不解。在《燕都小食品杂咏》中就说：“红糖水馅巧安排，黄面成团豆里埋。何事群呼‘驴打滚’，称名未免近诙谐。”还有“黄豆粘米，蒸熟，裹以红糖水馅，滚于炒豆面中，置盘上售之，取名‘驴打滚’真不可思议之称也。”

（3）上海小吃　始于鸦片战争前后，有150多年的历史，包括城隍庙小吃、高桥小吃和葛派点心三类，品种繁多，做工精美，四季分明，名品主要有城隍庙的南翔馒头、小绍兴鸡粥和排骨年糕；高桥的粽子、松饼、一捏酥和鲜肉月饼；全国点心状元葛贤萼制作的花篮粉果、虾蓉馄饨、鸽蛋圆子和八宝酥盒等。

（4）江苏小吃　历史悠久，格调高雅，支系繁多，如扬州富春茶点、金陵秦淮小吃、苏州观前街小吃、无锡太湖船点、苏州糕团、南通小吃等，品种千计，宛如工艺品。扬州富春茶点：以富春茶社为代表，波及扬州、镇江、淮安一线，精品有三丁包、水晶肴肉、文楼汤包、淮安茶馓、淮饺、蛋炒饭、五丁包、煮干丝等。金陵秦淮小吃以永和园茶社为轴心，有50多家饮食店和200多种小吃上市，特色是老、精、新、奇。精品有油炸干、豆腐脑、五香回卤干、五香茶叶蛋、蛤蟆酥、小元宵、小刀面、素菜包、鸭油酥烧饼、蒸儿糕等，还有著名的秦淮八绝。苏州观前街小吃：形成于清末，富有姑苏风情，精品有梨膏糖、酒酿圆子、油氽排骨、什锦莲子、藕粉圆子、千张包子、白汤大面、鸡酥豆糖粥、海棠糕、酱螺蛳、盐金花菜、油炸豆腐浆、喜蛋等。其他如无锡太湖船点以娇小可爱著称，苏州糕团则是南方米制品中的佼佼者，南通小吃以自然原料、工艺新颖见长。

（5）山东小吃　始于两汉，当时已有烧饼问世。北魏《齐民要术》所载品种较多，至唐宋后，技艺进一步发展，明清时期形成体系。面制食品特色鲜明，有民间小吃、市肆小吃、筵席小吃三大类别，风味特点是：大多源于民间，与当地的习俗、物产紧密相关，技法多样，品类齐全，物美价廉，城乡随处可见。代表品种主要有：福山拉面、蓬莱小面、蛋酥炒面、周村烧饼、潍县杠子头火烧、潍坊朝天锅、单县羊肉汤、临沂糁、状元饺等。

（6）四川小吃　历史悠久，包括成都、重庆、自贡、乐山、江津、绵阳诸支系，以品种齐全、风味独具、经济实惠而驰誉西南，天府小吃脍炙人口。其风味特色是清鲜醇浓并重，善用麻辣。讲究制汤，用汤佐味。重视质量和信誉，保持传统风味。价格适中，贫富皆宜。代表品种主要有夫妻肺片、赖汤圆、龙抄手、钟水饺、马红苕、韩包子、担担面、鲜花饼、蛋烘糕、缠丝酥、鸡汁锅贴、珍珠圆子、川北凉粉、鸳鸯叶儿粑、小笼蒸牛肉、五香牛肉干、苕茸香麻枣、炒米糖开水等。

（7）山西小吃　起于汉唐，兴于宋元，至明清时发展更是迅速，山西有“面食之乡”的美誉。山西小吃又被称作山西面食，包括晋式面点、面类小吃和山西面饭3类，面食品种之多，花样之繁，为全国之冠。晋式面点，注重色味质感，讲究好看好吃，做工精细。传统品种主要有：金丝一窝酥、麻仁太师饼、火腿萝卜饼、天花鸡丝饼、三丝春卷等。面类小吃的品种也很丰富，地方性强，代表品种主要有：荞麦灌肠、太谷饼、葱花油脂烧饼、莜面搓鱼、硬面盖帽、大头麻叶等。至于山西面饭，乃是山西小吃之精华，集中国面条之大成。其特点是：米麦豆薯皆可制面，面团多达20多种，花色繁多，有拉面、削面、拨面、搓鱼、流尖、蘸尖、握溜溜、擦圪蚪、栲栳栳等百余种之多，吃法各不相同，煮、炒、炸、焖、蒸、煎、烩、煨，随人所愿。浇头有7大类，百余种，讲究面码和小料，因面而变，代表品种主要有太谷流尖菜饭、雁北莜面角子、昔阳扁食头脑、长治蒜辣揪片、汾阳酸汤削面等。

趣味链接

栲栳栳的民间传说

莜面栲栳栳，是山西中北部高寒地区民间的家常美食，相传有1400多年的历史了。民间相传，唐国公李渊被贬太原留守，携家眷途经灵空山古刹盘谷寺，老方丈特制了这种莜面食品以款待。李渊问："手端何物？"老方丈答："栲栳栳"。栲是植物的泛称，栲栳指用竹篾或柳条编成的盛物器具。唐寅有诗云："琵琶写语番成怨，栲栳量金买断春。"看来当时方丈是以手端的小笼屉作答了。后来李渊当了皇帝，便派老方丈到五台山当住持。老方丈带领众僧赴任，路过静乐县，看莜麦初收，便把莜面栲栳栳制法传给当地。再后来这种民间面食传遍了晋、陕、内蒙古、冀、鲁等地，成为北方山区人民的家常美食。

（8）广东小吃　起于宋元，盛在明清，20世纪初蔚为大观。仅用于点心制作的面皮就有4大类23种，馅有3大类47种，可调制品种2000余种。常在茶楼、酒家、大排档供应，是"食在广州"的一大特色。其风味特色是：糖、油、蛋下料重，酥点居多。微生物发酵与化学剂催发并用，质地异常松软。馅料重用虾、鸡、鸭和花卉果珍，味鲜且香。依据节令上市，四季分明。款式新颖，形制纤巧，名贵高档。命名典雅，多为5字，富于画意诗情。代表性的品种：蚝油叉烧包、薄皮鲜虾饺、百花雀巢蛋、生磨马蹄糕、蟹黄灌汤饺、腊肠糯米鸡、枣蓉草叶角、凤肝擘酥盒、绿茵白兔饺、彩蝶弄娇花、煎堆、马蹄糕、伦教糕、皮蛋酥、煎酿鸭掌、肠粉、沙河粉等。

社会课堂

杭州中国杭帮菜博物馆

中国杭帮菜博物馆坐落在杭州南宋皇城大遗址旁的江洋畈原生态公园，博物馆毗邻西湖，与钱塘江风景串连成片，周边空气清新，人称天然氧吧。

博物馆展陈设计由国内著名饮食文化专家赵荣光教授主持，分为10个展区，并通过20多个历史事件的场景复原和大量的文字图片史料，梳理展示了上溯至良渚文化，下至清末民国等不同历史阶段，杭帮菜传承和发展的肌理脉络。

整个博物馆内设展馆区、体验区和经营区。体验区体现了杭帮菜饮食文化的参与、交流、互动、学习的特征。在室内观众体验区的“老百姓大厨房”，原创性地设置了杭帮菜大师讲堂；烹饪表演与示范；市民游客参与菜点制作；百姓杭帮菜擂台竞技；电视饮食节目直播间等。在室外互动区的爽园，设置了打年糕、做馒头、磨豆浆等活动。

博物馆经营区为杭帮菜饮食文化的进一步延伸。在杭帮菜发展为蓝本的大幅黄杨木雕，在清代杭州人袁枚的随园食单书法，及随时代变迁的黑白老照片中，可以处处感受老杭州饮食文化的气息。在以40位杭州历史名人的事迹美文来命名和修饰的包厢中，静下心来，细细品尝，鉴赏正宗的杭州菜肴，回味杭州2000多年的历史文化变迁，以及杭州城市的市井百态，饮食风格；在与这些历史名人的超时空对话中，感知他们的艺术魅力和人格魅力。

■ 模块小结

本模块介绍了菜肴制作技术和菜肴风味体系两大内容。烹饪方法可以说是中国烹饪的一大特色，只有全面了解中国烹饪的烹饪方法，才能更深刻地认识中国烹饪文化的内涵。中国菜肴风味体系众多，本模块着重介绍了地方风味、民族风味和宗教风味三大块。在地方风味中，重点介绍了十大菜系，因为它们的历史发展最为悠久，影响面很广。在众多民族风味流派中，较为突出的民族风味有朝鲜族、满族、蒙古族、彝族、藏族、苗族、侗族、傣族、土家族、壮族等。宗教流派主要是由中国素菜和中国清真菜构成。至于中国面点，习惯上分京式、苏式和广式三大流派。中国小吃可谓繁花似锦，争芳斗艳，各地都有独具特色的小吃。众多的风味流派和地方小吃构成了中国饮食文化博大的内涵与色彩绚丽的画面。

【延伸阅读】

1. 高启东．中国烹调大全［M］．哈尔滨：黑龙江科学技术出版社，1990.
2. 汪福宝，庄华峰．中国饮食文化辞典［M］．合肥：安徽人民出版社，1994.
3. 颜其香．中国少数民族饮食文化荟萃［M］．北京：商务印书馆，2001.
4. 赵荣光，谢定源．饮食文化概论［M］．北京：中国轻工业出版社，2006.
5. 熊四智．中国烹饪学概论［M］．成都：四川科学出版社，1988.

【讨论与应用】

一、讨论题

1．热菜常用的烹调方法有哪些？

2．冷菜常用的烹调方法有哪些？

3．用直线与方块的形式画出中国烹饪工艺流程图。

4．中国饮食文化中的风味流派是怎样形成的？

5．经济的发展对传统菜系的划分有无影响？你认为有哪些方面的影响？

6．鲁菜系主要由哪几个地方风味构成，各有什么特点？

7．中国清真菜有哪些基本特征？

二、应用题

1．家庭的日常饮食中，即使来了客人，菜肴的品种一般都不会太多，并不是主人不想多烹制几个。试根据自己的经验分析一下，这是为什么？

2．到某大酒店，参观厨师是怎样烹制菜肴的，并写出自己的感想。

3．自己调馅、和面，尝试包一次水饺。

4．根据四大菜系的各自特点，请你用草鱼做出四道具有不同风味个性的菜肴来，并说明这四道鱼菜的特点。

5．请你用云南的汽锅做一道创新菜，并说明你的创新菜“新”在哪里。

6．多年来，“东坡肉”一菜的菜系归属问题一直为专家们争论不休，你认为这道菜当属于哪个菜系？

7．传统月饼制作有苏式、京式和广式之分，请你到市场上对这三种流派的月饼进行一下判别，并拿出你的判别依据来。

中国饮酌文化

■ 本模块提纲

单元一　中国饮茶文化

单元二　中国酌酒文化

■ 学习目标

知识目标

认识酒文化与茶文化的研究内容及其在中国传统文化中的地位和意义。了解酒、茶的起源和发展概况，了解酒文学与茶艺的一些知识，并在此基础上掌握酒文化与茶文化是中国饮食文化的重要组成部分。

能力目标

通过学习中国的名酒和名茶的知识与种类，能够初步掌握识别名酒、名茶的一般知识与实践能力，能够自己进行或组织他人进行简单的茶艺表演。

酒和茶在今天已经成为饮食生活的重要内容，但透过它们的起源与发展过程的学习，可以看出人类在认识和改造大自然的过程中，不仅扩大了物质享受的范围，而且把物质文明与精神需求完美地结合在一起，形成了包括酒文学与茶艺在内的酒文化和茶文化，大大丰富了人们的物质生活与精神生活。了解中国的名酒名茶不仅可以丰富自己的知识，更重要的在于深刻认识我们中华民族的伟大创造精神，它既是物质财富，同时也是一种精神财富。中华民族发现和创造众多名酒名茶的过程，就是对酒文化和茶文化的创造过程。中国人不仅喝茶，而且在此基础上又发展出品茶。喝茶为的是解渴，而品茶则把饮茶活动上升为精神和艺术境界。品茶者，不仅含有品评、鉴赏工夫，还包括精细的操作手艺和品茗的美好意境。

单元一　中国饮茶文化

我国是茶的故乡。从神农发现茶的药物作用到今天茶成为世界性的饮品，是经历了一个漫长的发展过程的。我国的先民们运用他们的勤劳和智慧，在长期的生产与生活过程中，积累了丰富的种茶与制茶的经验，培育出了数不尽的茶种，其中仅名茶品种就多达数百种。如今，茶已经成为我国人民日常生活中不可缺少的饮品。古人所谓“开门七件事，柴米油盐酱醋茶”的生活总结，就充分反映了茶在我国人民生活中的地位。

一、中国茶的起源与发展

1. 茶的起源

我国有着悠久的饮茶、制茶的历史。那么，茶起源于何时呢？

历史学家与植物学家的研究表明，茶树属于双子叶植物山茶科山茶属，大约起源于距今7000多年前。毫无疑问，世界上最早的茶树是野生植物。后来，当我们的祖先们首先发现了茶的药用与食用价值后，尤其是随后又逐渐发现了茶的饮用价值后，野生的茶树才在人们的有意培育、驯化与人工杂交中，逐渐成为人类今天丰富的茶树资源，并成为我们今天所广泛饮用的饮品——茶。

中国是茶的故乡，茶树的原产地就在我们中国，这一点已被世界茶学界所公认。大量的历史资料和学者们的研究表明，茶树的原产地在我国的西南地区，具体地说是在我国的云南、贵州、四川地区。这里气候温暖，一年四季雨量充沛，温和而潮湿的地理环境特别适合于茶树的生长。在目前世界上发现的近300种茶树中，我国就有260余种，仅西南三省就有100余种。大量山茶科植物在西南地区的集中发现，足以证明我国是茶的原产地。

关于饮茶的起源，在我国历来流传着是神农发明茶的观点。古籍中有：“神农尝百草，日遇七十二毒，得荼（古与茶字通）而解之”的记载。古史传说中还说“神农乃玲珑玉体，能见其五脏六藏”。所以，当神农有一次吃了茶树的叶子之后，发现茶叶把他肚子里的其它食物全都清理了出来，而且口余清香，茶叶的解毒作用于是被神农发现。以后，每当他在尝百草不小心遇毒时，神农就用茶叶来解毒，此法后来也被广泛地传到了广大民众中。

早期的茶，是药食兼用的植物。茶之所以起源于西南地区，并从西南地区流传到全国，也是有历史依据的。清人周蔼联在《竺国游记》中说：“番民以茶为生，缺之必病。”我国的巴蜀地区，为瘟疫疾病多发的“烟瘴”之地，所以这里的人们就养成了以嗜好辛香用来抵御潮湿的环境，以煎熬茶汤饮用以解毒祛瘴。这样一来，饮用茶的时间长了，茶叶的药用意义逐渐在减弱，而成为生活中必须的饮品意义在逐渐显现，茶于是成了一种饮料。这种演变过程在时间上是没有严格的界限的。饮茶风气之兴，大约始于我国的唐朝，而在唐朝以前连“茶”字都没有出现过（至少从目前发现的现存史料中是这样）。在我国最早的字书《尔雅》中有“荼”字，晋人郭璞在《尔雅注》中说：“树如小栀子，冬生叶，可煮作羹饮，今呼早采者为荼，晚取者为茗，一名荈，蜀人名之曰苦荼。”明确提出《尔雅》中的“荼”就是指当时人们当作羹饮的普通的茶，而且是与我国的西南地区有关。其他一些较早记载饮茶的历史资料，如《僮约》《华阳国志》等所反映的均是我国西南地区饮茶的史实，这就从另外的角度证明我国西南地区是茶的原产地。

饮茶虽然在我国有着古老而悠久的历史，从神农尝本草到后来的食茶、饮茶，经历了数千年的历史。但是，在这样的一个漫长的过程中，一直没有一本完整介绍茶和饮茶的书。唐以前的典籍资料中，偶尔有关于茶的记载，但都是一鳞半爪，而且常常是语言简略。真正系统完整并且比较科学地介绍茶的书，是我国唐代人陆羽所作的《茶经》。《茶经》是我国也是世界上第一部茶学专著，约成书于公元758年。

中国茶文化的形成，几乎可以认为是以陆羽的《茶经》的出现为标志的。陆羽是唐玄宗时复州竟陵（今湖北省天门县）人。民间称他为“茶神”“茶圣”。陆羽在青年时代就对茶产生了浓厚的兴趣。他为了广泛调查茶叶的生产制作情况，曾坚持多年进行实地考察，走遍我国南方茶区。经过他的不懈努力，最终完成了这部著名的茶学著作《茶经》。《茶经》是一种独特的文化创造，它把人们的精神境界与物质生活融为一体，突出反映了我国文化的特点。可以这样讲，陆羽的《茶经》，不仅奠定了中国茶文化的基础，而且开辟了一个新的文化领域。陆羽在《茶经》中不仅系统地介绍了茶的起源、茶的历史、茶的生产经验、烹饮过程等，而且还首次把我国人民普通的饮茶活动当作一种艺术过程来看待，创造性地总结出了烤茶、选水、煮茗、列具、品饮等一套完整的中国饮茶艺术。《茶经》的伟大之处更在于陆羽首次把“精神”贯穿于茶事之中，强调茶人的品格和思想情操，把饮茶看成是一种进行自我修养、锻炼意志、陶冶情操的方法。《茶经》是唐以前有关茶史、茶事、茶艺的辑录与总结，是我们今天研究茶科学、茶文化的一部最为重要的文献。

趣味链接

陆羽降生的故事

据史料记载，陆羽是个弃儿，史称“不知所生”。关于他的身世有这样一个传说：陆羽诞生于湖北省的竟陵（今湖北天门）。当地有一个寺院叫龙盖寺。有一天，寺院的智积禅师清晨散步时，忽然听见一阵大雁的叫声，循声寻去，见有几只大雁正用自己的羽翼护卫着一个幼小的婴儿，禅师遂将婴儿抱回寺中抚养。并用《易经》卜之，为他取名陆羽。《茶经》是陆羽用一生精力与心血写成的一部茶叶专著。它系统地介绍了茶的起源、历史、生产、烹饮、用具等，是世界上最早的一本研究茶的科学著作。

2. 饮茶与制茶

茶叶最早被我国先民利用，是由于发现了它的药用价值。我国把这一阶段称为生吃药用时期，主要以咀嚼茶树的鲜叶，取其叶汁，以使茶叶发挥不同凡响的解毒作用。这个时期大约在距今4700多年前。因为人类受到季节、交通工具、地域等因素的影响，不能随时随地地采到茶叶，有时见到了却没有用，有时需要时却又采不到。如果把新鲜的茶叶存放起来又容易腐烂发霉，于是人们就把茶叶用太阳晒干，这就是最早的茶叶加工方法。新鲜的茶叶是可以直接嚼食的，而干的茶叶不易下咽，而且干吃下去的解毒效果较慢，渐渐地人们又总结出了加水煮熟来吃。

自茶的药用价值发现后，到后来成为饮用品，又经过了一个漫长的过程。饮茶究竟是从什么时候开始的，因为受历史资料的限制，至今学术界仍有争议。顾炎武在《日知录》中说："自秦人取蜀而后，始有茗饮之事"。这就是说，茶作为饮料之用，大约在先秦时已在局部地区流行。这在《尔雅注》中也有论证。三国人常琢在《华阳国志》中也记载了许多茶事，其中谈到周武王伐纣时，巴蜀等地小国所进贡的物品中就有茶叶，这说明在周朝初期，茶叶已经作为珍贵的物品来看待，也说明在此之前巴蜀地区的人们已经开始用茶，但是否作为饮品，则不得而知。

在现存的文献中，西汉人王褒有一部买卖奴隶的契约《僮约》流传下来，其中有"武阳买茶""烹茶尽具"的记载。武阳是四川的地方。"武阳买茶"说明当时已有了茶叶市场和茶叶的买卖交易，"烹茶尽具"说明当地人的饮茶已十分讲究，不仅茶要煮熟，而且茶具要洗涤干净。看来，至迟在西汉时，巴蜀地区的人们已经把茶视为极为讲究的饮用之品了。

《三国志·吴志》中有以茶代酒的故事，说明在三国时，茶作为饮料已开始向西南以外的地区不断传播。而在其后的发展中，茶也逐渐由上层人物贵重物品开始向平民百姓普及。《广陵耆老传》中有："晋元帝建武元年（公元317年）有老姥每日独携一器茗，往市之，市人竟买"的记载。这已类似今天街头出售的大碗茶，已经演变成了普通的饮料。

唐朝，随着茶叶的生产进一步扩大及佛家寺院饮茶之风的兴盛，茶作为一种普通的饮料已经在我国各地大为普及。《封氏见闻录》中记录说："南人好饮茶，北人初不多饮。开元中，泰山灵岩寺有降魔师大兴禅。教学禅，务于不寐，又不夕食，皆许饮茶，人自怀挟，到处煮饮。从此转相仿效，遂成风俗，自邹齐沧隶至京邑，城市多开店铺，煎茶卖之，不问道俗，投钱取饮。其茶自江淮而来，舟车相继，所在山积，色额甚多"。看来，唐朝以后，整个中原地区的饮茶之风也和南地相仿，不仅佛门弟子广为饮用，而市场上以卖茶为生、方便来往客人的茶摊更是遍布城镇。到了宋代，北方不仅广为饮茶，各地也出现了茶市，茶坊更是随处可见，这在史料中多有记载。元、明、清时代，茶叶生产在我国更加繁荣，随着明清以来对外贸易的扩大，茶叶的出口也逐渐增加，先是英国、荷兰、法国等欧洲国家，其后美国、非洲的一些国家也开始饮用。进入19世纪以来，茶叶已经几乎遍及全球。

好茶不仅源于好的树种，也离不开制茶技术。早期的茶叶是利用太阳自然晒干的，没有技术可言。大约到了三国时期，人们开始把茶制成饼。将新采来的鲜茶叶用米膏调制成团，做成饼形，经过烘烤或晾晒，就成了可以长期保存的茶饼，这可以说是我国制茶工艺的开端。饮用时，将茶饼碾成细末，再煮作羹饮。到了唐代，这种制茶工艺得到了进一步的完善，到陆羽作《茶经》时，他根据饼茶的外形色泽，将饼茶分为八等，可见当时饼茶的制作是十分讲究的。此时，除饼茶外，还有粗茶、散茶、末茶等。散茶是一种蒸青后不捣碎、不压饼用烘干的方法制成的，大部分散茶后来都成为了名茶。不过，在当时却是以饼茶最为珍贵。

唐代以后，制茶技术不断发展改进，唐宋年间，随着宫廷需要量的增加，进奉贡茶已成为当时的一种风尚。贡茶的兴起，为茶的制作提供了更好的条件。宋代的制茶中，以片茶、散茶最为丰富。片茶实际上就是唐代的饼茶，不过因为宋代的制茶技术更为先进，制成的饼茶小巧玲珑，饼面还有各种美丽的图案，图案以龙凤多见，因之又称为龙凤茶，被宋徽宗称为“龙凤团饼，名冠天下”。其中尤其以一种小龙凤饼最为精致称道，一斤小龙团可值二两黄金，因而一般人是见不到的。宋代以后，散茶代替饼茶，在制茶中占据了主要地位。到了明代，散茶的生产在皇室的直接影响下，大为盛行。茶叶的杀青技术也由蒸汽改为烘青、炒青。同时，绿茶、黄茶、白茶、红茶、黑茶这些基本茶类已经出现。到了清代，乌龙茶的出现，与以上五大茶类一起，构成了我们今天所饮用的六大基本茶类。

二、中国茶的种类

中国茶的品种很多。根据茶叶的制法和品质可以略分为红茶、绿茶、乌龙茶、花茶和紧压茶（茶砖）五大类。

1. 红茶

经过完全发酵的茶，成品细致，其特点是：红汤红叶；冲泡后汤色红艳鲜亮，清澈见底，香味芬芳浓纯。主要品种有安徽祁门红茶、云南凤庆滇红茶、福建福安红茶、湖北宜昌红茶、江西修水宁红茶、湖南安化红茶、浙江绍兴红茶等，以祁红、滇红、宜红质量最佳。

2. 绿茶

是未经发酵的茶，采用高温杀青而保持原有的绿色。主要品种有龙井、大方、碧螺春等。

3. 乌龙茶

也称青茶，属半发酵茶。成品茶外形粗壮松散、成紫褐色，兼有绿茶的鲜浓和红茶的甘醇。主要品种有武夷岩茶、安溪铁观音、台湾冻顶乌龙等。

4. 花茶

是将香花放在茶坯中制成。高级花茶香气芬芳、滋味浓厚、汤色清澈。主要品种有茉莉花茶、桂花茶、玫瑰花茶、柚花茶等。花茶主要产地有福州、苏州、南昌、杭州等。

5. 紧压茶（茶砖）

是用黑茶、晒青和红茶的副茶为原料，经蒸茶、装模压制成形。

除此，如果按茶的色泽（发酵工艺）可分为：绿茶、黄茶、白茶、青茶、红茶、黑茶。 绿茶为不发酵的茶（发酵度为零），黄茶为微发酵的茶（发酵度为10%～20%），白茶为轻度发酵的茶（发酵度为20%～30%），青茶为半发酵的茶（发酵度为30%～60%），红茶为全发酵的茶（发酵度为80%～90%），黑茶为后发酵的茶（发酵度为100%）。

如果按茶的出产季节可分为春茶、夏茶、秋茶和冬茶。春茶是指当年3月下旬到5月中旬之前采制的茶叶。春季温度适中，雨量充沛，再加上茶树经过了半年冬季的休养生息，使得春季茶芽肥硕，色泽翠绿，叶质柔软，且含有丰富的维生素，特别是氨基酸。不但使春茶滋味鲜活且香气宜人富有保健作用。夏茶是指5月初至7月初采制的茶叶。夏季天气炎热，茶树新梢芽叶生长迅速，使得能溶解茶汤的水浸出物含量，特别是氨基酸等的含量少，使得茶汤滋味、香气不如春茶强烈，由于带苦涩味的花青素、咖啡因、茶多酚含量比春茶多，不但使紫色芽叶色泽增加，而且滋味较为苦涩。秋茶就是8月中旬以后采制的茶叶。秋季气候条件介于春夏之间，茶树经春夏季生长、新梢芽内含物质相对少，叶片大小不一，叶底发脆，叶色发黄，滋味和香气显得比较平和。冬茶大约在10月下旬开始采制。冬茶是在秋茶采完后，气候逐渐转冷后生长的。因冬茶新梢芽生长缓慢，内含物质逐渐增加，所以滋味醇厚，气味浓烈。

按茶叶的生长环境还可分为平地茶和高山茶。平地茶芽叶较小，叶底坚薄，叶面平展，叶色黄绿欠光润。加工后的茶叶条索较细瘦，骨身轻，香气低，滋味淡。高山茶由于环境适合茶树喜温、喜湿、耐阴的习性，素有高山出好茶的说法。随着海拔的不同，造成了高山环境的独特之处，从气温、降雨量、湿度、土壤到山上生长的树木，这些环境对茶树以及茶芽的生长都提供了得天独厚的条件。因此高山茶与平地茶相比，高山茶芽叶肥硕，颜色绿，茸毛多。加工后条索紧结，肥硕，白毫显露，香气浓郁且耐冲泡。

三、中国名茶简介

在我国的名山大川之间，有着广大辽阔的产茶区。悠久的产茶历史，丰富的茶树资源。长期的茶树种植，造就了我国拥有丰富的茶叶种类的优势，其中著名的名贵茶叶品种就有数百种之多。

由于我国的茶叶种类繁多，分类标准不是十分统一，但现在习惯上是按茶叶的加工工艺进行分类的，可以分为基本茶类和再加工茶类。人们习惯上称谓的红茶或绿茶，其实是基本茶类中所包括的六大类，即绿茶、红茶、乌龙茶、黄茶、白茶、黑茶。每一种茶类中还都有几百个品种，其中也不乏名贵之品。绿茶中如西湖龙井、碧螺春、六安瓜片、黄山毛峰、庐山云雾、顾渚紫笋、信阳毛尖、南京雨花茶等；红茶中则有祁门工夫、宁红工夫、滇红工夫；乌龙名品如武夷岩茶、武夷四大名丛（大红袍、铁罗汉、白鸡冠、水金龟）、铁观音、永春佛手等；白茶有银针白毫、白牡丹等；黄茶如君山银针、蒙地黄芽等；黑茶则有六堡散茶、普洱茶等。另外，其他的还有沱茶、普洱方茶、竹筒香茶及各色花茶等，中国名贵茶种可谓不胜枚举。下面选其典型者加以简单介绍。

1. 西湖龙井

西湖龙井是绿茶中最著名的茶种之一，产于浙江省杭州西子湖畔的西湖龙井，在绿茶中可算得上是首屈一指的。杭州西湖的群山之间，气候温湿，风调雨顺，云蒸雾蔚非常适合茶树的生长。龙井茶的采摘时间及制茶工艺都十分讲究，要求采摘时间早，芽叶嫩，采制勤。尤其是清明前采的“明前茶”和谷雨前采的“雨前茶”十分名贵，有“雨前是上品，明前是珍品”之说。龙井的芽叶非常讲究，只有一个芽叶的称为“莲心”，一芽一叶的叫做“旗枪”，一芽二叶的称为“雀舌”。龙井茶的生产历史悠久，最早在唐代陆羽的《茶经》中已有记载，宋代已将这里出产的茶叶列为贡品。清朝乾隆皇帝下江南时，曾亲临西湖，品尝过龙井茶，饮后赞不绝口，遂将西湖边胡公庙前的18棵龙井茶树封为御茶。从此，龙井茶之名声大振。传统的西湖龙井有狮峰、龙井、五云山、虎跑泉四个产地，其中以龙井风味的声誉最佳。冲泡后的龙井茶色泽新鲜碧绿，芽叶分明，一旗一枪簇立杯中，观之玲珑剔透，闻之清香四溢，沁人心脾。

2. 碧螺春

碧螺春产于江苏省太湖边的洞庭山，是我国名茶种类中的珍品。江苏吴县太湖边的洞庭山，分为东西两山。这里土质肥沃，气候温和湿润，雨量充沛，是茶树生长的最佳环境。碧螺春茶区别于其他茶的主要特点是种植时，茶树与果树间种，即茶树与桃、杏、李、梅、橘、石榴等交错种植。茶树发芽长叶时能充分吸收其他果树的各种香气，茶吸果香，陶冶熏染出了茶树天然的花果清香。而且长时间的茶果间种，使茶树果树枝丫相连、根脉相通，能够有效地吸收果树的维生素，对人体是十分有益的。碧螺春的采摘也讲究早、嫩、勤、净。一般是清明前开采，谷雨结束，尤以明前茶最为珍贵。最上好的碧螺春，每500克约有6万~7万个嫩芽，可见茶叶之细嫩。冲泡后的碧螺春其色由清淡至翠绿再到碧绿，其气由幽香至芬芳再到馥郁，清新淡雅，醇厚味甘，余味持久。

3. 黄山毛峰

在我国著名的名山胜地中，黄山以其山势险峻、气象万千而独具盛名。古人有“五岳归来不看山，黄山归来不看岳”之说。名山秀水，地杰物华，优良的地理环境孕育了优质的绿茶名品，产于安徽黄山的毛峰茶，以其细嫩匀齐，叶片表面身披银毫而著称，故名毛峰。黄山毛峰是毛峰茶中之极品，是我国十大名茶之一。黄山产茶历史悠久，在明代以前就已经很有声誉，清代中的史料多有所载。黄山毛峰开采于清明前后，采摘时芽叶鲜嫩，形同雀舌，峰毫显露，大小匀称。冲泡后汤色清澈，香味醇厚，风格高雅。

4. 庐山云雾

庐山云雾茶因为出产于山势巍然、云雾缭绕的庐山而得名，由于品质超群，早在宋代就被列入了宫廷贡品。庐山种植茶的历史远可追溯到汉朝，由于佛经的传入，使庐山这个地方，一度僧侣云集，东晋的庐山已经成为佛教中心之一。据史料记载，当时的名僧慧远就曾在这里一面讲佛，一面种植茶叶。唐朝时，庐山出产的茶叶已经很有名，宋朝时的许多诗词中对庐山茶都有表述，到了明代，庐山云雾有了确定的名称。庐山茶得益于庐山优越的生态环境，含有丰富的蛋白质、维生素等营养成分，冲泡后芳香馥郁，味美醇厚，汤色清明而鲜艳，观之饮之，无不令人回味无穷。

5. 信阳毛尖

信阳毛尖产于我国河南省信阳市的西部山区，是我国极为少数出产在北方的名贵绿茶之一。据说信阳毛尖已有近2000年的历史了，为我国十大名茶之一。信阳毛尖又称“豫毛峰”，其产区主要分布在信阳西部的山区之间，这里山势险峻，层峦叠嶂，溪水流云，遍布山间。肥沃的土壤环境适合茶树的生长，为信阳毛尖的生长创造了优良的天然条件。信阳毛尖的外形紧细，多白毛，内质清香，饮后唇齿生香。

6. 滇红工夫

滇红工夫是产于我国云南省的一种大叶种类型的工夫茶，以其外形肥硕、香味浓郁、金毫显露的风格品质而独具一格，是我国著名的红茶佳品。云南作为世界上最古老的茶的故乡，滇红工夫的生产却相对晚一些，距今只有不到百年的历史。但滇红工夫在20世纪30年代一经出口英国等国，即产生了重大影响，甚至被英国女皇视为珍品。20世纪50年代后，红茶在云南开始大量生产，其中滇红工夫茶就占了总产量的20%。云南的主要茶区被科学家认为是“生物优生地带”，这里山峦起伏，雨量常年丰沛，尤其是土地的腐殖物丰富，使红茶生产条件得天独厚。与绿茶的紧细鲜嫩不同，滇红工夫肥硕健壮，色泽油润乌亮，金毫显露，冲泡后香气鲜醇，味道浓厚。

7. 宁红工夫

宁红工夫产于江西修水县，是我国最早生产工夫茶的名贵品类之一。宁红工夫的生产大约起自清朝道光年间，因修水县及武宁等县古属义宁州，所有出产的红茶被称为宁州红茶，简称宁红。宁红茶的主要产区在江西的西北边缘，这里有两大山脉绵延其间，地势险峻，雨量充沛，土质肥沃，造成宁红茶树根深叶茂、芽叶肥壮的自然品质。宁红工夫茶色泽红润，外形紧结圆直，冲泡后汤色红亮，香味高扬浓郁。其中“宁红金毫”是宁红工夫茶中之精品。宁红工夫茶中还有一个特殊的品种，即束茶，因茶叶酷似龙须而得名龙须茶。它是采用特殊的工艺制成。先选用鲜嫩肥壮的蕻子茶，多为一芽一叶或一芽二叶，萎凋后理齐扎把，用文火慢慢烘干，再用五彩线环绕，扎好后像红缨枪头，五彩缤纷，十分好看。冲泡时抽掉五彩线，但扎把的白线不拆，整个龙须茶犹如菊花一样在碗底绽开，茶色红亮，茶花缤纷，具有很强的观赏价值，被人誉为“杯底菊花掌上枪”之妙境。

8. 武夷岩茶

武夷岩茶是我国传统的乌龙茶，产于我国福建省的武夷山一带。这里风光秀丽，岩峰耸立，四季云雾缭绕，极适合茶树的生长，因为茶树多生长于岩石之间，可谓岩岩产茶，无岩不茶，因此人们把这里出产的茶称为“武夷岩茶”。武夷岩茶历史比较久远，早在唐代就负有盛名，宋时被皇室列入贡茶，清朝时，因武夷岩茶兼具绿茶与红茶的特色，且茶质温和，开始远销海外，并闻名中外。从唐代开始，武夷岩茶在文人的笔下就多有记载和描述。武夷岩茶茶条均匀，色泽呈绿褐色。茶泡后香气浓郁，有兰花之幽香，令人回味无穷。在品饮武夷岩茶时也有讲究，茶具要小巧，易于把玩品味。

9. 铁观音

铁观音也是乌龙茶中的珍品，产于福建省安溪县，该茶以其优质味醇而享誉遐迩。铁观音别名红心观音、红样观音，产于安溪县的丘陵低山地带。铁观音原是茶树品种名，由于它适合于制成乌龙茶，所以成品的乌龙茶就以铁观音命名。安溪的铁观音一年可采春、夏、暑、秋四次，以春茶最优。成品茶呈弯曲条状，壮结沉实。冲泡后香气持久，滋味甘中带蜜，余香缭绕。

10. 普洱茶

普洱茶产于云南省普洱县，是远近闻名的黑茶名品。它是由优良的云南大叶树种为原料制成的。普洱茶外形肥大粗壮，色泽乌润，茶泡后滋味醇厚。普洱茶被认为是具有保健功能的茶，具有降血脂、减肥、暖胃、助消化、止渴生津等作用。因而，近年来在国内外大行其道，在国外还有美容茶、益寿茶、减肥茶等美誉。

四、中国茶艺

中国茶文化，首先是一个艺术宝库。中国人不仅喝茶，而且在此基础上又发展出品茶。喝茶为的是解渴，而品茶则把饮茶活动上升为精神和艺术境界。品茶者，不仅含有品评、鉴赏工夫，还包括精细的操作手艺和品茗的美好意境。古人姑且不说，即使今人饮茶，也是非常讲究的。如品茶首先要择器，讲究茶具的古朴和雅致，追求其美韵，壶要异形，杯要小巧。品茶更要讲究与人品、环境协调，鉴赏茶饮美味的同时，还要领略清风明月、松吟竹韵、梅开雪霁种种妙趣和意境。自然还包括礼仪、礼节、情节、饮规等，其次便是选水、论茶、煮茶等一系列的程序，这就完整地形成了中国独特的饮茶艺术——中国茶艺。

1. 识茶

茶在中国人的心目中，乃是天地之间生长的灵物，它生于明山秀水间，与青山为伴，以明月、清风、云雾为侣，得天地之精华，而造福于人类。所以，古代真正的茶人，不仅要懂烹茶待客之礼，而且还能亲自植茶、制作之事，或入深山，访佳茗，探究茶的自然之理。这就是中国茶艺的第一要素“识茶”，古人称为“艺茶”，它包括评茗茶、择产地、采集、制作等内容，都要做到得地、得法、得时。

《茶经》中说：“茶者，南方之佳木也。”“其地，上者生烂石，中者生砾壤，次者生黄土。”这是讲茶树生长的土壤条件。又有：“野者上，园者次；阳崖阴林，紫者上，绿者次；笋者上，芽者次；叶卷者上，叶舒者次。阳坡山谷者，不堪采掇，性凝滞，结瘕疾。”这讲的是茶的其他自然环境采摘时机。而这些条件多在我国南部气候温和、环境幽静的名山之中。因而，南方自然多出好茶。所以，选茶就应从重视这种契合自然的条件开始。历史上的名茶，常产生于好山好水间，又得茶人品鉴，假文人得以传颂。

好茶，还要采摘得时，制作得法。我国自宋朝以来，对采茶的时机要求非常严格。一般以惊蛰为候，至清明前为佳期。晴天以凌晨带露时采之最佳，如果茶被日晒，膏脂被耗，水分不足，精华尽失。采茶用指甲，不用手指，以免被手温所熏染，被汗水所污染。茶叶以芽嫩者少者为佳，一芽为莲蕊，二芽为旗枪，三芽为雀舌。中国茶艺，在没有进行任何的加工技术之前已经先被人们赋予了一种美的意境。制茶工艺更是好茶的要害，唐代制茶已经非常讲究，有散茶、末茶、饼茶等种，其加工技术是各有所长的。宋代把饼茶的制作发展到了极致，它是用金银模型压制而成的，精细美观，又称团茶，贡茶则以龙团、凤饼为名。欧阳修在《龙茶录·后序》中记云：“茶为物至精，而小团又其精者，〈录〉所叙谓上品龙茶者也。盖自君谟（即蔡襄，字君谟。作者注）始造而岁贡焉。仁宗尤所珍惜。虽辅相之臣，未尝辄赐。唯南郊大礼致斋之夕，中书枢密院各四人，共赐一饼。……至嘉祐七年，亲享明斋夕，始人赐一饼，余亦忝予，至今藏之。余自以谏官供奉大内，至登二府，二十余年，才一获赐。”以欧阳修之职位，20余年才得到皇帝赏赐一饼，可见龙团之精、之贵、之珍。明代以后，则废除饼茶，讲究色、香、味俱佳的散茶。古人制茶既是生产过程，又当作精神享受，是从制茶过程中体验万物造化之理。所以，从茶的命名到制作，皆含规律和美学精神。

微课插播

日本茶道概况

日本的茶道源于中国，却具有日本民族味。它有自己的形成、发展过程和特有的内蕴。日本茶道是在“日常茶饭事”的基础上发展起来的，它将日常生活行为与宗教、哲学、伦理和美学熔为一炉，成为一门综合性的文化艺术活动。它不仅仅是物质享受，通过茶会，学习茶礼，还可以陶冶性情，培养人的审美观和道德观念。正如桑田中亲说的：“茶道已从单纯的趣味、娱乐，前进成为表现日本人日常生活文化的规范和理想。”16世纪末，千利休继承、汲取了历代茶道精神，创立了日本正宗茶道。他是茶道的集大成者。剖析利休茶道精神，可以了解日本茶道之一斑。日本的茶道有烦琐的规程，如茶叶要碾得精细，茶具要擦得干净，插花要根据季节和来宾的名望、地位、辈分、年龄和文化教养等来选择。主持人的动作要规范敏捷，既要有舞蹈般的节奏感和飘逸感，又要准确到位。凡此种种都表示对来宾的尊重，体现“和、敬”的精神。

日本茶道，以“和、敬、清、寂”四字，成为融宗教、哲学、伦理、美学为一体的文化艺术活动。

2. 论水

古来论茶者，无一不重视水品。好茶好水才能相得益彰，相映生辉，否则好茶的神韵必将被劣质的水涤汰殆尽。因而，中国茶艺的另一要素便是讲究宜茶之水。关于煮茶用水，唐代的陆羽在《茶经》中早有论述，他认为：“其水，用山水上，江水中，井水下。其山水，拣乳泉、石池慢流者上。其瀑涌湍漱，勿食之。久食，令人生颈疾。又多别流于山谷者，澄浸不泄，自火天至霜郊以前，或潜龙蓄毒于其间。饮者可决之，以流其恶，使新泉涓涓然酌之。其江水，取其人远者。井取汲多者。”在陆羽看来，饮茶之水，首先要远离市井，以减少污染，重活水而恶死水。所以山中乳泉、江中清流就成为首选。而沟壑之水，水流多不畅，故不宜作烹茶之用。唐代张又新在《煎茶水记》中说，李季卿任湖州刺史，行进到扬州偶遇陆羽，便请他上船，直抵扬州驿站。李季卿听说扬子江南零水煮茶最佳，就派士兵去取。士兵自南零汲水，不慎上岸时洒了一半，就取了近处的水把罐子补充满。回来陆羽一尝说：“不对，这是近岸水”。又倒出一半，尝之才说：“这是南零水”。士兵大惊，就如实说明了真相。李季卿折服。随后陆羽口授，列出了天下的二十处名泉：

江州庐山康王谷水帘水第一；

常州无锡县惠山寺石泉水第二；

蕲州兰溪石下水第三；

峡州扇子山蛤蟆口水第四；

苏州虎丘寺石泉水第五；

江州庐山招贤寺下方桥潭水第六；

扬州扬子江南零水第七；

洪州西山瀑布水第八；

唐州桐柏县淮水源第九；

江州庐山龙池岭水第十；

润州丹阳县观音寺水第十一；

扬州大明寺水第十二；

汉江金州上流中零水第十三；

归州玉虚洞香溪水第十四；

商州武关西洛水第十五；

苏州吴淞江水第十六；

召州天台西南峰瀑布水第十七；

郴州园泉水第十八；

严州桐庐江严陵滩水第十九；

雪水第二十。

这个对于水品的评鉴标准，不过是陆羽的个人见解而已，也有可能根本就不是陆羽的评定，是他人的伪托。因此，未必准确。但无论如何，它却将饮茶用水的重要意义充分反映了出来，加深了人们对茶艺中水的作用的认识。自宋代以降，便有了大量的研究鉴别水品的专著。由于不同的茶人的嗜好不同，所处的环境和经历也不同，因而对水的判定标准也就有很大的差别，但其总的标准则是源清、味甘、品活、质轻。

就拿我国著名的“天下第一泉”来说吧，由于茶人所处的世代、品评的标准等的差异，结果在我国出现了六处：

“庐山康王谷水帘水第一”因为是陆羽认定的，故有“天下第一泉”之称；

“扬子江南零水”因得到了唐代刘伯刍、宋代文天祥的美誉，被称为“天下第一泉”；

“云南安宁碧玉泉”因得到明人徐霞客与清人杨升庵的赏识，被杨题为“天下第一泉”；

北京的玉泉因乾隆皇帝的验证其水质最轻，被御奉为“天下第一泉”；

山东济南的趵突泉也有“天下第一泉”之称；

四川的玉液泉因有“神水”之称，也有“天下第一泉”的美誉。

除此而外，各地茶人自定的名水就更不必细说了。所以，实际上，究竟谁属第一，实难定论，只有让人们自己去品评了。

3. 茶器

早期饮茶的人们可能没有固定的茶具，但大约在汉代以后，人们开始重视对茶具的研究。王褒在《僮约》中有“烹茶尽具”之说，其中的“具”当指饮茶的专用器具。后来尤其是随着唐代饮茶之风的盛行，煮茶、饮茶的专用器具日趋完善，陆羽在《茶经》就开列了20多种专用茶具，这也是茶具发展史上最早、最完善的记载。《茶经》所列主要有以下几类。

生火、烧水和煮茶器具：包括风炉、承灰、筥、炭挝、火夹、鍑、交床、竹夹等。

烤茶、煮茶与量茶器具：包括夹、纸囊、碾、拂末、罗合、则等。

提水、滤水和盛水器具：包括水方、泸水囊、瓢、熟盂等。

盛茶和饮茶器具：包括碗等。

装盛茶具的器具：包括畚、具列、都篮等。

洗涤和清洁器具：包括涤方、渣方、巾等。

不过，这么多的器具在一般情况下是不全用的，只有正式场合下才能用上。而且，茶具发展过程中也是经历了不断的更新和完善。如烧煮器，唐宋以前以饼茶为主，要饮茶就先要烧水煮茶，宋代以后，有了少量的散茶，明朝之后饼茶取消，而以散茶为主。饮散茶也需要烧水，但一般不煮茶。因而，其烧水器也就不一样。饮茶器具的变化也是极为明显的，唐代皇室用金属茶具或稀有的琉璃茶碗，而民间多用陶瓷茶碗。从宋代到明朝，饮茶多用茶盏，类似现在的盖碗，但没有盖，有茶托。清朝则以陶瓷茶具最盛，以盖碗为主。近代，则有名目繁多的茶具品类，有陶瓷、玻璃、塑料、搪瓷、金属等。

4. 烹制

我国有关烹煮茶的方法大致有如下几种。

① 煮茶法：煮茶法是直接将茶放在釜中烹煮，唐代以前盛行此法。一般是先将茶研碎，然后煮水，当釜中水微沸时加入茶末，烧至再沸，也叫二沸，出现沫饽，沫为细小茶花，饽为大花，皆为茶之精品。此时，将沫饽杓出，置熟盂中备用。继续烧煮，茶与水进一步交融，波滚再沸，为三沸，此时将杓出的沫饽浇入釜中，称为“育华”。待精华均匀，茶汤就好了。

② 点茶法：点茶法主要流行于宋代。点茶法不直接将茶入釜烹煮，而是先将饼茶碾碎，置碗中备用。以釜烧水，微沸时即冲点入碗，但茶末也同样需要与水交融一体。

③ 点花茶法：点花茶法是将梅花、桂花、茉莉花等花蕾数枚直接与末茶放置碗中，热茶茶水汽蒸腾，双手捧定茶盏，使茶汤催花绽放，既美观又增香。

④ 毛茶法：毛茶法是在茶中加入干果，直接以热水点泡，饮茶食果。此种茶一般是茶人在山中自采自制，自己制备干果，别有风味和情趣。

⑤ 泡茶法：泡茶法是明清以来运用最广泛的方法，因茶叶种类、地区的不同各有差异。但大体上说来，是以热水激发其茶味、显其色泽、不失其香为要点，浓度则因人、因时、因需而异。

5. 品饮

品饮主要讲的是饮茶时的分茶和品饮环境。

唐代以釜煮茶汤，汤熟后用瓢分茶，通常一釜之茶可分五碗，分时沫饽要均匀。宋代的点茶法可以一碗一碗地点，也可以用大汤钵、大茶筅一次点就，然后分茶，分时也要均匀。明清以后，直接冲泡为多，以壶盛之。壶有大小多种，有自冲自泡的小壶，有能斟四五碗的大壶。分茶即便是在民间也是十分讲究的。为使上下精华均匀，烫盏之后往往提壶巡杯而行，好的茶师可以四杯、五杯乃至十几杯巡注几周不停不洒，谓之“关公跑城”，一点一提则叫做“韩信点兵”等。总之，这也是中国茶艺的一部分。

微课插播

中国茶艺的主要内容

第一，茶叶的基本知识。学习茶艺，首先要了解和掌握茶叶的分类、主要名茶的品质特点、制作工艺，以及茶叶的鉴别、贮藏、选购等内容。这是学习茶艺的基础。

第二，茶艺的技术。是指茶艺的技巧和工艺。包括茶艺术表演的程序、动作要领、讲解的内容，茶叶色、香、味、形的欣赏，茶具的欣赏与收藏等内容。这是茶艺的核心部分。

第三，茶艺的礼仪。是指服务过程中的礼貌和礼节。包括服务过程中的仪容仪表、迎来送往、互相交流与彼此沟通的要求与技巧等内容。

第四，茶艺的规范。茶艺要真正体现出茶人之间平等互敬的精神，因此对宾客都有规范的要求。做为客人，要以茶人的精神与品质去要求自己，投入地去品赏茶。作为服务者，也要符合待客之道，尤其是茶艺馆，其服务规范是决定服务质量和服务水平的一个重要因素。

第五，悟道。道是指一种修行，一种生活的道路和方向，是人生的哲学，道属于精神的内容。悟道是茶艺的一种最高境界，是通过泡茶与品茶去感悟生活，感悟人生，探寻生命的意义。

五、文人茶事

饮茶更要讲究环境，因为中国人把饮茶看成是一种艺术。近世的大茶馆、茶社、茶楼等是人多聚饮，形成友好亲切热烈的气氛。而传统的中国茶艺讲究的是清幽典雅之意境。唐代的皎然和尚认为，品茶是雅人韵事，应与赏花、吟诗、听琴等相结合。因而，我国历史上流传着许多有关茶人的韵事轶闻，且不绝于历史典籍中。宋代饮茶环境则因层次不同有很大区别，朝廷重奢侈讲礼仪，民间重友情讲情调，文人则重自然讲雅趣。明清以降，饮茶的环境更为时人所重，尤其看重与大自然的融合之意境。明唐伯虎有《品茶图》一幅，画的是青山高耸，古树杈丫，敞厅茅舍，短篱小草，并题诗云："买得青山只种茶，峰前峰后摘春芽。烹煎已得前人法，蟹服松风朕自嘉。"其品茶心境昭然世人。

其实，所谓饮茶环境，不仅在景、在物，还要讲人品、事体。翰林院的茶宴文会，虽多礼仪，而不少风雅。文人相聚，松风明月，又逢雅洁高士，自有一番情调。禅宗佛事，需要的苦寂，自然远离风雅。而茶肆茶坊，却少不了欢乐气氛，家中妻儿小酌，茗中透着亲情，好友造访，茶中自蕴敬意。总之，饮茶环境要与人事相协调。

中国历史上，好的茶人往往都是些杰出的艺术家、文学家等。唐代的陆羽、皎然自不必说，五代的陶谷、宋代的苏东坡、苏辙、王安石、欧阳修、徽宗赵佶、元代赵孟頫、明代吴中四杰、清代的"扬州八怪"、乾隆皇帝乃至近代的诸多文学大家，都是文化修养很高、艺术造诣深厚的茶人。

社会课堂

杭州中国茶叶博物馆

中国茶叶博物馆地处浙江省杭州西湖区龙井乡双峰村龙井路 88 号，是以茶文化为专题的博物馆。博物馆建筑面积 7600 平方米，展览面积 2244 平方米。1990 年 10 月起开放，是国家旅游局、浙江省、杭州市共同兴建的国家级专业博物馆。中国茶叶博物馆设计出了茶史、茶萃、茶事、茶缘、茶具、茶俗 6 大相对独立而又相互联系的展示空间，从不同的角度对茶文化进行诠释，起到了很好的展示效果。博物馆由陈列大楼、国际和平茶文化交流馆、风味茶楼、茶艺游览区等建筑组成。

陈列大楼内设茶史、茶萃、茶事、茶具、茶缘、茶俗 6 个展厅，以"茶史钩沉""名茶荟萃""茶具艺术""饮茶习俗""茶与人体健康"等专题，勾勒出中国几千年茶叶文明的历史轨迹，细致生动地反映了源远流长、丰富多彩的中华茶文化。风味茶楼、茶艺游览区以别具风情饮茶习俗为表现主题，具有休闲娱乐、寓教于乐的功能，同时也为游客提供了一个幽雅清净、心旷神怡的品茶休憩的良好环境。

单元二 中国酌酒文化

一、中国酒的起源与发展

中国是世界上最早酿酒的国家之一。但酒究竟起源于何时，至今还是个谜。并由此还在我国民间出现了许多关于发明酒的神话传说，形成了独特的有关酒的民间文学。

我国晋代的江统在所撰的《酒诰》中说“酒之所兴，肇自上皇。或云仪狄，一曰杜康。有饭不尽，委于空桑，积郁成味，久蓄气芳。本出于此，不由奇方。”仪狄和杜康都是古代传说中的人物，先秦的许多典籍中也多有记载。

仪狄造酒的记载始见于先秦官吏所撰的《世本》。此书已佚，有清代的辑本。《世本》说：“仪狄始作酒醪，变五味；少康作秫酒。”《战国策》则记录说：“昔者，帝女令狄作酒而美，进之禹，禹饮而甘之，遂疏仪狄，绝旨酒，曰：‘后世必有以酒亡其国者。’”此外，《吕氏春秋》《说文解字》等中都有类似的记载。如果仪狄在历史上是确有其人，应该是大禹时的人，但在《黄帝内经》及后世孔鲋的《孔丛子》中，又都说黄帝、尧、舜时已经有了酒，而他们都比禹生活的年代要早得多，这就非常矛盾。事实上，用粮食造酒是一件非常复杂的事，在数千年前，单凭一个人的力量是难以完成的。很可能，仪狄是一位很会酿酒的大师，他总结了前人的经验，完善了酿酒的方法，酿出了味道美好的酒来，从而出了名。郭沫若主编的《中国史稿》第一册中说：“相传禹臣仪狄开始造酒，这是指比原始社会时代的酒更甘美的旨酒。”

关于杜康造酒的传说和记载也是非常多的。也许是由于曹操乐府诗《短歌行》中有“慨当以慷，忧思难忘。何以解酒，唯有杜康”之句的影响，杜康造酒的传说在民间特别流行。杜康到底是什么人，众说纷纭。《说文解字》中说：“少康，杜康也。”据历史资料记载，少康是夏朝第五代君主，可见杜康不可能是酒的发明人。但《世本》《说文解字》中都有关于杜康（少康）作秫酒的说法。这个说法，很可能是比较符合实际的。我国最早的粮食栽培作物是黍、稷、粟、稻，后来才有了高粱。杜康很可能是周秦期间的一位著名的酿酒名家，凭着他对高粱的认识，开始用它的种子造酒。由于高粱是很好的酿酒原料，酿出的酒味道不同凡响，格外美好，杜康之名也由此远播。宋代《酒谱》的作者窦革就是这样推论的。

事实上，从“不由奇方”的自然发酵酒，到人类能够自己酿酒，是经过了一个很长的过程的。但我国至少在商周时期，我们的祖先已经创造了用酒曲酿酒的方法，使大规模的造酒成为可能。《周礼》一书中提到了“五齐三酒”，可见西周时已经有了不同品类的酒。魏晋南北朝时期，我国的酿酒技术则有了长足的进步，北魏贾思勰的《齐民要术》中，详细地记载了我国北方民间制曲、酿酒的方法以及如何适当用曲、用水酿酒的诀窍。宋元时期，我国发明了蒸馏酒，这是我国古代劳动人民的伟大创举，全国各地涌现出了大量的名酒，据元人《酒小史》一书的不完全统计，此时我国南北各地酒坊和私人酿造的名酒就有100余种，真可谓洋洋大观。

1. 古代人饮的酒

从严格的意义上说，我国古代人饮的酒与今天的酒是不一样的。人们酿出的酒是连汁带滓一起享用的。古籍中所说的“仪狄始作酒醪。”醪，就是汁滓混在一起的酒。这种酒不仅有酒香、酒味，而且吃了还有饱腹作用，也就是酒饭一起吃。不过，吃这样的酒，用酒壶是无法盛装的，所以必须用敞口的容器盛装，然后用勺子舀出来饮吃。这从我国四川、河南、山东等地出土的一些汉画像砖或汉画像石的宴饮图中，可以得到佐证。

除去“滓”的酒，古人称为“清酒”，《周礼》一书中就提到了这样的酒。说明至少在周代时我国已经有了去了滓的酒。这种“清酒”的出现，大概与用酒祭祀有关。古代人在祭祀的时候，把酒倒在捆束的茅草上，滓被过滤出来，酒汁则渗了下去，象征祖或神饮用了，叫做“缩酒”。《诗经》中有用清酒祭祀的诗句，如“清酒既载，以享以祀”等。随着生产的发展，粮食多了，周朝的王室中也开始饮用清酒，但一般平民百姓是喝不起的。周朝在天官属下设有酒正之职官，专管“掌酒之政令，辨五齐三酒之名”。这几种酒都是现在民间酿制的甜酒酿型。当时造酒还不知道用榨和煎的方法，工序极其简单，只是将酒米蒸熟，以少量水撒入酒曲拌和，使之发酵成酒而已。所以，当时的酒味都很薄。

从先秦至汉，酒大致有两类，一类是用重曲酿成的酒，酒熟后再加一定比例的水，有的兑水后再加曲，甘酸中有辛辣味，这就算是当时的烈酒了。另一类是甜酒酿本身及其液汁，称为醴，味甜，可以供不善饮酒的人饮用。其实，这两种酒的度数都不是很高的，所以古代人饮酒才会有斗酒不乱，量大者甚至一次可饮数斗、甚至数石，仍可赋诗作文，而且头脑更加清醒。

趣味链接

于定国饮酒一石不醉的故事

《汉书》记载了一个名字叫于定国的官员，饮酒数石不醉的故事。说：定国食酒至数石不乱。冬月请治谳，饮酒益精明。一般的人饮多了酒脑子就糊里糊涂，甚至醉得不省人事，但这位叫于定国的官员却越饮脑子越清醒。古代一石酒相当于100爵，数石就是几百爵酒。看来古代酒的度数是很低的。

2. 古代的造酒法

西周时，我国的酿酒业是比较发达的，宫廷中设有专门掌管造酒的官员，技术人员已经总结出了一整套科学的酿酒工艺流程，这就是所谓的“五齐”“六法”。

所谓“五齐”，即《周礼·天官》中说的“一曰泛酒，二曰醴酒，三曰盎酒，四曰醍酒，五曰沉酒”。用今天的话来说，就是把酿酒的整个发酵过程大体分为五个阶段。第一个阶段是发酵开始，谷物膨胀，有一部分浮到了水面上；第二阶段是说进入了糖化阶段，其味变甜；第三阶段是指发酵进入旺盛时期，气泡冒起，发出“嗞嗞”响声；第四阶段是酒精成分逐渐增多，浸出了原料的颜色；第五阶段是发酵停止，酒糟下沉，酒于是就酿造成功了。这种“五阶段”的分法，是符合发酵过程的规律的，这就说明在两三千年前我国酿酒技术是比较成熟的，充分显示了我们前人的聪明才智。我国山西汾阳的汾酒，在酿造中有所谓“酿酒秘诀”，共七条：“人必得其精，水必得其甘，曲必得其时，粱必得其实，器必得其洁，缸必得其湿，火必得其缓”。这与古人之“五齐”“六法”是一脉相承的。

微课插播

古代酿酒“六法”

“六法”是周代总结的更加完整的酿酒经验。《礼记·月令》中，记载了当时冬季酿酒的完整过程。说：“秫稻必齐，曲蘖必时，湛炽必洁，水泉必香，陶器必良，火齐必得。兼用六物，大酉监之，毋有差贷。”这里讲的六法，就是一要讲原料，二是讲制作酒曲，三是说原料要冲洗干净，四是讲用水，五是讲用具要卫生，六说的是发酵要讲究火候。

3. 蒸馏酒的发明

我们今天所大量饮用的白酒，酒度远比古时的酒度高得多，一般都在60度左右，即使最近十几年来所新兴的低度白酒，也都在40度左右，是真正的烈性酒。白酒的酿造工艺较之古代的酿造工艺要复杂得多，是用蒸馏法酿造的。

所谓蒸馏法，就是利用酒精的沸点比水低，气化比水快的特点，在蒸馏酒醪时，只要掌握好温度和时间，就可以得到含酒精量高的酒液。历史学专家与考古专家的研究成果表明，蒸馏酒的发明大约是在唐宋年间。1975年在河北省青龙县出土了一套铜制蒸酒器皿，由上下两个部分组成，下体是一个圆球形蒸汽锅，上体为敞口冷却器，上下套合后，就形成了一套能够完成整个蒸馏过程的酒器。据专家鉴定，这种蒸馏器的铸造年代应该不会迟于1100年前的南宋。关于蒸馏酒的饮用，在宋代许多诗文中也有大量反映。如苏舜钦就写有“时有飘梅应得句，苦无蒸酒可沾巾”的诗句。在北宋人的《曲本草》以及南宋人写的《洗冤集录》等书中也都有“烧酒”“蒸馏酒”的记录。虽然明人李时珍在《本草纲目》中说：“烧酒非古法也，自元时始创”的说法，可能说的是蒸馏酒在我国至元朝时才在民间普遍酿造的情形，并不能证明元之前我国没有蒸馏酒。

4. 葡萄酒的酿造

葡萄酒的酿造必先有葡萄。我国古代虽然也有野生葡萄，但真正用于酿造葡萄酒却是在有了良种的葡萄之后实现的。我国的良种葡萄，是自西汉时从西域传入的，但当时数量较少，只能种植在离宫别馆之旁，作为观赏之用，要想吃到新鲜的葡萄在当时是非常不容易的。南北朝时，北齐的李元忠献给世宗一盘葡萄，世宗竟给了他100匹白绢的赏赐。葡萄难得，葡萄酒更难得，《续汉书》上说，东灵帝时，陕西人孟佗以一斛葡萄酒贿赂当时极为得宠的张让，竟获得了“凉州刺史”的官职。显然，此时葡萄酒的加工技术传自西域，不甚成熟，加之原料短缺，即使加上从西域进口的葡萄酒，其数量也是非常少的，因而就特别珍贵。

酿造葡萄酒的兴旺，是在唐太宗打下了吐鲁番（古称高昌）之后，得到了大量的马奶葡萄及其种子，仿照高昌葡萄酒的酿造法，并且唐太宗亲自督造，这样一来，葡萄酒在当时便很快普及起来。王翰一首《凉州词》中的“葡萄美酒夜光杯，欲饮琵琶马上催”可谓流传千古，至今尽人皆知。连出征的士兵都可以喝上葡萄酒，看来葡萄酒在当时已经是很普遍的了。不过，葡萄酒的真正发展，还是在近代。1891年，著名的华侨实业家张振勋先生在烟台创办了“张裕葡萄酿酒公司”，聘专家，辟果园，并于1914年出厂了第一批葡萄美酒，其名牌白兰地还在次年举行的巴拿马国际博览会上荣膺金奖。

二、酒的种类

我国酒的种类繁多，分类的标准和方法也不相同，有以原料进行分类的，有以酒精含量高低分类的，也有以酒的特性分类的。较为常见的分类方法有两种：一是生产厂家根据酿制工艺来分类，二是商业经营部门根据经营习惯来分类。现在人们习惯上采用经营部门的分类方法，把中国酒分为白酒、黄酒、果酒、药酒和啤酒五类。

1. 白酒

白酒是用粮食或其他含有淀粉的农作物为原料，以酒曲为糖化发酵剂，经发酵蒸馏而成。白酒的特点是无色透明，质地纯净，醇香浓郁，味感丰富，酒度在30度以上，刺激性较强。白酒根据其原料和生产工艺的不同，形成了不同的香型与风格，白酒的香型有以下五种。

（1）清香型　清香型的特点是酒气清香芬芳，醇厚绵软，甘润爽口，酒味纯净。以山西杏花村的汾酒为代表，故又有汾香型之称。

（2）浓香型　浓香型的特点是饮时芳香浓郁，甘绵适口，饮后尤香，回味悠长，可概括为“香、甜、浓、净”四个字。以四川泸州老窖特曲为代表，故又有泸香型之称。

（3）酱香型　酱香型的特点是香而不艳，低而不淡，香气幽雅，回味绵长，杯空香气犹存。以贵州茅台酒为代表，故又有茅台香型之称。

（4）米香型　米香型的特点是蜜香清柔，幽雅纯净，入口绵甜，回味怡畅。以桂林的三花酒和全州的湘山酒为代表。

（5）复合香型　兼有两种以上主体香型的白酒为复香型，也称兼香型或混香型。这种酒的闻香、回香和回味香各有不同，具有一酒多香的特点。贵州董酒是复合香型的代表，还有湖南的白沙液，辽宁的凌川白酒等。

随着我国酿酒业的不断发展与创新，许多新的白酒香型也诞生了，充分展示出了我国白酒文化的繁荣发展。

2. 黄酒

黄酒是我国生产历史悠久的传统酒品，因其颜色黄亮而得名。以糯米、黍米和大米为原料，经酒药，麴曲发酵压榨而成。酒性醇和，适于长期贮存，有越陈越香的特点，属低度发酵的原汁酒。酒度一般在8～20度。黄酒的特点是酒质醇厚幽香，味感和谐鲜美，有一定的营养价值。黄酒除饮用外，还可作为中药的“药引子”。在烹饪菜肴时，它又是一种调料，对于鱼、肉等荤腥菜肴有去腥提味的作用。黄酒是我国南方和一些亚洲国家人民喜爱的酒品。黄酒根据其原料、酿造工艺和风味特点的不同，可以分为以下三种类型。

（1）糯米黄酒　主要产于江南地区，以浙江绍兴黄酒为代表，生产历史悠久。它是以糯米为原料，以酒药和麸曲为糖化发酵剂酿制而成。其酒质醇厚，色、香、味都高于一般黄酒。存放时间越长越好。由于原料的配比不同，加上酿造工艺的变化，形成了各种风格的优良品种，主要品种有状元红、加饭酒、花雕酒、善酿酒、香雪酒、竹叶青酒等。酒度在13～20度。

（2）红曲黄酒　主要产出于我国的福建省。红曲黄酒以糯米、粳米为原料，以红曲为糖化发酵剂酿制而成。其代表品种是福建老酒和龙岩沉缸酒，具有酒味芬芳，醇和柔润的特点。酒度在15度左右。

（3）黍米黄酒　黍米黄酒是我国北方黄酒的主要品种，最早创于山东即墨，现在北方各地已有广泛生产。以黍米为原料，以米曲霉制成的麸曲为糖化剂酿制而成。具有酒液浓郁，清香爽口的特点，在黄酒中独具一格。即墨黄酒还可分为清酒、老酒、兰陵美酒等品种。酒度在12度左右。

黄酒大多采用陶质坛装，泥土封口，以助酯化，故越陈越香。保存的环境要凉爽，温度要平稳。由于黄酒是低度酒，开坛后要及时销售，时间久了，易被污染而变质。

3. 果酒

凡是用水果、浆果为原料直接发酵酿造的酒都可以称为果酒，品种繁多，酒度在15度左右。各种果酒大都以果实名称命名。果酒因选用的果实原料不同而风味各异，但都具有其原料果实的芳香，并具有令人喜爱的天然色泽和醇美滋味。果酒中含有较多的营养成分，如糖类、矿物质和维生素等。由于人们更喜欢用葡萄来酿造酒，所以果酒可以分成葡萄酒类和其他果酒类。葡萄酒的特点后面将专作介绍。其他果酒有苹果酒、山楂酒、杨梅酒、广柑酒、菠萝酒等多种。果酒除葡萄酒外，其他果酒的产量是比较少的。

4. 啤酒

啤酒是以大麦为原料，啤酒花为香料，经过发芽、糖化、发酵而制成的一种低酒精含量的原汁酒，通常人们把它看成一种清凉饮料。其酒精含量在2～5度。啤酒的特点是有显著的麦芽和啤酒花的清香，味道纯正爽口。啤酒含有大量的二氧化碳和丰富的营养成分，能帮助消化，促进食欲，有清凉舒适之感，所以深受人们的喜爱。啤酒中含有11种维生素和17种氨基酸。1升啤酒经消化后产生的热量，相当于10枚鸡蛋、或500克瘦肉、或200毫升牛奶所生产的热量，故有“液体面包”之称。啤酒分类有以下几种。

（1）鲜啤酒和熟啤酒　根据啤酒是否经过灭菌处理，可将其分为鲜啤酒和熟啤酒两种。鲜啤酒又称生啤酒，没有经过杀菌处理，因此保存期较短，在15℃以下保存期是3～7天，但口味鲜美，目前深受消费者欢迎的“扎啤”就是鲜啤酒。熟啤酒是经过杀菌处理的啤酒，所以稳定性好，保存时间长，一般可保存3个月，但口感及营养不如鲜啤酒。

（2）低浓度啤酒、中浓度啤酒和高浓度啤酒　根据啤酒中麦芽汁的浓度，可将其分为低浓度啤酒、中浓度啤酒和高浓度啤酒三种。低浓度啤酒麦芽汁的浓度在7～8度，中浓度啤酒麦芽汁的浓度在10～12度，高浓度啤酒麦芽汁的浓度在14～20度。啤酒中的酒精含量，也是随麦芽汁的浓度增加而增加的，低浓度啤酒的酒精含量在2%左右，中浓度啤酒的酒精含量在3.1%～3.8%，高浓度啤酒的酒精含量在4%～5%。

（3）黄色啤酒、黑色啤酒和白色啤酒　根据啤酒的颜色，可将啤酒分为黄色啤酒、黑色啤酒和白色啤酒三种。黄色啤酒又称淡色啤酒，口味淡雅，目前我国生产的啤酒大多属于此类，其颜色的深浅各地不完全一致。黑色啤酒又称浓色啤酒，酒液呈咖啡色，有光泽，口味浓厚，并带有焦香味，产量较少，仅在北京、青岛有生产。白色啤酒是以白色为主色的啤酒，其酒精含量很低，我国已有生产，适合不善饮酒的人饮用。

（4）含酒精啤酒、无酒精啤酒　根据啤酒中有无酒精含量，可将其划分为含酒精啤酒和无酒精啤酒两种。无酒精啤酒是近年来啤酒酿造技术的一个突破，它的特点是保持了啤酒的原有味道，但又不含酒精，受到广泛的好评。

微课插播

中国的药酒

药酒是中国独特酒文化的一部分，在中国酒文化发展史上具有特别的意义。药酒是以成品酒（大多用白酒）为酒基，配各种中药材和糖料，经过酿造或浸泡制成，具有不同作用的酒品。药酒可以分为两大类：一类是滋补酒，它既是一种饮料酒，又有滋补作用，如竹叶青酒、五味子酒、男士专用酒，女士美容酒；另一类是利用酒精提取中药材中的有效成分，以提高药物的疗效，此种酒是真正的药酒，大都在中药店出售。

三、中国名酒简介

1. 茅台酒

茅台酒产于贵州怀仁茅台镇。在茅台镇，关于茅台酒的生产历史有着许多美丽动人的民间传说。茅台镇有着悠久的酿酒历史，但究竟茅台酒起源于何时，尚无定论。有人说，汉代这里的枸酱酒就已负盛名。也有人认为，北宋时期，这里就产大曲酒。据资料记载，明代嘉靖年间（公元1522—1566年），镇上就出现了烧酒坊，到1840年，全镇烧酒坊已不下20余家，耗费的粮食多达20000余石，酒的产量也多达170多吨。这在我国的酿酒史上实属罕见。茅台酒品质无比佳美，被清代的大儒学家郑珍视为“酒冠黔人国”。

趣味链接

茅台酒金奖故事

1915年，茅台酒被推选参加在巴拿马举行的万国博览会，在博览会上博得了各国专家的好评，初步确定为酒类第一。但由于当时中国在国际上地位很低，几个少数国家和大财团，故意压低茅台酒的声誉，使茅台酒屈居第二。第二天，在为法国白兰地获得金奖而举行的大型宴会上，代表团便携带几瓶茅台酒应邀出席。席间，当大家喝得高兴时，一位中国代表取出一瓶茅台酒，装作不小心的样子，“砰”的一声，将酒瓶跌落在地。顿时，满室异香，一股股浓郁的酒香扑鼻而来，竟使各国代表团目瞪口呆，馋涎欲滴，异口同声惊呼“好酒！好酒！”并纷纷议论：“这是哪一国家的酒？”“为什么这次没有评上世界第一？”当大家知道这是中国的茅台酒时，都纷纷向中国代表要茅台酒品尝。从此，茅台酒蜚声中外，名扬天下。

至于在这次博览会上，茅台酒究竟拿了金牌还是银牌，国内许多报刊上的说法不一。

新中国成立以后，茅台酒在1953年、1963年、1979年、1984年和1989年五次蝉联国家名酒称号，并获得金质奖。有人作诗赞美它有“风来隔壁三家醉，雨后开瓶十里香”的魅力。周恩来总理对茅台酒的评价是比伏特加好喝，具有不刺激喉咙，不上头，能消除疲劳、安定精神等特点。茅台酒的成功，除了它独特的酿造方法，还与它所处的气候、水土等自然环境有着极大的关系。国家为了保证茅台酒的质量，早在1972年就决定，赤水河的上游不再建造任何工厂。

2. 汾酒

唐代诗人杜牧脍炙人口的《清明》诗云：“清明时节雨纷纷，路上行人欲断魂。借问酒家何处有？牧童遥指杏花村。”诗中提到的“杏花村”，到底在哪里？有人说就是山西汾阳的杏花村，有人说不是，而是在池州……。但不管怎么说，山西汾阳杏花村产美酒，确是事实。汾酒，这无人不知的名酒，就出在那里。山西汾阳杏花村人，除了有精湛的酿酒技艺，还有个得天独厚的条件，就是村里有一口淳美的古井。此井之水四季温度如一，品之甘洌清新，绵甜芬芳。而汾酒便是得益于此井水酿造而成。

趣味链接

汾阳杏花村古井的传说

古时杏花村有一家名叫“醉仙居”的酒店。一年冬天，一位穷困潦倒的道士来店里喝酒，酒量极大，喝完分文不付，扬长而去。一连数日，天天如此，有一天终于醉倒了，竟将喝的酒吐到店前的水井里。从此这口井里的水变成了芬芳绵甜的美酒。清代还有人在井边建亭立碑，歌颂井中之水泉如酒。如今，在杏花村汾酒厂还遗有一口古井，相传就是当年的“神井”。明末清初的爱国诗人傅山，亲笔为这口井题了“得造花香”四个字，称赞这水如香花一样甜美。

1948年6月，汾阳解放。1951年建立了崭新的杏花村汾酒厂。产量质量不断创造新的水平。1964年第三届全国人民代表大会期间，酿酒专家秦含章请邓颖超同志转达他对周总理的建议：“今后宴请客人时，可多用汾酒。”邓问：“为什么？”秦答：“汾酒纯洁。”简短的回答饱含了秦含章对汾酒的高度评价。纯洁、杂质少确是汾酒独具一格的特点。泉变酒，这只是个古老的传说，但酒如泉般喷涌，却成了事实，所以郭沫若同志生前访问杏花村时，写下了“杏花村里酒如泉，解放以来别有天”的诗句。

1915年，汾酒在巴拿马万国博览会上获一等金质奖，1918年获“中华国货展金质奖章”，新中国成立以来，汾酒在全国评酒会上五次蝉联国家名酒称号。

3. 五粮液酒

四川宜宾市酒厂生产的五粮液酒，以独特的原料配方和工艺，在酒类生产中独树一帜。它选用高粱、糯米、大米、玉米、小麦五种粮食作基本原料，采取“续糟配料，混蒸制曲，陈年老窖发酵，原度封坛贮藏”工艺酿成的浓香型白酒。四川大部分地区以种植水稻为主，在习惯上称其他谷物为“杂粮”，因此，五粮液的前身也叫“杂粮酒”。1920年，当地有个文人叫杨惠泉，品尝了“杂粮酒”后，认为此酒香醇无比，实为绝代佳酿，但其名俗无雅意，既然用五种粮食精酿而成，不如就叫“五粮液”，此名一出，人皆称好，从此五粮液便流传于世了。

在盛产水稻的四川宜宾，人们造酒为什么会舍弃水稻而取用杂粮呢？据传在明末清初，四川叙州城（今宜宾）北门外有一个酿酒作坊叫“利川永糟房”。该作坊的老板工于心计，也善于发现人才和笼络人才。1928年，他听说当地的赵铭盛擅长用五谷杂粮酿酒，其酒浓郁清冽，是酒中之上品，只是对酿酒秘方守口如瓶。赵铭盛周围的人，包括妻子老小，竟无人知道这个糟酒的秘密。眼看着赵铭盛已是八十多岁的人了，人们担心他的绝技会无人传于后世而绝迹。

糟房老板想了很多感化赵氏的办法，他给赵的子女安排了工作，接着又给买了一套新房，老板还亲自拜赵为师，逢年过节按时给他送礼。特别是当赵铭盛得了一场重病，老板不惜重金，四处请来好医生，使赵的身体很快恢复。糟房老板的真诚终于使赵受到了感动，就献出了“祖传秘方”。按秘方投产后生产出来的酒，果然酒质香醇，不同凡响。

新中国成立以后，宜宾酒厂在继承传统工艺的基础上，不断改进，在全国评酒会上，三次蝉联“中国名酒”称号。1979年，五粮液酒厂在推广优选法过程中取得了新成果，著名数学家华罗庚先生赠诗云：“名酒五粮液，优选味更醇。省粮五百担，产量增五成。豪饮李太白，雅酌陶渊明，深恨生太早，只能享老春。”

4. 洋河大曲

“名酒所在，必有佳泉”。江苏泗阳出产的洋河大曲就是用当地的“美人泉”水酿造而成的。相传在古代，洋河镇上有一个善良而美丽的姑娘叫阿美，阿美还有个嫂嫂叫翠姐。姑嫂二人不仅年轻、貌美，更有一手善酿美酒的绝技。她们酿出的酒甘甜、清香、醇和，方圆几十里的人们，都以能尝到一杯她们酿的酒为快事。不幸的是，在一个月光皎洁的中秋夜晚，二人饮酒赏月至午夜，因一时高兴多饮了几杯美酒，来到井边打水，不慎相继跌进了井里。当人们知道她俩不幸落井的消息时，急忙从四面八方赶来打捞，人们把井淘了三天三夜，才把她们的尸体打捞上来，此时井水也干了。正当人们坐在井边为她们伤心的时候，井下忽然传来了她们姑嫂二人的笑声，随后就是从井底涌出了一股清泉来。当地人为了纪念她们二人，就把这井命名为“美人泉”。后来人们就用“美人泉”的水来酿酒，结果酿出的酒非同寻常。

洋河大曲的生产虽然是沾了名泉好水的光，但酒厂自己也为此总结出了一套独特的酿酒工艺，加之严格的生产管理，因而使洋河大曲酒有了“福泉酒海清香美，味占江南第一家”的美誉，且经久不衰。据《宿迁县志》记载，清朝的乾隆皇帝在第二次下江南时，曾在此建造行宫，一住就是七天，喝了洋河大曲之后，赞不绝口，并写下了“味甘香醇，真佳酿也”的赞语。

1915年，在全国名酒展览会上获得一等奖，同年，参加巴拿马万国博览会获得金质奖。1923年，在南洋国际名酒赛会上，获“国际名酒”称号。新中国成立以后，在第三、第四、第五届全国评酒会上，蝉联名酒称号。

5. 剑南春酒

剑南春酒产于四川省绵竹酒厂，是我国历史名酒之一，迄今已有1200多年的历史了。在唐代，绵竹属于剑南道，绵竹产的剑南烧春为皇帝专享的贡品。相传，年轻时的大诗人李白曾在绵竹“解貂赎酒”，留下了千古佳话。

剑南春酒的前身是绵竹大曲。绵竹大曲在明、清之时已远近闻名。早在20世纪初，就多次荣膺四川名酒称号。新中国成立以后，在原来大曲酒的传统酿造工艺基础上，通过技术革新，改进工艺和调整原料，酿成了更胜一筹的美酒“剑南春”酒。剑南春不仅酒美，名字也美。

趣味链接

剑南春酒名字的趣闻

20世纪50年代，当时知名的蜀中诗人庞石帚执教于四川大学，常饮剑南春酒。也是庞先生与该酒有缘，有一次与几位忘年交朋友聚会，庞先生用绵竹大曲来招待他们。酒酣耳热之后，几位热血青年觉得此酒味绝好，只可惜名字不甚美，于是怂恿庞先生为之改名。庞先生听了，微笑不答，但却记在了心里。后来。果然绵竹大曲酒厂的领导请庞先生为酒厂题字，于是庞先生就挥毫写下了“剑南春”三个字。

“剑南春”三个字，它典雅又含蓄，它指出了美酒是出自剑门雄关之南的天府之国，而“春”字则蕴涵着大地生机勃勃、万物更新的意思，真是妙不可言。

6. 古井贡酒

古井贡酒产于安徽省亳县古井酒厂，是我国的历史名酒。亳县是我国历史有名的古老都城，是东汉曹操和著名医家华佗的家乡，也是我国著名的酒乡。据史料记载，东汉建安元年，曹操曾向汉献帝上书说，亳州是古老的产好酒的地方，并上表了“九酝酒法”。可见早在东汉时期，亳州已闻于世。酿古井贡酒用水的井位于亳县西北20公里的“减店集”，此井据传是南北朝时代的遗迹。据《亳县志》记载，南朝梁武帝萧衍中大通四年（532年），派大将元树屯率军进取亳县城。北魏元帅樊子鹄命独孤将军守江拒敌。两军鏖战多日，最终独孤将军不能克敌，遂激愤而死。后人为纪念这位将军，在战地修了一座独孤将军庙，并在庙的周围挖掘了24眼水井。随着时代的推移，岁月的久远，大部分井被泥沙淤塞，已夷为平地了。只有四眼水井还完好无损地被保留下来了。由于这一带多属于盐碱地，水味多苦涩，唯独其中一眼水井水质甘甜，适宜饮用，并能酿出香馨醇厚的美酒。1000多年来，人们一直取这口古井的水用来酿酒，“古井酒”便因此得名，并因酒质优美而闻名于世。自明万历年间（公元1573—1620年）起，在明、清两代的300多年间，均被列为进献皇室的贡品，故又得名“古井贡酒”。

新中国成立后，古井贡酒在第二、第三、第四、第五届评酒会上蝉联国家名酒称号。

7. 泸州老窖特曲

传说有一位年迈善良的老樵夫，为生活所迫，不得不日日出没于深山老林之间。

有一天，正当他气喘吁吁进到山里，忽见白、黑二蛇正在相斗。白蛇弱小，黑蛇粗大。老樵夫心想，人间强凌弱、大欺小之事，不足为奇，不想蛇等动物中也有这种事，于是就挥斧将黑蛇砍死。等到他返回时，天已漆黑。朦胧中忽见一道光线，眼前出现一座宫殿，一白发白须白袍的长者，自称龙君，在门口迎接，请入殿中，设宴摆酒，临别时赠酒一瓶。老樵夫喝得昏昏沉沉，只觉得天晕地转，头重脚轻，不小心被井栏石绊摔了一跤，怀抱的美酒掉到了井里。老樵夫醒来时，只闻得井中冲出阵阵酒香。从此，老樵夫以此井之水酿酒为生。他酿的酒，清洌甘爽，远近闻名，这就是后来的泸州老窖，而坠瓶之井，就是今日尚在的“龙泉井”。传说不是史实，但在400多年前，泸州确已有了美酒。至今泸州曲酒厂内还有几个老发酵窖，是400年前的遗存。用这种窖发酵的酒自然就是“老窖”酒了。“泸州老窖”的名称也由此而来。因该酒具有浓郁的芳香，故属于“浓香型”酒。

1915年，泸州老窖酒在巴拿马万国博览会上获金质奖。1953年被评为全国八大名酒之一。以后又连续几次蝉联全国名酒称号。

8. 双沟大曲

双沟大曲产于江苏泗洪县双沟镇。双沟地区产酒有着悠久的历史。据载，宋仁宗时，御史唐介被贬，路过泗州，在泗州渡淮河时，留下了《渡淮》诗一首。诗中有两句说：“斜阳幸无事，沽酒听渔歌”。说明诗人在这里买过酒喝。以此算来，双沟镇生产白酒的历史也有千年之久了。据《泗洪县志》记载，苏东坡也曾路过泗州，夜宿泗州时有挚友章使君前来送甘甜美酒对饮，曾有诗记云：“使君夜半分酥酒，惊起妻孥一笑哗”。诗中的“酥酒”无疑就是双沟地区的美酒。

现在这里生产的双沟大曲，其历史可上溯至清朝年间。乾隆初年，有山西贺某来此，发现这里濒临淮河，且傍镇一段河水尤宜酿酒，附近又出产高粱等杂粮，于是就在双沟镇设立了“贺全德糟坊”，将山西的酿酒技艺与当地的条件相结合，酿出的酒香浓味美，传遍全国，名声大振。抗日战争时期，陈毅将军曾多次驻足全德糟坊，在品尝了双沟美酒后，称赞此酒为“天下第一流”之美酒。1963年、1979年两次被评为全国优质白酒。1984年，1989年两次蝉联国家名酒称号。

9. 西凤酒

西凤酒产于陕西省的凤翔、宝鸡一带，历史悠久。据载，先秦时这里就有了酿酒作坊。1986年当地发掘的秦公一号大墓中，就发现了不少酒器。西凤酒以凤翔县柳林镇所产最为有名。柳林镇是一个充满传奇色彩的地方。《列女传》中说，秦穆公的女儿弄玉和她的丈夫萧史，均善吹箫，能作凤鸣。后来夫妻二人吹箫引来龙和凤，双双乘龙跨凤飞升而去。西凤酒的商标上有凤凰图案，据说与此有关。到了唐代，凤翔是西府府台的所在地，称之“西府凤翔”，西凤酒因此得名。

传说颇具浪漫色彩，但也说明凤翔美酒确实非同寻常。相传，唐高宗品尝了凤翔美酒后连连称赞。从此凤翔美酒的名气越来越大了。到了宋代，大文豪苏东坡任职凤翔，特喜欢当地美酒，曾用“花开美酒曷不醉，来看南山冷翠微”的佳句赞美西凤酒。

西凤酒香气清芬，幽雅馥郁，过去人们把西凤酒归为汾酒之清香型，实际上它与汾酒并不一致。它酸而不涩，甜而不腻，因而受到饮者的好评和喜欢。在第一、第二、第四届全国评酒会上被评为国家名酒。

10. 孔府家酒

曲阜的酿酒业历史悠久，据史料记载迄今已有2000多年的历史了。而孔府酿酒则始于明代，其酿酒技术大有传承历史上“鲁酒”的古风，但又有孔府独特的风格。孔府里酿造的酒被后人称为孔府家酒，酿出的酒开始专为祭孔使用和自己家人饮用，后因孔府中来往的客人尤其是达官贵人较多，又逐步转为宴席饮用。尤其是清朝的乾隆皇帝曾八次到曲阜祭孔，多次饮用孔府家酒，每每连连赞赏酒味美好。有一次，乾隆皇帝高兴之余，还对“衍圣公”说，以后赴京时给朕带上几坛子家酒。因而，孔府家酒在清朝年间还被“衍圣公”带进了宫廷，成为皇室的专用酒之一。由于曲阜西关的小羊羔也很肥嫩，也曾成为贡品，因而在孔府有“羊羔美酒”之称。新中国成立后，尤其是改革开放以来，孔府家酒的酿造技术在挖掘整理的基础上得到了较好的传承，质量也有了很大的提高。现在，曲阜酒厂生产的孔府家酒，酒液晶莹剔透，窖香浓郁，甘美纯正，韵味久长，曾多次荣获国家优质白酒称号。目前，它是我国白酒出口量最大的酒种之一。

四、酒与中国文学

“李白斗酒诗百篇”；

“酒隐凌晨醉，诗狂且旦歌”……

有谁能够否认，酒这种物质无论是在诗人的生活中，还是在诗人诗歌的创作过程中所产生的奇妙的作用呢？酒在中国不仅仅是一种物质文明，更是一种精神文明，也就是我们所说的酒文化。而这种酒文化与中国的文学和文学创作紧密结合的结果，便有了以酒为主题的文学创作与文学作品。形成了独具特色的“酒文学”。

在我国文明发展史上，这种物质与精神的密切关系，可以说是中华民族饮食文化史上特有的一种现象。酒精具有刺激中枢神经的作用，当人们把酒慢饮低酌的时候，这种刺激作用就会由缓到烈逐渐发生刺激作用，使人的思维逐渐地活跃起来，而产生创作的灵感。中国历史上几乎所有的文人都与酒结下了不解之缘，由此形成了以饮酒为乐事、以歌咏酒为雅事的文学创作内容，就形成了酒文学。这种饮酒活动与诗文创作过程灵感兴发内在规律的巧妙一致与吻合，使文人更爱酒，也由此留下了无数趣闻轶事，而更令人鼓舞的是文人们为此创作了大量的酒诗、酒词、酒歌、酒赋及其他更多形式的文学作品，成为中国文学创作史上的一大奇观。

1. 酒与诗歌

“诗言志，歌咏言”，我国是诗歌的故乡。古今诗歌数量之多，无与伦比。其中酒诗酒歌又占据了诗歌中的相当多的部分，代代有作，传承至今，风格各异。一部中国诗歌发展的历史，有多少叙酒之诗、歌酒之事。从《诗经》的“宾之初筵”里的“举酬逸逸，酒食合欢”到曹操《短歌行》中之“何以解忧，唯有杜康”，从《楚辞》到《全唐诗》，几乎每一篇中都充满了酒的芬芳。酒诗酒歌的诞生，是和我国诗歌的诞生同步的。我国最早的诗歌总集《诗经》也可以说是我国最早的酒诗歌，这些酒诗酒歌大多具有浓郁的时代气息与民间风格。秦汉魏晋南北朝是我国酒诗酒歌的繁荣时期，其风格多有忧郁激昂、悲凉慷慨的特点，最有代表性的是曹操的《短歌行》。歌云：“对酒当歌，人生几何？譬如朝露，去日苦多。慨当以慷，忧思难忘。何以解忧，唯有杜康……”其悲壮慷慨激昂之情与美酒交织成一幅别开生面的人生画卷。唐诗在中国诗歌发展史上的辉煌地位，是无与伦比的，唐代诗人之多，吟诗数量之众，都达到了最高峰。其中有关酒的诗歌，更是别具一格，其特点是豪放英发，深情绵绵。杜甫、李白、王绩、陈子昂、王勃、王之焕、王昌龄、王维等都写下了大量酒诗。宋朝以来，诗的成就不是太大，酒诗酒歌数量也较少，但其特点还是比较明显的，多是悲愤豪放和浮艳绮靡之作。近代也有关于酒的诗歌，也不乏豪放雄壮之情。

唐代大诗人杜甫在《饮中八仙歌》中描写李白醉酒说：“李白斗酒诗百篇，长安市上酒家眠。天子呼来不上船，自称臣是酒中仙。”历来被认为是传神之笔。在中国文学史上，大概没有别的哪个文人与酒的关系之密切和嗜酒的名气之大，能和李白相提并论的。只要翻翻李白的诗集，就不难发现，他的生活中几乎无处不有酒。正如郭沫若说的：“李白真可以说是生于酒而死于酒。”关于他的死，还有种种不同的传说，大概都与饮酒有关。其中最富于浪漫主义情调的是说他醉后到采石矶的江中捉月亮落水而死。

2. 酒与词赋

词，在古代是一种配乐而歌唱的抒情诗体，其兴起与音乐有着直接的关系。酒词则是以酒为内容或借酒抒情遣兴的词，最早是社会名流、文人学士、帝王官宦在楼阁舞台上饮酒吟诗，聆听清歌妙曲时作为自娱或欢娱宾客的文字游戏，但在其发展过程中不断发展提高，成为我国独树一帜的酒词。据现存的词中，大约最早的酒词当数隋炀帝的《望江南·御制湖上酒》。而最有名的酒词当属大文豪苏东坡的《水调歌头》“明月几时有，把酒问青天。不知天上宫阙，今夕是何年……”词发展到了宋代，出现了波澜壮阔的局面。正如《宋词鉴赏辞典》中所说：“由单纯的小令，繁衍为八百余调、二千三百余体的形式，使之更适于表现复杂曲折的感情与生活”。

词之外，还有酒赋。赋是我国文体中的一种，源于《诗经》六义之一的“赋”，发展至汉朝成就最高，故有“汉赋”之称。赋兼具诗歌与散文的性质，因而易于咏物说理，而酒赋尤富有抒情色彩。直接以《酒赋》为名的篇章就有扬雄、曹植、王粲、袁松山、吴淑等文传世。但最有影响力的还是欧阳修的《醉翁亭记》，那种“醉翁之意不在酒，在乎山水之间也。山水之乐，得之心而寓之酒也”的意境，为多少后生追求的生活目标。

社会课堂

浙江西塘中国酒文化博物馆

中国酒文化博物馆位于古镇西塘，是在原有黄酒陈列馆的基础上，充实了刘西名先生几辈人收藏的酒文化实物而重建的，于2006年8月建成对外开放。

中国酒文化博物馆从一个酒文化的侧面，用丰富多彩的实物展品对中国酒文化进行了全方位的探讨，综合了民俗学、史学、经济学、文学、艺术、医学等多种社会科学和自然科学知识，揭示了中国酒文化的清晰背景及其深刻内涵，融知识性、趣味性、学术性于一体。

古镇西塘在历史上就是个酒镇，“酌好酒，吟好诗”，一直是古代很多文人学士的两大追求。明代初年，大诗人高青丘乘舟过西塘，特地停下来寻问酒家。清代，西塘镇上名酒梅花三白闻香百里，民国初年的柳亚子多次醉饮镇上。西塘的酒文化，可以说与古镇同步，与古镇齐名。

西塘中国酒文化博物馆原有黄酒陈列馆，馆内充溢着黄酒的清香，古时的酒器皿陈列在玻璃柜内，展示着中国百年的酒文化，更有各种黄酒的知识提供，让人近处体味黄酒的醉人芳香。

■ 模块小结

本模块简要地介绍了中国茶文化和酒文化的概况。茶文化和酒文化是中国饮食文化极其重要的组成部分。本模块分别从三个方面对茶文化和酒文化进行了介绍。一是茶、酒的起源与发展；二是对在国内外享有较高声誉的名茶、名酒进行了简介；三是对独具特色的中国茶艺和酒的有关文学进行了简要介绍。使学习者对茶文化和酒文化有一个全面、系统的了解。

【延伸阅读】

1. 王玲. 中国茶文化［M］. 北京：外文出版社，2000.

2. 朱世英等. 中国茶文化大辞典［M］. 上海：汉语大词典出版社，2002.

3. 阮浩耕等. 中国茶艺［M］. 济南：山东科学技术出版社，2004.

4. 王赛时. 中国酒史［M］. 济南：山东大学出版社，2010.

5. 忻忠，陈锦. 中国酒文化［M］. 济南：山东教育出版社，2009.

6. 张文学，谢明. 中国酒文化概论［M］. 成都：四川大学出版社，2011.

【讨论与应用】

一、讨论题

1. 酒文化、茶文化的意义是什么?
2. 酒是怎样被发明创造的?
3. 古代人饮的酒和今天的酒有什么不同?
4. 什么是茶艺? 茶艺包括哪些内容?

二、应用题

1. 了解名酒、名茶对认识中国传统文化有什么意义?
2. 中国茶艺所要达到的是一种什么样的活动境界?
3. 尝试对我国的“工夫茶”进行表演。
4. 有条件的话，请茶艺表演大师进行一次茶艺表演，或欣赏日本人的茶道表演。

中国饮食礼俗文化

■ 本模块提纲

单元一　中国宴饮礼仪食俗

单元二　中国日常礼仪食俗

单元三　人生礼仪食俗

单元四　传统节日饮食风俗

单元五　主要少数民族食俗与宗教食俗

■ 学习目标

知识目标：学习饮食礼仪与饮食习俗，了解并认识中国传统的各种礼仪食俗，包括中华各民族的饮食习俗、主要宗教食俗、人生礼仪食俗、年节食俗，以及现代宴席饮食礼仪习俗的内容，

能力目标：通过本模块内容的学习，在了解和掌握中国传统饮食习俗与现代宴饮食俗的基础上，能够把这些饮食礼仪与宴饮习俗用于日常生活与餐饮服务中去，并能够结合传统的饮食礼仪进行宴席的创新与市场营销。

中国饮食习俗文化是中国饮食文化的一个重要组成部分，内容丰富，涉及面广，从高雅的宫廷、官府宴席礼仪食俗到民间的日常饮食、人生礼俗，抑或是中华民族缤纷多彩的年节食俗、众多民族特色的饮食习俗，可谓是各呈风采，蕴涵丰厚。许多饮食礼仪与饮食习俗至今在民间传承，时刻影响着中国人的思想与行为。

单元一 中国宴饮礼仪食俗

一、筵宴的起源与发展

中国筵席植根于中华文明的肥沃土壤中，它是经济、政治、文化、饮食诸因素综合作用的产物。从中国筵席的滥觞和变迁，可以看出它的文化遗产属性。

据《礼记·王制》记载说："有虞氏以燕礼，夏后氏以飨礼，殷人以食礼，周人修而兼用之。"说明中国筵席至少起源于夏代，经过了夏、商、周三代时期的完善发展，已经达到了相当成熟的程度。史载"夏有钧台之飨"，所以中国筵席萌芽于虞舜时代，距今约有4000多年的历史是可以确定的。到了春秋战国时期，就已初具规模了。

新石器时代，生产水平低下，缺乏科学常识，先民对许多自然现象和社会现象无法理解，认为周围的一切好像有种无形的力量在支配。于是，天神旨意、祖宗魂灵等观念就逐步在头脑中形成。为了五谷丰登，老少康泰，战胜外侮，安居乐业，先民顶礼神明，虔敬姱妣，产生原始的祭祀活动。嗣后，统治者为了巩固政权，极力宣扬"君权神授"，加剧了先民对神鬼的崇拜，祭祀活动逐步升级，日渐成习。

《周礼》疏曰："天神称祀，地祇称祭，宗庙称享。"《孝经》疏曰："祭者，际也，人神相接，故曰际也；祀者，似也，谓祀者似将见先人也。"这两段话解释了祭祀的由来及作用。

要祭祀，先得有物品表示心意，祭品和陈列祭品的礼器应运而生，于是出现木制的豆，瓦制的登。古代最隆重的祭品是牛羊豕三牲组成的"太牢"，其次是羊和豕组成的"少牢"，这都是祭祀天神或祖宗用的。如果单祭田神，求赐丰收，一只猪蹄便可以；如果单祭战神，保佑胜利，杀条狗也就行了。至于礼器，有豆、登、尊、俎、笾、盘。每逢大祀，还要击鼓奏乐，吟诗跳舞，宾朋云集，礼仪颇为隆重。祭仪完毕，若是国祭，君王则将祭品分赐大臣；若是家祭，亲朋好友就将祭品共享。这都名之为"纳福"。从纳福的形式看，祭品转化为菜品，礼器演变成餐具，已经具有筵宴的某些特征了。

除去祭祀，古代礼俗也系筵席成因之一。

在国事方面，据《周礼》记载，先秦有敬事鬼神的"吉礼"，丧葬凶荒的"凶礼"，朝聘过从的"宾礼"，征讨不服的"军礼"，以及婚嫁喜庆的"嘉礼"等。在通常情况下，行礼必奏乐，乐起要摆宴，欢宴须饮酒，饮酒需备菜，备菜则成席。如果没有丰盛的肴馔款待嘉宾，便是礼节上的不恭。

在家事方面，春秋以来，男子成年要举行"冠礼"，女子成年要举行"笄礼"，嫁娶要举行"婚礼"，添丁要举行"洗礼"，寿诞要举行"寿礼"，辞世要举行"丧礼"。这些红白喜庆也都少不了置酒备菜接待至爱亲朋，这种聚餐，实质上就是筵席了。

据考证，甲骨文中的“飨”字，就像两人相对跪坐而食。古书对“飨”的解释，也是设置美味佳肴，盛礼迎待贵宾。所有这些都可说明，从直接渊源上讲，筵席是在夏商周三代祭祀和礼俗影响下发展演变而来的。

下面再说宫室、起居。

先秦时期，无论何种房屋，不分贵贱，一律称“宫”。先民修筑住所，大多坐北朝南。前面是行礼的“堂”，后面是住人的“室”，两侧是堆放杂物的“房”。由于宫室一般建在高台之上，所以屋前有阶。古时筵宴中，“降阶而迎”“登堂入室”等礼节的出现，与这种房屋设计是不无关联的。

夏商周三代还秉承石器时代的穴居遗风，把芦苇或竹片编织的席子铺在地上，供人就坐。“堂”上的座位以面南为尊，“室”内的座位以东为上。因而古书中常有“面南”“东向”设座待客的提法。后世筵席安排主宾席，不是向东，便是朝南，根源即在于此。古人席地而坐，登堂必先脱鞋。那时的席大小不一，有的可坐数人，有的仅坐一人。一般人家短席为多，所以先民治宴，最早为一人一席，也是取决于起居条件。这种宴客情况，《梁鸿传》《项羽本纪》《魏其武安侯列传》均有记载。

除席之外，古时还有筵。《周礼》说：“设筵之法，先设者皆言筵，后加者曰席”。《周礼》注疏说：“铺陈曰筵，藉之曰席”。由是观之，筵与席是同义词。两者区别是：筵长席短，筵粗席细，筵铺地面，席铺筵上。时间长了，筵席两字便合二为一。究其本义，乃是最早的坐垫。所以，从筵席含义的演变上看，它先由竹草编成的坐垫引申为饮宴场所，再由饮宴场所转化成酒菜的代称，最后专指筵席。故而可以说，在间接渊源上，筵席又是由古人宫室和起居条件发展演化而来的。

我国第一部诗歌总集《诗经》描写过早期筵宴的概况。《良耜》写祭祀的历史：“杀时淳牡，有捄其角，以似以续，续古之人”；《载芟》写祭祀的祝愿：“有铋其香，邦家之光，有椒其馨，胡考之宁”；《公刘》写聚宴的原因：“执豕于牢，酌之用匏，食之饮之，君子宗之”；《宾之初筵》写聚宴的欢乐：“酒既合旨，饮酒孔偕，钟鼓既设，举醻逸逸”。《周礼·春官·大司乐》还记有筵宴，侑食的乐章；《礼·乐记》也说：“铺筵席，陈尊俎，列笾豆，以升降为礼者，礼之末节也。”这便把早期燕饮中餐具、食品和礼乐、仪典的关系说得更明白了。

在我国的商周时期，不仅筵宴种类已经非常发达，而且宴席礼仪也非常完整。《仪礼》和《礼记》中所记述的“乡饮酒礼”主要发生在西周乡民之间，王府贵族的宴席则有“燕礼”和“公食大夫礼”。“燕”通“宴”，因此“燕礼”即“宴礼”。“燕礼”就是国君宴请群臣之礼。燕礼中使用的餐具饮器、菜肴点心、饮料果品之类，均因地位的不同而有差别。“燕礼”往往与“射礼”联合举行，先行“燕礼”，而后行“射礼”。西周初年以武立国，十分注重射礼。据《礼记·射义》载有：“古者诸侯之射也，必先行燕礼。”射礼就是在宴饮后进行比赛射箭，“燕射礼”反映了西周王室宴会礼仪的基本情况。

即便是民间举行的“乡饮酒礼”，宴饮不仅有规格，而且有许多礼数，不是随便乱来的。

商周饮食礼俗中还有的一个重要内容，就是在进餐之前要进行祭祀仪式，就是餐前祭礼。当时一般有点地位的家庭大抵都是如此，人们在进餐前，都要用食物来荐祭祖先和神祇。这在西周时已成为一种饮食制度。《周礼·天官·膳夫》云：“膳夫授祭品。”郑玄在注《礼记·曲礼上》也云：“祭先也，君子有事不忘本也。”孔子也主张餐前祭祀先人。商周时进餐之前礼祭祖先和神祇的礼俗，对后世产生过较大的影响，并一直在古代中国传承着，至今每年农历腊月三十晚上，广大农家一如古代餐前祭礼那样，在供桌上摆满了各色各样的美味食物，虔诚地向自己的先祖和各方神灵进行祭祀仪式。

二、古代宴席形式与食礼

我国先民自原始社会起，无论是众人围堂火而坐，还是商周时期的各种宴席活动，都是把食物分给每个人，人手一份，分而食之。直至汉唐时候甚至有了几案，也是每人一几或一案，几案上摆满了美馔佳肴，宴席活动一直盛行的是分餐制。据研究成果表明，我国宴席由分餐形式向合餐形式的转变大约始于唐代后期，经过了一段时间的演变和改进，直至宋代才逐渐普及开来，并延续至今。

从目前所发掘出的汉墓壁画、画像石和画像砖上，可以看到汉代时候的人们聚餐是席地而坐、一人一案或一几的宴饮场面。尤其是在《史记·项羽本纪》所载的“鸿门宴”，也实行的是分餐制。在宴会上有项王、项伯、范增、刘邦、张良等一人一案，每案上的食物菜肴几乎相同，分别摆放在各自的面前取食，是一种典型的分餐而食的形式。

魏晋南北朝以后，随着我国北方少数民族进入中原地区，当时由于受到“胡人”生活习惯的影响，引起了饮食生活方面的一些新变化。床榻、胡床、椅子、凳子等坐具相继问世，逐渐取代了铺在地上的席子。到了隋唐时，各种各样的桌、案、椅、凳等家具新变化与普遍性的流行使用，达到了高潮。现在，我们可以从传世的宋代人所画的《韩熙载夜宴图》中，了解到当时人们宴饮的情形。人们把各种桌、椅、屏风和大床等陈设在室内，聚餐人完全摆脱了席地而食的老习惯。由于使用座椅举宴或进餐身体非常舒服，于是使用桌椅的聚餐活动大为流行，并且形成了新的宴饮习惯，人们围坐一桌进餐也就顺理成章了。直至宋末明初“八仙桌”的出现，大大促进了由分餐制逐渐向合餐制的转变。但至少在南宋时期，宴席的分餐形式仍然与合餐制同时存在。在宋代，社会经济的发展，饮食市场的繁荣，名菜佳肴的层出不穷，围桌合食不可阻挡，合餐制逐渐普及。

无论分餐还是合餐，宴席的礼仪规矩是不可缺少的，要求是表现在宴席的座次方面。在宴席坐次的安排上，我国向来有以东为尊的传统。此礼俗在先秦时已经形成。在《史记·项羽本纪》中记载："项王、项伯东向坐，亚父南向坐——亚父者，范增也。沛公北向坐，张良西向待。"也反映的是以东方位为尊的礼仪习俗。不可一世的项王，当仁不让坐在上位，项伯是他的叔父，不能低于他，与他并排东向坐。范增是项羽的重臣，又称其为亚父，自然在刘邦之上。而此时由于刘邦的军事实力尚不足以与项羽抗衡，所以只有屈居下位，而刘邦的谋臣张良"西向待"，是一个陪席末位的位子。

在我国古代的建筑格局中，无论是官衙府邸，还是一般平民家庭居室，都要有一个居于家中间位置的厅堂或是正屋。一般民间住室的正屋，也叫"堂屋"。堂是古代宫室或民居的主要组成部分，它位于主要建筑物的前部中央位置，坐北朝南。堂用于举行典礼、接见宾客和饮食宴会等，古人在堂上举行宴饮活动时，大多以面南为尊。

在我国的明代以前，一桌宴席的人数没有一定的规定或限制，自明代流行八仙桌以后，一席人数一般为8位。但不论人数多少，均按尊卑顺序设席位，席上最重要的是首席，待首席者入席后，其余的人方可入席落座。中国宴席按入席身份排坐次的礼俗影响深远，至今沿袭不改，民间婚嫁喜庆宴席尤其如此。

除了座位，宴席中的各项礼仪还有许多，如菜肴的摆放与顺序、进食的先后顺序等无不规定有加。如《礼记》中对进食礼仪就有着详细的记载。《礼记》是儒家经典，相传为西汉戴圣所编，书中所记录的饮食行为规范带有一定的汉代色彩，为后世所遵循，并成为一种礼俗。例如上菜时，《礼记·少仪》中说："羞濡鱼者进尾，冬右腴，夏右鳍。"大意是如果鱼是烧制的，以鱼尾向着宾客；但冬天时鱼肚要朝向着宾客右方，夏天则鱼脊朝向着宾客右方。此习俗在民间沿袭至今，所以民俗有"鱼不献脊""文腹武背"的习俗。

中国古代的饮食礼仪、宴饮习俗对后世产生过很大的影响，在中国古代不同阶层的饮食活动中，普遍遵循着礼的规范，体现着尊卑等级的差别。人们懂礼貌、讲礼节、谦恭，对尊敬长辈风气的形成是有显著作用的。其中有些食礼，一脉相承沿袭至今，如吃饭时长者优先，重视待客之道，讲究吃相等皆成为中华民族的优良传统。

三、现代宴会礼仪

在现代国际国内社会的交往活动中，宴会是较常见的饮食活动形式之一。也是体现中华民族待客之道的传统美德。而随着中国改革开放和经济的繁荣昌盛，各种交往中的宴会、宴席活动日益频繁，其中宴饮的饮食礼仪也越来越完善，并与世界其他许多宴饮礼仪相借鉴，产生了新的一些饮食礼仪内容。

中国的宴席种类很多，名称不一。人们通常习惯把由政府机关、社会团体举办的，具有一定目的和比较讲究礼仪的酒宴，称为宴会；而把私人举办的，规模较小的酒宴称为筵席，宴会和筵席都是请人聚餐，但宴会比筵席更讲究饮食上的礼节礼貌与举宴时的各种仪式。

1. 宴会的类型

宴会种类复杂，名目繁多。从规格上分，有国宴、正式宴会、便宴、家宴；从餐别上分，有中餐宴会、西餐宴会、中西合餐宴；按时间分，有早宴、午宴和晚宴；按礼仪分，有欢迎宴会、答谢宴会；按性质分，有鸡尾酒会、冷餐酒会、茶会、招待会等。

（1）中式宴会　中式宴会是中国传统的具有浓厚的民族色彩的宴饮聚会。它要遵循我国民族传统的饮食习惯与习俗，饮用中国酒品，献食中国菜肴，使用中国餐具，奉行中国式的传统礼节。常见的如国宴、正式宴会、便宴、家宴、晚宴、招待会、茶会等。

① 国宴：国宴是国家元首或政府首脑为欢迎外国元首、政府首脑来访或庆祝重要节日而举办的宴会，宴会厅内悬挂国旗，奏国歌等。国宴是规格最高的宴会，盛大隆重，礼仪严格。

② 正式宴会：正式宴会通常是政府和人民团体有关部门，为欢迎应邀来访的宾客，或来访宾客为答谢主人而举行的宴会。规格和标准都稍低于国宴。

③ 便宴：便宴即便餐宴会，一般规模较小，菜式有多有少，质量可高可低，随便、亲切，多用于招待熟悉的宾朋好友。

④ 家宴：家宴是在家中以私人名义举行的宴请形式。一般人数较少，不讲严格的礼仪，菜单多少不限，宾主席间随意交谈，轻松、活泼、自由。

⑤ 晚宴：晚宴是国宴的另一种表现形式，时间在晚上举行，其规格和标准与国宴相同，隆重、热烈。普通的外交往来，也在晚上举行宴请活动，人们习惯上也称之为晚宴。

⑥ 招待会：招待会是一种规模可大可小、经济实惠的宴请形式。如国庆招待会、单位举办的招待会等。

⑦ 茶会：茶会又称为茶话会，是一种比较简单的招待方式。席间一般只摆放茶点、水果和一些风味小吃。宾主共聚一堂，饮茶尝点，漫话细叙，形式比较随便自由。有时席间还安排一些短小的文艺节目助兴，使气氛更加喜庆、热烈。

（2）西式宴会　西式宴会是采用西方国家举行宴会的布置形式、用餐方式、风味菜点而举办的宴请活动。其主要特点是要摆设西餐台面，进食西式菜点，饮用西方酒饮，多用刀、叉、匙进食，采用分食制，常在席间播放具有西方文化特色的音乐。如现在流行的鸡尾酒会和冷餐酒会。

① 鸡尾酒会：鸡尾酒会是西方传统的集会交往的一种宴会形式。它盛行于欧美等国家和地区。鸡尾酒会规模不限，灵活、轻松、自由，站着进食。鸡尾酒会有时与舞会同时举行。

② 冷餐酒会：冷餐酒会是西方国家较为流行的一种宴会形式。其特点是用凉菜、酒水、点心、水果来招待客人。菜点和餐具分别摆在菜台上，由宾客随意取用，酒会进行中，宾主均可自由走动、敬酒、交谈。

2. 宴会饮食礼仪

大凡举行宴会，除了借助饮食过程的交流以增进感情外，还常常伴有其他特殊的目的。所以宴饮活动是一种具有规格意义的和一定目的性的事情，举办宴席要根据其特别的目的，以确定主客人员，然后根据主客之间的社会背景、生活习惯、饮食嗜好、周边环境等，考虑举办宴会的时间、地点、陪客人员、菜肴规格、宴席风格及酒饮等各项。

（1）举办宴会方礼仪　一般来说，举办宴席的主人方首先应与主客洽商选定宴会的时间，作陪的客人不宜有高于主客地位者。宴请外宾时，可请比外宾地位较高之本国人士，但也不能够过高。主客应安排于最高席位就坐。如果主客带有夫人及女儿等，主人还要考虑邀请多少女宾，应安排适当人员作陪。举行宴席的时间一旦确定，应尽早通知各位客人，特别是主要陪同人员。重要宴席，通常在宴会举行前两星期通知客人。宴请外宾时，宴会日期最好不要订于周末或假日。邀请宗教人士，特别要了解清楚他们的宗教习惯与饮食禁忌等。举办宴会的主人与主客商定宴会时间后，便可以选择地点，也可以征求主客的意见，一般宴会地点离市区不宜太远，要方便主客与其他客人的来去，同时注意宾客中是否有人需要准备车辆接送等事项。

宴席或宴会中的菜肴、面点等食品的准备，一要根据宴会的规格设计菜式，二要了解清楚主客所喜欢的饮食口味与嗜好。同时决定准备些什么菜肴也要考虑其他客人的需求。宴请外宾时，除特殊情形外，应以选用中式菜肴为宜，但要避免使用动物的脑、脊髓、猪内脏等外宾不习惯吃的食品，以及受保护的珍稀动物及其制品。较正式的宴会最好能准备有印好的菜单。如果宴会有外宾参加，并应在菜单添加外文。注意宴请外宾的宴席菜单一定要制作精美，具有一定的艺术审美价值，因为许多外宾有喜欢在菜单上请同席各位签名以留作纪念的习惯。

宴会中的酒饮也有一定的讲究。如果主人得知宾客喜欢某种酒者，应多备此种酒。西式餐会用酒分餐前、进餐及餐后三大类。餐前酒又称为开胃酒，常用鸡尾酒、威士忌、马丁尼及啤酒等，同时另备有各种新鲜果汁及可乐等无酒精饮料，以备不善饮酒者饮用。餐中酒常用白酒、红酒、香槟及我国的黄酒、绍兴酒等，具体要根据客人的喜欢与菜肴的种类而定。餐后酒或称助消化酒，常用白兰地、雪莉酒及薄荷酒等。

较为正式的宴请，举办方要向客人发送请柬。请柬以印刷品为好，样式要设计得大方典雅，富有与举办的宴会氛围相吻合的格调。请外宾的小型宴会请柬，可用电脑打字或手写。请柬中应说明举办宴会的时间、地点、宴会性质、宴会主人姓名、宴中节目等。请柬宜于举行宴会前两星期发出。隆重宴会的主要客人，更应早发请柬，并且主人要亲自把请柬送到客人手中，以示尊敬。

（2）客人赴宴礼仪　客人，特别是主要客人接到宴会邀请，是否决定出席宴会要及早答复对方，以便举办宴会主人做出合理的安排。一旦决定接受邀请并出席宴会就不要随意改动，万一遇到不得已的特殊情况不能出席时，则要尽早向主人解释、道歉，主要客人甚至应亲自登门表示歉意。应邀出席某个宴会活动之前，一定要核实宴请的主人，活动举办的时间、地点，是否邀请配偶以及主人对服装的要求等。

出席宴会当天，一般客人应该早些到达，最好是正点或提前几分钟到达。身份或地位高者可略晚些到达，但不能够比预定的开宴时间晚。没有特殊情况一般不要迟到，那是对主人的一种不尊重行为。客人到达宴请地点后，请先到衣帽间脱下大衣和帽子，然后前往主人迎宾处主动向主人问好。如果是庆祝活动，应该向主人表示祝贺。参加庆祝活动时，可以按当地习惯以及两国或两个单位的关系，赠送花束或花篮。参加家庭宴会，可酌情给女主人赠送少量鲜花。

任何客人应邀出席宴请活动，都要认真听从主人安排。如果是宴会，不可随意乱坐，有席位卡的对号入座。如果邻座是年长者或是妇女，则应主动协助他们先坐下。入坐后坐姿要端正，不可用手托腮或将双臂肘放在桌上。脚不可随意伸出，以免影响别人，不可玩弄桌上酒杯、盘、碗、刀、叉、筷子等餐具，不要用餐巾擦餐具，以免使人认为餐具不洁。

入坐后，用餐前应先将餐巾打开铺在膝上，餐后叠好放在盘子右边，不可放在椅子上。餐巾可擦嘴不可擦汗。服务员上菜或主人夹菜时，不要打手势，不要拒绝，可取少量放在盘内，并表示："谢谢，够了。"吃东西要文雅，闭着嘴嚼，不要发出声音。嘴内的鱼刺、骨头不要直接外吐，用餐巾掩嘴取出后，放在骨盘内。嘴内有食物切勿说话。剔牙时，用手或餐巾遮口，不要边走边剔牙。吃剩的菜，用过的餐具、牙签，都应放在骨盘内，勿置在桌上。

宴会进行中，不要一个人默不作声，只顾饮食，主人、陪客或宾客，都应主动与同桌的人交谈，特别是左右邻座。但交谈时要掌握好时机，讲话内容要看交谈的对象，不要只顾一个人夸夸其谈，或谈些荒诞离奇的事而引人不悦。

宴会结束，主宾退席后，其他人方可陆续告辞。

3. 宴会饮酒礼仪

俗话说"无酒不成席"，几乎古今中外概不例外。饮酒是各种宴会中不可缺少的一个重要内容和项目，虽然不同的场合下人们饮用酒的品种有所不同，但是对宴会中饮酒的礼节还是应该共同遵守的。

宴会中虽然说酒是不可缺少的，但有的客人在宴会上不会喝酒或出于各种原因不打算喝酒的，可以有礼貌地谢绝他人的敬酒，但不要一概拒绝，可适当在征得同桌客人同意的情况下喝上一点汽水、果汁或其他不含酒精的饮料，使举座尽欢。作为举办宴会的主人，要首先为客人斟酒。斟酒的一般顺序是：先主宾，随后才是其他客人。斟酒时，酒杯应放在餐桌上，酒瓶不要碰到杯口。斟酒时中餐以满杯为敬酒，西餐则不同。斟白酒最好不超过酒杯的3/4，红酒为2/3为宜，啤酒盛1/2杯即可。斟香槟酒分两次，第一次斟1/4杯，待泡沫子息下来后再斟2/3杯或3/4杯。

在宴会上喝酒的人饮酒前，应有礼貌地品一下酒，可先欣赏一下酒的色彩，闻一闻酒香，再轻喝一小口，慢慢品味，不要一饮而尽。不要让他人听到自己喝酒的吞咽之声。

正式宴会中主人皆有敬酒之举。敬酒时，上身挺直，以双手举起酒杯，待对方饮酒时，再跟着饮，敬酒的态度要热情而大方。敬酒要适可而止，会饮酒的人应当回敬一杯。在国外正式的宴会上，通常应由男主人首先举杯，并请客人们共同举杯。同外宾干杯时，应按礼宾顺序由主人与主宾首先干杯。与人敬酒或干杯时，应起立举杯，并目视对方。在干杯时，可说一两句简短友好的祝酒词，干杯要避免与其他人交叉碰杯，此乃大忌。女士接受他人祝酒时，不一定要举起自己的酒杯，以微笑表示感谢即可，自然是稍微喝上一点更好。当为尊贵人物的健康而干杯时，酒杯中的酒最好一饮而尽。若酒量不行的话，事先应只斟少许酒即可。

参加外方宴请，应事先了解对方饮酒习俗和祝酒的讲究。在宾主双方致词祝酒时，应停止饮酒和交谈。奏国歌时更不能饮酒。有的国家讲究拿酒杯应以整个手掌握住，如系高脚杯，则应以手指捏住杯脚。喝啤酒不要碰杯，但可以互祝健康。

作为主宾参加外国举行的宴请，应了解对方祝酒习惯，碰杯时主人和主宾先碰，人多可同时举杯示意，不一定碰杯。祝酒时不要交叉碰杯，碰杯时要目视对方致意。奏国歌时应肃立。宴会上相互敬酒，表示友好，但切忌喝酒过量。不能喝酒时可以声明，但不要把酒杯倒置，应轻轻按着杯缘。正式敬酒是在上香槟酒时，这时即使不会喝也要多少饮一点表示敬意，不想再喝时可轻轻与对方碰一下杯缘，即表示已经够了。一般倒入杯中的酒要喝完，不然就失礼了。

宴会饮酒可作为联络感情、增进友谊、活跃气氛、增加话题的媒介。但喝酒时应遵循一般性的饮酒礼仪和规范。例如：碰到需要举杯的场合，切忌贪杯，头脑要清醒，不可见酒而忘乎所以，贪杯好酒是失礼的行为；工作前不得喝酒，以免与人谈话时酒气熏人，特别是旅游接待人员若醉意犹存地去上班，会严重影响服务质量；参加交际酒会不要竞相赌酒、抢酒；忌在宴会桌上猜拳行令，吵闹喧嚣和粗野放肆；最忌酒后言语、行为失控，那是缺少修养与无德的表现。

4. 饮茶礼仪

在世界范围内的三大饮品中，茶的饮用历史是极其久远的。茶是中国人最喜爱的饮料，甚至也为许多外国人所乐于接受。

客来献茶，几乎是每一个普通的中国家庭所共有的待客之道。但这当中也有一定的礼仪规矩。为客人沏茶、献茶之前，一定要首先洗手，并涤净茶杯等一切茶具。茶具以陶瓷制品为佳。给客人泡茶时注意，不能用陈茶或泡剩的茶待客，必须沏新茶。至于客人喜欢绿茶、红茶还是花茶，需要事先征求意见。如果是接待外国宾客，一般来说美国人爱喝袋泡茶，欧洲人爱喝红茶，日本人则爱喝乌龙茶。

沏泡不同的茶，各有一定的要求，一按照当地的习惯进行。给客人上茶时，在家庭可由主人向客人献茶，在宾馆则一般由服务员给客人上茶。主人给客人献茶时，应起立，说一声“请”。客人也应起立，以双手接过茶杯，道一声“谢谢”。不要坐着不动，任主人为自己张罗。主人给客人续茶添水时，也应表示感谢。

如果是在宾馆、酒店，服务员上茶时，若客人较多，应先给主宾上茶，然后根据上下位次一一上茶。上茶的具体步骤是：先把茶盘放在茶几上，从客人右侧递过茶杯，右手拿着茶托，左手附在茶托旁边。要是茶盘无处可放，应以左手拿着茶盘，用右手递茶。注意不要把手指搭在茶杯边上，也不要让茶杯撞在客人手上。若妨碍了客人的交谈，要说一声“对不起”，客人应表示感谢。

接待讲究的客人，有时上茶之外，还要敬献茶点。如果是用茶水和点心一同招待客人，应先上点心。茶点应给每人一小盘，或几个人上一大盘。点心盘应用右手从客人的右侧送上。待其用毕，即可从右侧撤下。

在比较讲究的聚会或与朋友喝茶时，不论是主人还是客人，都不应大口吞咽茶水，应当慢慢地小口地仔细品尝。遇到浮在水面上的茶叶，可用茶杯盖拂去，或轻轻吹开，切不可用手从杯里捞出来扔在地上，也不要把茶叶咽下去。

另外，在一些有着饮茶传统的民间地区和少数民族地区，以茶待客还有一些地方民俗意义上的特别习俗，如果是在这些地方喝茶，则要遵循地方民间的饮茶习俗。

5．饮用咖啡礼仪

咖啡，作为世界上影响最大的饮品，越来越受到我国广大消费者的青睐，尤其是在年轻人群体中，喜欢喝咖啡的人日渐增多。饮用咖啡与饮茶一样，也有一些礼仪规范与饮用习俗。

如果是在餐后饮用咖啡，一般都是用袖珍型的杯碟盛出。它们应当放在饮用者的正面或者右侧，杯耳应指向右方。端杯时，可以用右手拿着咖啡杯的杯耳，左手轻轻托着咖啡碟。饮毕，应立即将咖啡杯置于咖啡碟中，不要让二者分家。添加咖啡时，不要把咖啡杯从咖啡碟中拿起来。

许多人在饮用咖啡时喜欢加入牛奶和糖，即为牛奶咖啡。不加牛奶和糖，称为清咖啡。也有人喜欢兑入啤酒或葡萄酒后饮用。给咖啡加糖时，若是砂糖，可用汤匙舀取，直接加入杯内；若是方糖，应先用糖夹子把方糖夹入咖啡碟的近身一侧，再用汤匙把方糖加在杯子里，然后用汤匙轻轻搅拌。对于刚煮好的热咖啡，可以用咖啡匙在咖啡杯中轻轻搅拌，或等待其自然冷却，然后再饮用。咖啡搅匀以后，应把咖啡匙放在碟子外边或左边，不能让咖啡匙留在杯子里，就端起杯子来喝，这样不仅不雅观，而且易使咖啡杯泼翻。饮用咖啡时，切不可使用咖啡匙来舀喝咖啡。饮用咖啡时，应慢慢地将咖啡杯移向嘴边轻呷。不宜满把握杯，大口吞咽，也不宜俯首去就咖啡杯。喝咖啡时切记不要发出声响来。饮咖啡时应当放下点心，吃点心时则应放下咖啡杯。

在西方国家的一些外交场合，常常为女宾举办咖啡宴，作为夫人们彼此结识的一种有效的非正式方式。若咖啡宴于上午11时举行，则客人们应于12时之后离开。在咖啡屋中，举止要文明，不要盯视他人。交谈的声音越轻越好，千万不要不顾场合而高谈阔论不已。同样，在家中请人来喝咖啡，通常应安排在下午4时以前，一般不用速溶咖啡，届时应准备一些点心。女主人负责给客人们倒咖啡，但她坐着倒就可以了。

微课插播

咖啡的发明与流传

有关咖啡起源的传说各式各样，不过大多因为其荒诞离奇而被人们淡忘了。但是，人们不会忘记，非洲是咖啡的故乡。咖啡树很可能就是在埃塞俄比亚的卡发省被发现的。后来，一批批的奴隶从非洲被贩卖到也门和阿拉伯半岛，咖啡也就被带到了沿途的各地。可以肯定，也门在15世纪或是更早即已开始种植咖啡了。阿拉伯虽然有着当时世界上最繁华的港口城市摩卡，但却禁止任何种子出口！这道障碍最终被荷兰人突破了，1616年，他们终于将成活的咖啡树和种子偷运到了荷兰，开始在温室中培植。阿拉伯人虽然禁止咖啡种子的出口，但对内确是十分开放的。首批被人们称作“卡文卡恩”的咖啡屋在麦加开张，人类历史上第一次有了这样一个场所，无论什么人，只要花上一杯咖啡的钱，就可以进去，坐在舒适的环境中谈生意、约会。

单元二　中国日常礼仪食俗

一、中国古代饮食礼仪

中国是闻名世界的四大文明古国之一，素有“礼仪之邦”的美誉。

《礼记·礼运》上说：“夫礼之初，始诸饮食。”某种意义上说，我国先民的最初礼仪文明行为是从饮食行为开始的。也就是说，人们首先是从吃饭饮水开始来规范自己的行为的，尤其是在食物具有了一定的丰富储备之后。《周易·序卦传》说：“物富然后有礼。”《管子》也有“仓禀实而知礼节”。可见，原始的礼仪是在人们的食物丰富之后，再从人们的饮食习惯开始的。

“民以食为天”几乎是人人皆知的道理，因为人类出于维持基本生命的需求，饮食是人们每天都离不开的行为。但当原始人类在初步摆脱了野蛮时期的生活状态之后，为了使某个范围内的人群能够生存，无论食物多寡，就有了分配意识，并因此诞生了许多规矩，由此也就有了最初的种种的饮食礼仪规范。

随着生产力水平的日益提高，物质文明的结果必然带来精神文明的进步与发达，于是以饮食为中心形成了一套完整的礼仪规范。一般来说，饮食礼仪中的“礼”是指在人们的饮食活动中人与人之间逐渐积累起来的礼节礼貌内涵，属于内在的部分；而“仪”则是侧重于饮食行为中的各种仪式议程规则，是一种表现形式，属于外在的部分。内容与形式的完美结合，就形成了中国饮食的礼仪文明。

中国悠久的文明发展史，饮食礼仪在不同的时期，由于政治、经济、文化程度等的不同，在内容与形式上也有差异性，而且带有明显的时代特征。因此，中国饮食礼仪是研究某个历史时期的社会政治、法律、经济、文化、民俗等具体状况的重要方面，是中国民俗学的主要研究对象之一。

在我国古代社会中，礼仪风尚始终是贯穿人们生活的主要内容，从皇室、贵族、达官阶层，到平民百姓，无不遵守有加，从而形成了良好的社会秩序，建立和谐的人文环境。而在饮食生活中的礼仪规范，同样发挥着应有的社会功能。

在我国古代的夏商周三代时期，饮食礼仪从初创到逐步完善，奠定了我国饮食礼仪的发展基础。夏代由于文字史料的短缺，只能从后世零散的记录中窥见斑点。到了商周时期就不同了，上至朝廷的军国大政，下至民间的日常饮食，都有了礼仪的要求与规范，特别是在我国的周代，包括饮食礼仪在内的行为规范形成了一套完整而烦琐的体系，并形成了儒家经典《礼记》《仪礼》，被完好无损地记录其中，成为规范上至天子、下至庶民的礼仪制度，其中饮食活动的礼仪文明内容占有重要的地位，甚至饮食礼仪文明极有可能是其他一切礼仪文明的发轫点。

在我国的商周时期，人们在进食时实行的是分食制。在原始社会里，人们遵循的是对财物共同占有平均分配的原则。氏族内食物是公有的，食物煮熟和烤熟以后，按人数平均分配，一个氏族部落的人们按照尊长、齿序围在火塘旁进餐。这不仅与原始社会平均分食的饮食传统有关，而且与合食所需用具与餐具、肴馔品种的发展等因素有关。

早先，人们进餐完全是席地而坐，席地而食，并形成了习惯，后来有了进步，用石板铺垫，后来发展到有专用俎案而食。这与当时无桌椅餐具以及大多数房屋较为低矮窄小有关。席地而食有一定的礼节，如坐席要讲席次，主人或贵宾坐首席，称“席尊”“席首”，余者按身份、等级依次而坐。坐席要有坐姿，要求双膝着地，臀部压在足后跟上。坐时不要两腿分开平伸向前，上身与腿成直角，形如簸箕，这是一种不拘礼节，很不礼貌的坐姿。这一时期，人们的进食方式可以说是手抓与用筷子、匙叉进食并存。

趣味链接

殷纣王使用象牙箸

《韩非子·喻老》：“昔者纣为象箸而箕子怖。”殷纣王制作了一双象牙箸，忠臣箕子看到后很惊惧，他认为殷纣王有了象牙箸就会思谋犀玉杯，

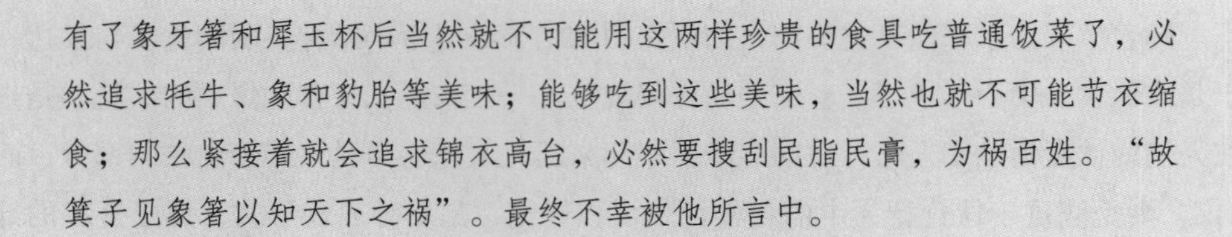
有了象牙箸和犀玉杯后当然就不可能用这两样珍贵的食具吃普通饭菜了，必然追求牦牛、象和豹胎等美味；能够吃到这些美味，当然也就不可能节衣缩食；那么紧接着就会追求锦衣高台，必然要搜刮民脂民膏，为祸百姓。“故箕子见象箸以知天下之祸”。最终不幸被他所言中。

二、汉族日常饮食习俗

汉族是中国56个民族中人口最多的民族，也是世界上人口最多的民族。汉族是以粮食作物为主食，以各种动物食品、蔬菜作为副食的基本饮食结构。此外，在长期的民族发展中形成了一日三餐的饮食惯制。一日三餐中主食、菜肴、饮料的搭配方式，既具有一定的共同性，又因不同的地理气候环境、经济发展水平、生产生活条件等原因，形成一系列的具体特点。

1. 主食

米食和面食是汉族主食的两大类型，南方和北方种植稻类地区，以米食为主，种植小麦地区则以面食为主，此外，各地的其他粮食作物，例如玉米、高粱、谷类、薯类作物作为杂粮也都成为不同地区主食的组成部分。汉族主食的制作方法丰富多彩，米面制品，各不少于数百种。现在，中国东南方仍以米食为主，大米制品种类繁多，如米饭、米糕、米粥、米团、米面、糍饭、汤圆、粽子等；东北、西北、华北则以面食为主，馒头、包子、面条、烙饼、馅饼、饺子等都为日常喜爱食物，其他如山东煎饼、陕西锅盔、山西刀削面、西北拉面、华北抻面、四川担担面、江苏过桥面等都是有名的面制风味食品。

2. 菜肴

汉族在饮食习俗方面形成菜肴的众多不同类型，是因为受到多方面的条件影响。首先是原料出产的地方特色，例如东南沿海的各种海味食品，北方山林的各种山珍野味，广东一带民间的蛇餐蛇宴。其次，还要受到生活环境和口味的制约。人们常把汉族和其他有关民族的食俗口味概括为“南甜、北咸、东辣、西酸”。虽然过于笼统，并不准确，但也反映出带有区域性的某些口味的差异和区别。再次，各地的调制方法，包括配料、刀工、火候、调味、烹调技术的不同要求和特点，都是形成菜肴类型的重要因素。各地在民间口味的基础上逐步发展为有特色的地区性的菜肴类型，最后发展成为较有代表性的菜系，汇成汉族饮食文化的洋洋大观。

3. 饮品

酒和茶是汉族主要的两大饮料。中国是茶叶的故乡，中国也是世界上发明酿造技术最早的国家之一。酒文化和茶文化在中国源远流长，数千年来，构成汉族饮食习俗不可缺少的部分，在世界上也发生了广泛影响。除酒和茶两种主要饮料，某些水果制品也成为不同地区、不同季节人们的饮料。

4．年节食品

节日食品是丰富多彩的。它常常将丰富的营养成分，赏心悦目的艺术形式和深厚的文化内涵巧妙地结合起来，成为比较典型的节日饮食文化。大致可分为以下三类。

一是用作祭祀的供品。在旧时代的宫廷、官府、宗族、家庭的特殊祭祀、庆典等仪式中占有重要的地位。在当代汉族的多数地区，这种现象早已结束，只在少数偏远地区或某些特定场合，还残存着一些象征性的活动。

二是供人们在节日食用的特定的食物制品。这是节日食品和食俗的主流。例如春节除夕，北方家家户户都有包饺子的习惯，而江南各地则盛行打年糕、吃年糕的习俗，另外，汉族许多地区过年的家宴中往往少不了鱼，象征“年年有余”。端午节吃粽子的习俗，千百年来传承不衰。中秋节的月饼，寓含了对人间亲族团圆和人事和谐的祝福。其他诸如开春时食用的春饼、春卷，正月十五的元宵，农历十二月初八吃腊八粥、寒食节的冷食，农历二月二日吃猪头、咬蚕豆、尝新节吃新谷，结婚喜庆中喝交杯酒，祝寿宴的寿桃、寿面、寿糕等，都是节日习俗中的特殊食品和具有特殊内涵的食俗。

三是饮食中的信仰、禁忌。汉族多在正月初一、二、三日忌生，即年节食物多于旧历年前煮熟，过节三天只需回锅。以为熟则顺，生则逆，因而有的地方在年前将一切准备齐备，过节三天间有不动刀剪之说。再如，河南某些地区以正月初三为谷子生日，这天忌食米饭，否则会导致谷子减产；过去在妇女生育期间的各种饮食禁忌较多。 如汉族不少地区妇女怀孕期间忌食兔肉，认为吃了兔肉生的孩子会生兔唇；还有的地方禁食鲜姜，因为鲜姜外形多指，唯恐孩子手脚长出六指。过去汉族未生育的妇女，多忌食狗肉，认为狗肉不洁，而且食后容易招致难产等。

单元三　人生礼仪食俗

中国传统文化中的礼仪规范，无不与人们的日常生活密切结合、息息相关，其中人生礼仪就是极其重要的部分，它几乎与每个中国人一生都有着不可分割的情缘。所谓人生礼仪，是指人的一生中，在不同的生活背景中和不同的年龄阶段所举的各种不同的仪式和礼节。在古代中国，传统的人生礼仪包括生、冠、婚、葬四大阶段所举行的礼节与仪式。而且，在这些人生礼仪中，从来都与饮食习俗有着紧密的联系，甚至可以说，在所有的人生礼仪中如果离开了饮食礼俗内容，那几乎是无法进行的。晚近代以来，冠礼，也叫笄冠礼，就是现在人们称谓的成人礼，已经不大为时人所重视，其礼仪内容也几乎消失殆尽。

一、诞生礼仪食俗

诞生礼仪是人生的开端之礼，而在我国传统的认识中，家庭每每“增人添丁”那是展现家族人丁兴旺的大事，所以非常被看好。由于我国的家庭结构是以血缘关系为纽带组成的，婴儿的降生预示着血缘有所继承，无不拍手称贺。因此父母及整个家族都十分重视，并由此形成了有关婴儿诞生的一些饮食习俗。

孕妇分娩之后，随着一个婴儿的呱呱坠地，一系列的诞生礼仪便正式开始了。民间流行的生育礼仪最常见的有“报喜”“三朝”“满月”和“抓周”等。产妇又要静养休息一个月，俗称“坐月子”，期间的饮食也有许多讲究。

1. 报喜

首先，孩子出生后，女婿要到岳父母家“报喜”。因地域不同，具体做法稍异。浙江地区报喜时，生男孩另用红纸包毛笔一支，女孩则另加手帕一条。也有分别送公鸡或母鸡的，送公鸡代表男孩，如果送母鸡就是女孩。有的地方则带伞去岳父家，伞置中堂桌上为生男，拴红绸则为生女。中原广大地区女婿去岳家时，要带煮熟的红鸡蛋，生了男孩所带的鸡蛋为单数；如果是女孩，鸡蛋为双数。

2. 三朝

男家报喜之后，产妇的娘家则要送红鸡蛋、十全果、粥米等。送粥米也称送祝米、送汤米。有的还要送红糖、母鸡、挂面、婴儿衣被等。婴儿出生三天，要给孩子洗“三朝”。洗三朝也称三朝、洗三。在山东民间，产儿家要煮大碗的面条分送邻里亲友，一来答谢，二为同喜。也有在小孩出生的第十二天进行大谢礼的。在安徽江淮地区，则要向邻里分送红鸡蛋。在湖南蓝山，要用糯糟或油茶招待家人。

3. 满月

婴儿降生一个月称为“满月”。一般要“做满月”，或置办“满月酒”，也称“弥月酒”。主家请宾客，亲友们要送贺礼，并给婴儿理发，俗称“剃头”。

在许多地方民间，给小孩做满月所请的酒，也叫吃满月蛋，属民间喜庆宴席之一。这种喜酒与其他宴席不同的是，凡坐席吃酒的宾客东家都发四个煮熟染色的红鸡蛋，人们带回去做礼品。后来，也有的人家做满月将鸡蛋不煮熟，只将生鸡蛋染上红色就行了。

小孩做了满月，孩子的母亲要抱着孩子到娘家过门，外孙出生后第一次随母亲到外婆家过门俗语叫“出窝”。娘家要派专人来接母女回家，俗称“搬月”。山东胶东民间，在孩子回姥姥家时，还要蒸制一种特别的面食品“粔粔”，寓快快成长成为大人之意。外婆还要给外孙肩上搭花线，颈上挂银坠，以示祝愿外孙长命富贵。

4. 抓周

婴儿出生后长满一年，俗称周岁，大部分民间都要举行“抓周”的仪式。“抓周”或称“试晬”“周晬”，民间借以预测周岁幼儿的性情、志趣或未来前途。一般在桌子上放些纸、笔、书、算盘、食物、钗环和纸做的生产工具等，任其抓取以占卜未来。或以盘盒盛抓周物品，其盘则谓“晬盘”。抓周时亲朋要带贺礼前往观看、祝福，主人家必备酒馔招待。“抓周”习俗由来已久，北齐时期颜之推《颜氏家训·风操》记云：“江南风俗，儿生一期（即一周岁），为制新衣，沐浴装饰，男则用弓矢纸笔，女则刀尺针缕，并加饮食之物及珍宝服玩，置之儿前，观其发意所取，以验贪廉愚智，名之为试儿。”宋朝孟元老《东京梦华录·育子》称此为“小儿之盛礼”。《红楼梦》第二回有描绘贾宝玉抓周的情节。因为贾宝玉抓了些脂粉和钗环，贾政骂其将来必为酒色之徒。此习俗中带有一些迷信色彩，现今已经不多见。

二、婚嫁礼仪食俗

我国民间俗语有“男大当婚，女大当嫁”，说的就是人生中最大的一个礼仪事项——婚礼。婚礼是人生礼仪中极其重要的一大礼仪活动，自古以来都受到个人、家庭和社会的高度重视。《礼记·婚义》中讲，婚礼有纳彩、问名、纳吉、纳征、请期、亲迎六种礼节。近代以来，比较传统的婚礼一般是从下聘礼开始，到新娘三天回门结束。而在整个的婚礼过程中，饮食的内容不仅不可缺少，而且有的环节中还会起到决定性的作用。

1. 聘礼食俗

婚礼中男方向女方下聘礼的种类，自古以来不胜枚举。但聘礼所选各物均有其义，有的取其吉祥，以寓祝颂之意，如羊、香草、鹿等；有的象征夫妇好合，如胶、漆、合欢玲、鸳鸯、鸡等；有的取各物的优点、美德以资勉励，如蒲、苇、卷柏、鱼、雁、九子归等。唐代段成式著《酉阳杂俎》记录当时纳彩礼物说：“有合欢、嘉禾、阿胶、九子蒲、朱苇、双石、棉絮、长命缕、干漆。九事皆有词，胶漆取固，棉絮取其调柔，蒲苇为心可屈可伸也，嘉禾分福也，双石义在两固也。”后来，茶也列为重要礼物之一。用茶作聘礼的原因，宋人《品茶录》解释为：“种茶树下必生子，若移植则不复生子，故俗聘妇，必以茶为礼，义固可取。”由此看来，行聘用茶，而是暗寓婚约一经缔结，便铁定不移，绝无反悔，这是男家对女家的希望，也是女家应尽的义务。聘礼中，一般还有鸡、鱼、肉、酒、鹅、羊、衣帛首饰、酒钱等。女家受礼后则要设筵款待客人。

无论古代，还是现今，聘礼中各种寓意吉祥的食物是不可少的，而且每一种食物都有一定的讲究，或寓意美好，或讨个口彩。

2. 婚事三日食俗

我国传统民间婚庆活动，重点在结婚三日内，即结婚当天、第二天和第三天，这几天有婚事的家庭酒筵活动频繁。与饮食有关的活动主要有：女家的“送”筵席，男家的婚筵、交杯酒、闹房、撒帐、吃长寿面、拜水茶、新妇下厨房、回门等。

虽然各地风俗不同，但婚庆礼仪习俗的意义是相同的。结婚当天上午，新郎在亲友的陪同下到新娘家“娶亲”。女家设筵席款待女婿、媒人及来宾，女家亲友及邻里也参加筵宴。然后择时“发亲”。到男家后，新娘与新郎并立，合拜天地、父母，夫妻互拜，然后入房合卺，喝“交杯酒”。交杯酒，又称“合卺”，是最重要的结婚礼仪，大约始于周代。合卺，即以一匏瓜剖成两瓢，新婚夫妇各执一，喝酒漱口。后世因之称男女成婚为合卺。宋朝孟元老《东京梦华录·娶妇》：“用两盏以彩边结之，互饮一盏，谓之交杯酒。”并将杯掷地，验其俯仰，以卜和谐与否等。近代婚礼中的交杯酒，已脱去原来意义，仅表示新婚夫妇相亲相爱，白头偕老。

婚事当晚闹洞房，又称“逗媳妇”“吵房”，是流行于各地民间的婚庆习俗之一，是对新郎新娘新婚的祝贺，多流行于汉族地区，始于六朝，通常在婚礼后的晚上进行。闹洞房乃花烛之喜。至时，无论长辈、平辈、小辈，聚于新房中祝贺新人或嬉闹，皆无禁忌，有“三日无大小”、“闹喜事喜，越闹越喜”之说。在闹洞房的环节中，喜家都有糖果、干果等招待闹洞房亲朋好友，以供吵闹之需。

各地民间新娘入洞房后有“撒帐”习俗。旧时多流行于汉族某些地区。其做法因时因地而异，目的也不尽相同。《戊辰杂抄》载：“撒帐始于汉武帝。李夫人初至，帝迎入帐中共坐，饮合卺酒，予告人，遥撒五色同心花果，帝与夫人以衣裾盛之，云得果多，得子多也。”又据宋朝孟元老《东京梦华录》载：“凡娶妇，男女对拜，就床，男向右、女向左坐。妇以金钱彩果散掷，谓之撒帐。”这一做法，目的是以求富贵吉祥。后来，民间把枣子、栗子、桃子、李子、橘子等与孩子、儿子、孙子的“子”联系起来，于是产生了以枣栗“撒帐”祝早生贵子的习俗。北方民间，在新婚夫妇入洞房前，多是选一“吉祥人”，手执盛有枣栗等物的托盘，唱《撒帐歌》撒帐。此习俗在我国农村传承至今，而在城镇的婚庆中，现在多以五色彩纸抛撒，亦即是撒帐习俗的变异。

在我国的南方地区，新婚第二天，新娘和新郎一起拜谒舅姑（即公婆）及男族尊长，并敬献女工巧作之物，舅姑及各尊长也向新娘回赠礼物。一些地区还特为新娘设宴，称“陪新姑娘”，来宾、尊长参加筵席。清道光年间湖南《永州府志》载：这一天要招待客人饮茶食果，谓之“拜水茶”。当地风俗茶食宴会时，酒茶未上，先设茶食。婚礼所用茶食，由女家制办，送至男家，多者可在十数担。妇女终年辛勤劳作，有的需要准备数年才能满足嫁女之需。

旧俗新婚的第三天，新娘要“下厨房”一试手艺。三朝下厨的习俗由来已久，唐代诗人王建有诗云：“三日入厨下，洗手作羹汤。未谙姑食性，先遣小姑尝。”现在已经不行此礼仪了。新婚的第三天是新娘子回门的日子。回门也称“双回门”“归宁”，古称“拜门”。新婚夫妇一块回门，取成双成对吉祥意。这是婚事的最后一项仪式，含有女儿成家后不忘父母养育之恩，女婿感谢岳父岳母恩德及女婿女儿婚后很恩爱等意义。新郎至岳家，依次拜岳父母及女族各尊长。岳家设筵，新郎入席居上座，由女族尊长陪饮。午饭后，新婚夫妇即可返回，也有新娘留住娘家几天的。新娘返夫家时，往往要带一些食品回去。

三、寿诞礼仪食俗

中国自古以来就有孝亲养老的传统美德，并且表现在日常生活在的方方面面。古代的“乡饮酒礼”是社会层面的养老礼仪。而在家庭中，除了日常孝敬祖父辈、父辈之外，那就是通过给老人“做寿”表达晚辈的孝亲养老之情。做寿，也称“祝寿”，是指为自己家庭中的老年人举办的生日庆祝活动。我国民间传统意义上的“祝寿”一般从50岁开始，也有从60岁开始的，50以下的诞生日叫做“过生日”。给老人做寿，各地也有不同的习俗，一般50岁以后每年在家庭内部举行一次，每10年做一次大范围的祝寿活动。80岁及其以上长辈举行的诞生日庆贺礼仪称为“做大寿”。举凡大范围的做寿活动，一般人家均邀亲友来庆贺，自己的晚辈与亲友要给老人赠送寿仪，礼品有寿桃、寿联、寿幛、寿面等，并要大办筵席庆贺，亲朋好友共饮寿酒，尽欢而散。

做寿一般逢十，但也有逢九、逢一的。如江浙一些地区，凡老人生日逢九的那年，都提前做寿。九为阳数，届时寿翁接小辈叩拜。中午吃寿面，晚上亲友聚宴。席散后，主人向亲友赠寿桃，并加赠饭碗一对，名为“寿碗”，俗谓受赠者可沾老寿星之福，有延年添寿之兆。湖南嘉禾县女婿为岳父母做寿称“做一”，即岳父母年届61岁、71岁、81岁时，女婿为之做寿。

做寿要用寿面、寿桃、寿糕、寿酒。面条绵长，寿日吃面条，表示延年益寿。寿面一般长1米，每束须百根以上，盘成塔形，罩以红绿镂纸拉花，作为寿礼敬献寿星，必备双份。祝寿时置于寿案之上。寿宴中，必以寿面为主。寿桃一般用米面粉制成，也有的用鲜桃，由家人置备或亲友馈赠。庆寿时，陈于寿案上，9桃相叠为一盘，3盘并列。神话传说，西王母做寿，在瑶池设蟠桃会招待群仙，因而后世祝寿均用桃。“酒”与“久”谐音，故祝寿必用酒。酒的品种因地而异，常为桂花酒、竹叶青、人参酒等。

为老人祝寿举办的寿宴也有讲究，菜品多扣“九”“八”，宴席名如“九九寿席”“八仙席”等。除各种祝寿专用面点外，还有白果、松子、红枣汤等。菜名多寓意美好、吉祥、长寿，如“八仙过海”“三星聚会”“福如东海”“白云青松”等。

四、丧葬礼仪食俗

如果从人生礼仪的时序上看，丧葬礼仪是人生最后一项“仪礼”活动，是人生过程中的一项“脱离仪式”。丧礼，民间俗称“送终”“办丧事”等，古代视其为“凶礼”

之一。对于享受天年、寿终正寝的人去世，民间称“喜丧”“白喜事”。在丧葬礼仪中，饮食内容同样重要，同样不可缺少。

一般来说，居丧之家，家人的饮食多有一些礼制加以约束，还有一些斋戒要求。民间遇丧后要讣告亲友，而亲友则须携香楮、联幛、酒肉前往丧家进行“吊丧”仪式。丧家均要设筵席招待客人。各地丧席有一定的差异。如扬州丧席通常都是：红烧肉、红烧鸡块、红烧鱼、炒豌豆苗、炒大粉、炒鸡蛋，称为“六大碗”。其中肉、鸡、鱼代表猪头三牲，表示对死者的孝敬；豌豆苗、大粉、鸡蛋是希望大家安安稳稳。四川一带的“开丧席”，多用巴蜀田席“九大碗”，即干盘菜、凉菜、炒菜、镶碗、墩子、蹄髈、烧白、鸡或鱼、汤菜等。湖北仙桃的“八肉八鱼席”，即办“白喜事”每席用八斤肉、八斤鱼等用作菜肴的原料。关于居丧期间丧家的饮食，不同时期不同地区也有所差异。

现在在城镇举行的丧葬礼仪，一般没有传统民间的复杂。亲朋好友大多以送钱币和花圈作为对丧家的慰问，在火葬场的专用场所为死者召开追悼会和送别仪式。丧家则在酒店举办宴会招待亲朋好友。

单元四　传统节日饮食风俗

我国的传统节日是在数千年的民族历史发展中，逐渐形成并完善起来的，不仅历史悠久、内涵丰富，而且数目众多，每个月都有一个重要节日或几个辅助性的节日。民族传统节日中的重要内容之一就是饮食活动，在这些节日饮食活动中反映出了我们民族的传统习惯、饮食风尚、礼仪内容及其道德与宗教观念。节日的饮食习俗虽然是一种约定俗成的节日活动，但却具有非常强的传承性与延展性，因此具有非常旺盛的生命力。

所谓节日饮食风俗，就是有关在民族传统节日中形成的饮食行为和习惯，一般是指在历代积累与传承的，并在每年固定的节日时间内，在一定的环境和条件下经常反复出现的，群体性的饮食行为方式和习惯。在传统的农耕社会生活中，节日习俗的形成具有特别的意义，它凝聚着民族生活特有的情感与寄托，蕴含着一种强大的精神与情感的力量。而其中的饮食习俗尤其与传统伦理社会生活有着密切的联系。因此，节日饮食风俗是考察某一地区或民族的社会历史背景，经济生活、心理素质和文化发展的重要方面。

中国的重要节日中，都离不开逢年过节必备的特殊食品，几乎所有的传统节日都有一种或几种标志性的特色食品，像饺子、年糕、春饼、元宵、麻花、馓子、粽子、月饼、重阳糕和腊八粥等。

一、春季节日食俗

1. 春节

春节俗称“新年”。是汉民族的传统节日。据说五帝之一的颛顼以农历正月为元，初一为旦。后历代岁首日期不尽一致。辛亥革命后，农历正月初一改称春节，阳历（公历）1月1日叫新年。民间过年有守岁、吃年饭、拜年、送对子、贴年画、放鞭炮、走亲探友、耍社火等习俗。古人过年，在饮食方面要大大改善，年节的食品多寓意吉祥。因地区和时代不同，过年具体的饮食习俗、食品种类和寓意各有不同的特色。

从魏晋南北朝至宋代，长江流域每逢年节，除夕就有饮屠苏酒的习俗，南宋陆游的“半盏屠苏犹未举，灯前小草等桃符”之诗句，宋朝王安石《元旦》一诗云；“爆竹声中一岁除，春风送暖入屠苏。千门万户曈曈日，总把新桃换旧符。”

明清以来，除夕和元旦的食俗，南北差异明显。北方过年一定要吃饺子，取更岁交子之意。包饺子讲究皮薄、馅足，捏紧，忌讳“烂”和“破”字。如万一不慎捏烂、煮破，也只能说“挣”了。为讨吉利，有的在饺子中放些糖，寓意生活甜美；有的放些花生仁（别名长生果），意味健康长寿；有的在个别饺子里包上几枚硬币，谁吃出来谁就财运亨通。饺子形态各异，形似元宝，象征“招财进宝”等。还有如山东地区吃素馅饺子，泰安一带吃黄面窝窝，河南地区饺子煮面条，当时名曰“银线吊葫芦”或“金丝穿元宝”。在南方，除夕和元旦多吃元宵和年糕。清代《天津志略》称：元旦食黍糕，曰“年年糕”。道光年间《安陆县志·风俗》也讲：村中人必致糕相饷，名曰“年糕”。年糕多由糯米或黏小米制成，取黏（年）高（糕）谐音，寓意“年年升高”，象征一年更比一年好。江南地区过年大多吃元宵。元宵也叫“团子”“圆子”，取“全家团圆”之意。如无锡一带各家早上吃炸元宵，苏州地区沏茶时，在茶壶中放两枚橄榄叫“橄榄茶”，清代苏州诗人袁景澜在《年节酒词》中就有“入坐先陈饷客茶，饤拌果饵枣攒花”的诗句。浙江宁波早上喝豆粥；湘南长沙早上吃辣味鱼肉；清代汉口喝“元宝茶”“饮元宝杯酒”，以取吉祥发财之意。福建漳州早上喜吃生蒜、香肠和皮蛋；广东海丰一带吃素食；潮州一带吃特有的“腐圆”，即用大米粉和萝卜细末加盐用花生油炸制而成的小吃；贵州赤水家家户户要吃糯米粑等。正月初一拂烧，新年活动进入高潮。春节也是一部分少数民族的民间节日，他们各以特有的方式，按照自己的习俗，举行各种各样的庆祝活动。

进入新时代以来，随着广大人民饮食水平的提高和改善，各种节日美食几乎天天可以吃到。所以现今过年，农村还保留着旧时的饮食风俗，食品种类更加丰富多彩。在城镇中，过年大多到酒店大摆宴席，吃年夜饭，酒店业供应各种年节吉祥食品。

2. 元宵节

元宵节又称“上元节”“元夕节”“灯节”。为汉族传统节日之一，南北方都过此节。农历正月十五叫“上元”。上元之夜叫“元夜”或“元宵”。元宵节吃元宵，历史悠久，迄今亦然。元宵节人们的食品，历代不完全一样。《荆楚岁时记》有“正月十五作豆糜加油糕”，“正月半宜作白粥冷糕。”《清异录》记述，唐和五代上元节吃“油画明珠”。元宵作为食品名称，始于宋代，今南北各地广为流行，盖取意“团团圆圆”的吉祥之意。宋周必大《元宵煮浮圆子诗序》：“元宵煮圆子，前辈似未曾赋此。”元宵的品种繁多，吃法不尽一致。北宋以前在开水锅里放入糯米粉、白糖、配以蜜枣、桂花、桂圆等制成各式甜味圆子羹，实际上是一种无馅圆子。到了南宋，才包入糖馅曰“乳糖元子”。明代刘若愚《明宫史·饮食好尚》：“其制法用糯米细面，内用核桃仁、白糖、玫瑰为馅、洒水滚成。如核桃大，即江南所称汤圆也。”有馅元宵分为甜味和咸味两种。甜味以白糖、核桃、桂花、芝麻、山楂、豆沙、枣泥、冰糖等制馅。咸味的可荤可素，或将肉剁成蓉单色，或配以素菜合色，也可将蔬菜烫熟剁成细末，拌和调味料作馅。风味有异，各具特色。元宵节除吃元宵外，各地还有许多不同的饮食习惯。如陕西人是吃“元宵茶”，即在面汤里放进各种蔬菜和水果做成；河南洛阳、灵宝一带吃枣糕；昆明人多吃豆面团等。元宵节的主要活动，一为张灯结彩，二为吃元宵。

3. 清明节

清明节，又名鬼节、冥节、死人节、聪明节、踏青节。时间在农历三月间。清明本为二十四节气之一，但是，由于它在一年季节变化中占有特殊地位，加上寒食节的并入，清明便成为一个重要的节日。

现在的清明节是古代的清明节与寒食节的合二为一。寒食节又称冷节、禁烟节，时间一般在清明前的一两天。古代寒食节禁用烟火，人们只食先期做好的熟食，因为吃的时候已经放置凉了，故谓冷食之俗。此俗来源有二说：一说为纪念介子推，春秋时晋文公重耳下令在介子推死亡日禁火寒食，以寄哀思。一说源于周代禁火旧制。《周礼·秋官》有：“中春以木铎修火禁于国中。”的记载，当时有逢季改火之习。告诫人们禁止生火，要吃冷食。

大约到了唐代，寒食节与清明节合而为一，节日里有扫墓祭祖、插柳、植树、荡秋千等活动，祭祖扫墓之俗始于唐代。杜牧《清明》一诗云：“清明时节雨纷纷，路上行人欲断魂。借问酒家何处有，牧童遥指杏花村。”清明正值暮春三月，人们把扫墓和郊游结合起来，到野外作春日之游，然后围坐饮宴，形成了遍及全国南北的踏青之俗。

清明节的饮食活动，各地方志多有记述。清同治年间湖北《竹溪县志》云：“清明日，男妇皆祭坟，设肴馔、酒醴。祭毕，即茔前席地食饮……。”民国时北京《顺义县志》云：“清明节，妇女簪柳于头，以秋千为戏。陈蔬馔，祭祖先，各拜扫坟，添土标钱。”民国间河北《高阳县志》载，清明为“祭祀节”，各家上坟祭祖。有族会者，杀猪宰羊会食一日，俗谓之“吃会”。江南一些地区，民间以为清明生子最佳，谓“聪明儿”，并有抱婴儿向邻里乞讨清明粿的习俗，俗称“讨清明”。“清明”

谐音“聪明”，谓孩子容易抚养，健康聪明。浙江一些地区的孩童妇女便纷纷采集野荠、青蓬等，回家浸泡在水中，再捞起挤去其汁，然后切碎和入粉中，揉成面团，以作青饮饯粿，故称清明粿。

微课插播

寒食节的由来

根据史籍所载，寒食节的习俗，至少在汉代已经在我国黄河中下游流域的民间蔚然成习，而且当时禁火寒食的时间是非常长的。据《后汉书·周举传》云：“举迁并州刺史，太原一郡旧俗，以介之推焚骸，……不欲举火，由是士民每冬中，辄一月寒食，莫敢烟灶。”这说明，在两汉时期，寒食习俗仅仅限于现在山西的局部地区，是在冬季断火一月的。由于一月禁火冷食，结果导致“老小不堪，岁多死者”。是时周举为并州刺史，不忍心为此而无辜死人，于是就把一月寒食的习俗进行了改革，从此以后使当地的冷食时日逐渐减少。后汉的魏武帝也曾专门为此颁布了一道禁绝火的指令。《魏武帝集》有：“禁绝火令云，闻太原、上党、西河、雁门，冬至后百五日皆绝火寒食，云为介之推。北方沍寒之地，老少羸弱，将有不堪之患。令到人不得寒食”的记录。但此俗延续到晋时，便固定为“禁火三日”了。晋人陆翙撰写的《邺中记》中记录说：“并州之俗，以冬至后百五日，为介子推断火冷食三日，作干粥食之，中国以为寒食。”

二、夏季节日食俗

1. 端午节

端午节又称端阳节、重午节。我国把农历五月初五称为“端午”节，端是开端的意思，古代称初一为“端一”、初二为端二，“午”和“五”古代通用，故称“端午”。据传说端午节本是龙的节日，起源于古代的水乡部落，人们为抵御蛇虫疾病的侵害和水患的威胁，每年端午前后举行龙舟竞渡，并向江河投米等活动，以祭祀想象中的神祇，禳祸祈福，这是最早的端午节活动。

端午食粽子，是中华民族一个颇有特色的食俗。此食俗有许多不同的传说，最普遍的说法是为了祭奠屈原。史料中关于粽子的记载，始于东汉，当时的粽子包成牛角状，称为“角黍”。如晋周处《风土记》中说：“古人以菰叶裹黍米煮成，尖角，为棕榈叶心之形。”《风土记》注释里又说，当时民俗每年夏至和端午这两个节日，人们都用菰叶裹上黍米，用淳浓汁煮得烂熟，作为节日食品称为“粽”或叫“角黍”。取阴阳相裹之间。就是说食粽的风俗不限于端午，夏至这一天也有此俗，现今国内某些地区在春节也有食粽的习俗。另据古籍记载，夏至用黍和鸡祭祀祖先，早在殷周时代就有了，晋代人夏至以“角黍”祭祖的活动，只不过是殷周“夏至”尝黍和祭祖活动的演变。这样说来，端午节食粽子的风俗，并不是因纪念屈原而生的。但人们把端午食粽子作为纪念屈原的一种活动，使这一食俗更有意义。清代富察敦崇《燕京岁时记》记载了当时京都“每年端阳以前，府第朱门皆以粽子相馈贻。”可见端午食粽的风俗，在明清时的北京也很盛行。粽子在不同的地方，分别以菰叶芦叶等包裹、煮熟后，米中吸收了菰叶或芦叶的清香，便于携带，别具一格，深受人们喜爱。我国有的地方春节期间要食粽子，有的地方元宵节和农历七夕必食粽子。大致自唐以来，饮食市肆间常年有粽子供应。据《酉阳杂俎》记载，唐代长安的“庾家粽子”以“白莹如玉”而著称，生意十分兴隆。现今，广东粽子、嘉兴粽子、台湾粽子出类拔萃，闻名遐迩，是粽子中的佼佼者。

趣味链接

屈原与端午吃粽子

据南朝吴均《续齐谐记》记载：屈原由于非常爱自己生活的楚国，不忍心看着楚国被秦国攻破，而自己又无用武之地，在极端的痛苦与失望中，于农历五月五日抱石投身汨罗江悲愤而死。楚国民众为了纪念他，并设想不让江里的鱼把屈原的尸首吃掉，楚人每到端午节，就用竹筒贮米做成筒粽，投入江中以祭屈原。后人相沿成习。

2. 六月六

“六月六”，也叫“洗晒节”，是汉族和一些少数民族人民的传统佳节，由于居住地区不同，过节的日期也不统一，汉族和有些布依族地区六月初六过节，称为六月六；有些布依族地区六月十六日或农历六月二十六日过年，称为六月街或六月桥。

在旧时的汉族官府和民间都对“六月六”非常重视。每当六月六，如果恰逢晴天，皇宫内的全部銮驾都要陈列出来暴晒，皇史、宫内的档案、实录、御制文集等，也要摆在庭院中通风晾晒。各地的大大小小的寺庙道观要在这一天举行“晾经会”，把所存的经书统统摆出来晾晒，以防经书潮湿、虫蛀鼠咬。民谚有云：“六月六，人晒衣裳龙晒袍”，“六月六，家家晒红绿”，“红绿”就是指五颜六色的各样衣服。清代的北京居民，都在六月初六日那天翻箱倒柜，拿出衣物、鞋帽、被褥晾晒。因此，也有的叫“晒衣节”或“晒伏”。

六月六这天还有许多专门的食俗。从六月初六起，街市上的中药铺和一些寺庙开始施舍冰水、绿豆汤和用中药制作成的暑汤。主妇们也在这一天开始自制大酱。每到六月六，当天的饭食要吃素食，如炒韭菜、煎茄子和烙煎饼等。吃素食之俗除有清淡之意，是否还有深意，现在不得而知。“六月六，看谷秀”。农历六月已异常炎热，庄稼长势正旺，已是吐须秀麦穗之时，农家要观察长势，以卜丰欠。六月六农民还称为“虫王节”，要在农田、庭院里焚香祭祀，祈求上天保护，五谷丰登。旧时的老北京还有郊游和赏荷的民俗。为了防热消暑，文人墨客常到有庙宇有树荫之名胜地及长河、御河两岸、东便门外二闸等地野游。旧时的二闸是通惠河上第二道闸所在地，是老北京春夏之时百姓观景旅游的胜地。当时通惠河两侧垂柳成行、水波荡漾，运粮船和各种游船穿梭往来。在二闸的闸口处，还有一个飞溅的瀑布，岸边还有楼台亭阁、私人花园和一些茶棚酒肆，恰似江南美景。清代《北京竹枝词》这样描绘：“乘舟二闸欲幽探，食小鱼汤味亦甘，最是往东楼上好，桅樯烟雨似江南。”六月正值荷花盛开，人们也常到什刹海边尝莲品藕。两岸柳垂成荫，水中荷花争艳，在此乘凉消闲吃冰食，别有韵味。

在我国的晋南地区，六月六还称为“回娘家节”。一些地方在这一天出嫁的女儿要回娘家歇夏。民间有“六月六，请姑姑”，人称“姑姑节”。六月六还被称作“天贶节”，据说起源于宋真宗赵恒。某年的六月六日，他声称上天赐给他天书，遂定是日为天贶节，还在泰山脚下的岱庙建造一座宏大的天贶殿。天贶节的民俗活动，虽然已渐渐被人们遗忘，但有些地方还有残余。江苏的不少地方，在这一天早晨全家老少都要互道恭喜，并吃一种用面粉掺和糖油制成的炒面，有“六月六，吃了糕屑长了肉”的说法。”看来，这炒面与这“糕屑”应该是一个意思。

趣味链接

“回娘家节”的传说

传说春秋战国时，晋卿狐偃骄傲自大，气死亲家赵衰。一年晋国遭灾，狐偃外出放粮，说好六月初六日回家过寿。女婿决定乘狐偃祝寿之机，刺杀丈人，以报父仇。女儿探知此事，赶回娘家报了信。狐偃放粮归来，看到了民间疾苦，后悔未听亲家忠告，痛恨自己做错事情。不但不怪罪女婿，还当众承认了自己以前的错误。后每于六月初六日，狐偃必将女儿、女婿接回家中团聚。传到民间百姓效仿、相沿成俗。

三、秋季节日食俗

1. 七夕

七夕节，又名七夕、少女节、女儿节、双七节、鹊桥会、巧节会等。民间相传农历七月七日夜牛郎织女在天河相会，民间有妇女乞求智巧之事，故名。

牛郎织女传说，本源于神话故事。早在先秦时，已有了牛郎织女诸星的记录。南朝《述异记》中已出现比较完整的牛郎织女故事：织女为天帝孙女，心灵手巧，能织造雾绡缣之衣，天帝怜其独处，嫁与河西牵牛之夫婿，但织女婚后，竟废织纤。天帝发怒，责令她与牛郎分离，仍归河东，只准每年七夕相会一次。朴实农民牛郎，在金牛星的帮助下，和天上织女结为夫妇，辛勤耕织为生。

七夕节的主要饮食活动是在农历七月初七日晚，家家陈瓜果食品，焚香于庭，以祭祀牵牛、织女二星乞巧。清代，在北方地区，七夕节时，民间有设果酒、豆芽，具果鸡、蒸食相馈，街市卖巧果，家人设宴欢聚等节日饮食文化活动。南方的七果颇有特色，《清嘉录》卷七，《巧果》记载苏州民间，每年七夕前，“市上已卖巧果，有以白面和糖，绾作苎结之形，油氽令脆者，俗呼为苎结。”江浙一带，有的用糯米加糖，油炸成各种小花果子，认为是甜蜜幸福的象征。七夕节的常见食品还有菱角、瓜子、花生、米粉煎油果等。

2. 中秋节

中秋节又称“仲秋节”“团圆节”。每年农历八月十五为“中秋节”。月到中秋分外明，银河微隐，桂香袭人，皎月高悬，合家欢聚，共同赏月并品尝月饼，这是我国民间南北皆同的传统风俗。

中秋赏月的历史可追溯至唐代。《开元传信记》里说，自从传说唐玄宗梦游月宫，得到“霓裳羽衣曲”以来，中秋赏月的风俗才盛行起来。段成式的《酉阳杂俎》记述了月宫中吴刚伐桂的故事后，民间又有了祭月光菩萨的风俗。唐诗人白居易的“月宫幸有闲田地，何不中央种两株”，韦庄的“八月仲秋月正圆，送君吟上木兰船”等诗句，都是为中秋赏月而发。唐和五代时赏月食品只有“玩月羹”等。中秋吃月饼，最早见于苏东坡的“小饼如嚼月，中有酥与饴”之句。月饼正式作为一种食品名称并同中秋赏月联系在一起，始见于南宋《武林旧事》一书。至明代《宛署杂记》里说：每到中秋，百姓们都制作面饼互赠，大小不等；称为“月饼”。市场店铺也有果仁馅料，巧名形美的月饼买卖，价钱值数百钱。《熙朝乐事》里也说：“八月十五为中秋，民间以月饼作礼品相赠送，取团圆之意。”在杭州西湖苏堤上，人们成群结队载歌载舞，带上月饼和酒壶通宵游赏，同白天一样。从这些记载中，可见当时杭州中秋赏月的盛况。

长期以来，我国人民对月饼制作积累了丰富的经验。种类繁多，工艺讲究。咸、甜、荤、素，各具风味。清代富察敦崇《燕京岁时记》有“至供月饼，到处皆有。大者尺余，上绘月宫蟾兔三形”的记述。足见古时月饼已如百花齐放，美不胜收。现今月饼，品种成百上千,五花八门，不一而足。但广东月饼、苏州月饼、京式月饼各具特色，深受人们欢迎。

3. 重阳节

农历九月九日，是民间的重阳节，古人以九为阳数，月、日都逢九，叫“重阳”，俗称“重九”。故又称“重九节”，汉族传统节日。重阳前后，气温骤降，是立秋后第一个寒讯，所以又叫“重阳信”。

在我国民间各地，重阳节有出游登高、赏菊、插茱萸、放风筝、饮菊花酒、吃重阳糕等习俗。相传此俗始于汉代。据《续齐谐记》载，东汉年间，汝南恒景随费长房游学，费对恒景说：九月九日汝南将有大灾难，可命阖家缝囊盛茱萸系臂上，登高饮菊花酒，可免此难。从此，每逢重阳，登高饮酒和插茱萸便延习成俗，代代流传。到唐宋时，人们把茱萸泡在酒里或直接插在头上，登高畅游，盛极一时。唐代诗人王维在《九月九日忆山东兄弟》中写道："独在异乡为异客，每逢佳节倍思亲。遥知兄弟登高处，遍插茱萸少一人。"至于重九吃糕，含有"百事皆高"之意。在这一天吃"粉糕"。《燕京岁时记》里说："民间九月九日，以粉面蒸糕，上置用面做的小鹿数枚，号食鹿糕。"

随着时代的进步和生产力的发展，重阳糕也日新月异，推陈出新。古时最讲究用糯米或黍米做重阳糕。唐代出现了动物形象的花糕；到了宋代，汴梁的糕面上有用粉做成狮子蛮王状，上面插上绿色小旗点缀，称"狮蛮糕"；南宋临安又发展为"取糖肉秫面杂糅为之，上缕肉丝鸡饼，缀以榴颗，标以彩旗。"少则两层，多则九层，并雕饰两只小羊，寓意"重阳"。宋代诗人范成大诗有："中秋才过近重阳，又见花糕各处忙。面夹两层多枣栗，当筵题句傲刘郎。"描绘的就是这种花糕。明清以来，重阳糕花色品种更多，有油糖果炉余的，也有发面垒果蒸的，还有用糯米、黄米蒸熟后捣成的。据《清嘉录》记载："美人食米粉五色糕，名重阳糕，自是以后，百工人人夜操作，谓之夜忙。"有诗云："蒸出枣糕满店香，依然风雨古重阳，织工一饮登高酒，篝火鸣儿夜作忙。"另据清潘荣陛《帝京岁时纪胜》载，是日京师花糕极胜，市人争买，供家堂，馈亲友，有女儿之家，成年儿女送以酒礼，归宁父母。由此可见重九吃糕是全社会的风尚。现在的重阳节已成为敬老尊老的一个重要节日，因此又称为"敬老节"或"老年节"。

四、冬季节日食俗

1. 冬至

冬至是我国二十四节气之一，俗称"冬节""长至节""亚岁"等。冬至预示着一年一度的冬令进补到了冲刺阶段。现代医学认为，冬令进补能提高人体的免疫功能，调节体内的物质代谢，使营养物质贮存于体内，帮助体内阳气生发，为来年的身体健康打好基础，俗话说"三九补一冬，来年无病痛"，就是这个道理。

冬至习俗源于汉代，盛于唐宋，相沿至今。《清嘉录》甚至有"冬至大如年"之说。这表明古人对冬至十分重视。正因如此，使冬至食文化丰富多彩，诸如馄饨、饺子、汤圆、年糕等随着农业文明向现代工业文明的转变，冬至的节日重要性虽然有所降低，但丰富的节日内涵依然世代传承，我国一些地方仍然把冬至作为一个节日来过。

在广东潮汕、海南的民间，冬至至今有祭祖先、吃甜丸、上坟扫墓等习俗。吃甜丸的习俗几乎普及整个潮汕地区，过去，人们在这一天把甜丸祭拜祖先之后，拿出一些贴在自家的门顶、屋梁、米缸等处。为什么要这样做呢？相传因为甜丸既甜又圆，是表示好意义，它预示明年又获丰收，家人又能团聚。厦门人对鸭情有独钟，一年四季都吃鸭，盐鸭、酱鸭、烤鸭、四物炖鸭，而冬至吃姜母鸭却是不变的习俗。因此，冬至一到，就有很多人开始排队买姜母鸭。过去老北京有“冬至馄饨夏至面”的说法。相传汉朝时，北方匈奴经常骚扰边疆，百姓不得安宁。当时匈奴部落中有浑氏和屯氏两个首领，十分凶残。百姓对其恨之入骨，于是用肉馅包成角儿，取“浑”与“屯”之音，呼作“馄饨”。恨以食之，并求平息战乱，能过上太平日子。因最初制成馄饨是在冬至这一天，在冬至这天家家户户吃馄饨。河南人冬至吃饺子，俗称吃“捏冻耳朵”。

趣味链接

吃“捏冻耳朵”的民间传说

相传南阳医圣张仲景曾在长沙为官，他告老还乡正是大雪纷飞的冬天，寒风刺骨。他看见南阳白河两岸的乡亲衣不遮体，有不少人的耳朵被冻烂了，心里非常难过，就叫其弟子在南阳关东搭起医棚，用羊肉、辣椒和一些驱寒药材放置锅里煮熟，捞出来剁碎，用面皮包成像耳朵的样子，再放下锅里煮熟，做成一种叫“驱寒矫耳汤”的药物施舍给百姓吃。服食后，乡亲们的耳朵都治好了。后来，每逢冬至人们便模仿做着吃，是故形成“捏冻耳朵”习俗。

冬至吃汤圆，在江南尤为盛行。民间有“吃了汤圆大一岁”之说。汤圆也称汤团，冬至吃汤团又叫“冬至团”。江南人用糯米粉做成面团，里面包上精肉、苹果、豆沙、萝卜丝等。冬至团可以用来祭祖，也可用于互赠亲朋。旧时上海人最讲究吃汤团。他们在家宴上尝新酿的甜白酒、花糕和糯米粉汤圆，然后用肉块垒于盘中祭祖。有诗云：“家家捣米做汤圆，知是明朝冬至天。”杭州人冬至喜吃年糕。每逢冬至做三餐不同风味的年糕，早上吃的是芝麻粉拌白糖的年糕，中午是油墩儿菜、冬笋、肉丝炒年糕，晚餐是雪里蕻、肉丝、笋丝汤年糕。冬至吃年糕，年年长高，图个吉利。台湾还保存着冬至用九层糕祭祖的传统，用糯米粉捏成鸡、鸭、龟、猪、牛、羊等象征吉祥中意福禄寿的动物，然后用蒸笼分层蒸成，用以祭祖，以示不忘老祖宗。同姓同宗者于冬至或前后约定之早日，集到祖祠中照长幼之序，一一祭拜祖先，俗称“祭祖”。祭典之后，还会大摆宴席，招待前来祭祖的宗亲们。大家开怀畅饮，相互联络久别生疏的感情，称之为“食祖”。

2. 腊八节

腊八节，又名成道节，时间为农历十二月八日。中国远古时期，“腊”本是一种祭礼。人们常在冬月将尽时，用猎获的禽兽举行祭祀活动。“猎”字与“腊”字相通，“腊祭”即“猎祭”，故将每年的十二月称作“腊月”。自从佛教传入后，腊八节掺入了吃“腊八粥”的内容。据传，释迦牟尼成道以前，苦苦修行时，饿倒于地，幸而得一位牧羊女以大米奶粥挽救，才免于饿死。食毕，他跳到河里洗了澡，在菩提树下静坐沉思，于十二月八日得道成佛。佛门弟子为纪念此事；就在腊八成道节施粥扬义，宣扬佛法。《清嘉录》卷十二记有：“八日为腊八，居民以菜果入米煮粥，谓之腊八粥。或有馈自僧尼者，名曰佛粥。”在民间也有人家做腊八粥，阖家聚食，祀先供佛，或分赠亲友。腊八粥一般用各种米、豆、果品等一起熬制而成。

腊八粥不仅是礼佛食品、民间小吃食品，也是腊八节的重要礼品。清光绪年间《顺天府志》云：“腊八粥，一名八宝粥，每岁腊月八日，雍和宫熬粥，定制，派大臣监视，盖供膳上焉。其粥用糯米杂果品和糖而熬，民间每家煮之或相馈遗。”一些地方“腊八”要大开筵宴，如湖南澧州，于腊八日，“乡村筹钱，具醪酒、羊豕、雉兔，鸣腊鼓，祭报谷之神，乃燕耆老于上，群聚饮于下”。还有些地区有在腊八日制作“腊肉”、泡腊八蒜的习俗。

单元五　主要少数民族食俗与宗教食俗

一、主要少数民族食俗

我国是一个多民族的国家，除汉民族之外，还有55个少数民族。由于我国少数民族众多，各民族、各地区都有自己特有的饮食文化和民族食俗，古时大部分少数民族居深山溪洞中，他们的饮食生活有许多特殊风尚，唐宋时的史籍多有记载，明清以来，各民族人民的饮食生活得到了新的发展，饮食风俗也基本形成并产生一定的影响。

1. 满族饮食风俗

满族是我国北方具有历史影响力的少数民族之一，其祖先长期生活在我国东北地区的白山黑水之间。清军入关以前，太祖（努尔哈赤）和太宗（皇太极）把构成满族的各个部族统一起来，于公元1636年将年号“天聪”改为“崇德”，改国号后金为“清”，从此禁止人们再叫“女真”，改称“满洲”。同时将汉、满、蒙族分别编组成“八旗”。随着他们之间的心理状态日益接近，经济、文化日益融合，于是形成了一个新的民族共同体——满族，也叫“旗人”。

满族很久以来就形成了以定居耕作为主，狩猎为副业的生产方式，其饮食较为丰富。主食有高粱、糜子、小米、玉米、麦粉、粳米和大豆等，这种饮食习惯一直保持至今。但满族人有狩猎和采集的传统习惯，狩猎得来的野兽类、飞禽也是他们日常饮食的重要组成部分，其饮食习俗一直延续到清军入关之后。

就饮食习俗而言，猪肉是满族人的最爱，无论年节、祭祀或亲朋来访都要杀猪。祭祀吃“福肉”（清水煮制成）时，过往行人都可以吃，现在沈阳市有很多的“那家馆”，都以经营满族世代相传的白肉为主。满族还有养蜂采蜜的传统，故喜食蜜制食品，如“蜜果子”“蜜饯果脯”“萨其马”“蜂糕”等都是满族的传统食品。

与汉族相同的是，满族的年节时令饮食也是多种多样。除夕夜，幼辈必给年长者辞岁叩首和吃饺子，大年初一也要吃饺子。满族过年要吃“年饽饽”，即满族人把用面粉做成的馒头、包子、饺子等面食的统称。年前先将饽饽做好，放在户外冷冻起来，故称“冻饽饽”，过年时随上屜蒸随吃。

满族春日有野游耍青的习俗。四五月开春，东北各地青草初生，人们载酒牵羊，饮宴于江边林下，号曰“耍春”。春日多上山或到田间采集野蔬；夏日采摘野果和野蘑菇。十月，人们大都外出捕捉禽兽，按定旗分，不论平原山谷，围点一处，称“围场”。所得食品，必饷亲友。端午节、中秋节和春节杀猪，吃白肉血肠。白肉肥而不腻，血肠色美味香，深受满族人们喜爱。清代姚元之在《竹叶亭杂记》中载有：“主家仆片肉锡盘飨客，亦设白酒。是日则谓吃肉，吃片肉也。次日则谓吃小肉饭，肉丝冒以汤也。”吴振臣在《宁古塔纪略》中也说：“大肠以血灌满，一锅煮熟。”如今，东北的城乡各地普设白肉血肠馆，犹以沈阳西华门的“那家馆”最负盛名。北京“砂锅居”餐馆，还把这种白肉作为北京名食加以经营，颇有风味。冬季生活宽裕的人家，常吃酸菜白肉火锅，醇香可口。

满族人忌吃狗肉。相传，满族的老罕王努尔哈赤有一次被明朝的士兵追杀时，昏睡在荒芜的草甸里，被大火围困里边，一只黄犬拼死相救，罕王终于被救，而那只义犬却累死在草甸上。后世满人感恩于义犬所为，故有忌讳。

2. 蒙古族饮食习俗

传统的蒙古族人是以畜牧业为主，现在有些地区的蒙古族形成了半农业半牧业的生产形式。曾以鞑靼为通称的蒙古族在中国灭金亡宋，建立了元朝，使蒙古游牧民族独特的饮食习俗在许多地区留下了深刻的影响。

蒙古族按自己的嗜好，以蒙古沙漠和草原地区的特产为原料，烹制自己的食品。他们主要的食物是羊肉，主要的饮料是马乳，据厉鹗《辽史拾遗》和孟珙《蒙鞑备录》中说，蒙古族人多以狩猎为生，“生涯止是饮马乳以塞饥渴。”若出征也是一定要携带粮食的。后来，由于掠夺中原人为奴婢，学会了面食类食物的制作，于是以米麦而后饱，所以又掠米麦煮粥而食。在忽思慧《饮膳正要》中记载的菜肴和面类食品，70%以上是以羊肉或羊内脏作为主料的。除羊肉外，蒙古族嗜食马、牛、驼及禽肉，特别是天鹅。据《馔史》记有“迤北八珍”即醍醐、豹胎、野驼蹄、鹿唇、驼乳糜，天鹅炙、紫玉浆、玄玉浆。

蒙古族聚合饮宴，有许多特殊风俗。据《蒙鞑备录》说：鞑人饮宴，主人执盘盏劝客时，客人若饮茶少留涓滴，主人就不接盏，见客人饮尽才高兴。每饮酒，其邻座要相互换酒杯。若别人与自己换杯，自己必当尽饮其酒，并酌给对方。凡见来宾醉中喧叫失礼，或吐或卧，则特别高兴，以示客人醉，则与我一心无异之意。

蒙古人建立元朝后，统治者承袭了宋、金两朝的统治遗制，饮食生活日益奢侈，除一日正餐外，饭前饭后有点心，陶宗仪《辍耕录》中就有"今以早饭前及饭后，午前午后，哺小食为点心"的记载。他们又特别崇奉佛道，每年花巨资在宫中作佛事。各汗每年6月3日在上都举行"诈马宴（音译蒙语）"，也是"万羊脔炙万瓮浓"。明清以来，蒙族虽有可耕之地，仍以游牧为生。那时蒙古无货币流通，人们用砖茶进行物物交换。他们视砖茶如命，极贫之家，也不可一日无茶。同时，好饮高粱酒，男女老幼皆以醉歌为乐。春夏均食酥酪，秋冬多食羊肉。饮料有奶茶、奶酒、酸奶子等。时至今日，牧民仍以牛羊肉和奶酪品为主食，城乡居民以米面为主食。面食喜欢做成包子、饺子、蒙古面饼等。一般每日三餐，早餐为奶茶、馍馍和酥酒；午餐一般，晚餐多吃肉。喜欢饮用砖茶沏泡的浓茶。喜欢喝烈性酒。招待贵宾客人喜庆时要摆全羊席，有烤煮全羊两种。不吃鱼虾等海味以及鸡、鸭的内脏和肥猪肉，也不爱吃青菜和糖、醋、过辣及带汤汁的菜肴。

3. 回族饮食习俗

回族是我国主要少数民族之一。回族饮食生活的记载，最早见于元代的《饮膳正要》，书中所说的"回回"就是指信仰伊斯兰教的波斯、阿拉伯、土耳其等中亚民族。7世纪以来，少数波斯人和阿拉伯人久居中国，与汉、维吾尔、蒙古等族长期相处的过程中形成回族。他们有回族的宗教色彩，但在饮食风俗方面，与信仰伊斯兰教的其他民族都表现出自己的特色。

回族受伊斯兰教的影响，在肉食方面禁忌甚多，以牛、羊肉为主，忌食猪肉、猪油，甚至忌讲"猪"字。不允许别人私带猪肉菜进他们的家或他们开设的饮食店铺，忌食狗肉、驴肉、自死的动物肉、禽畜血和无鳞鱼。《古兰经》规定，不洁的食物有：自死物、流血、猪肉、奉偶像之名而宰杀的动物（伊斯兰教反对崇拜偶像）。

回族有许多独特的节日，其饮食风俗也独具特色。伊斯兰教规定，教历九月一日至十月一日为斋月。在斋月里，除10岁以下儿童外，人们只能在每天日出前和日落后进食，整个白天不吃饭喝水，称守斋。要等到日落漫天繁星方能开食，午夜饭菜丰盛，但不得饮酒，还要清心寡欲。斋期满，即伊斯兰教历的十月一日为开斋节。开斋节，又称"肉孜节"或"肉孜爱提"，系波斯语译音。教历十月一日，所有虔诚的穆斯林要沐浴更衣，身着节日盛装，到清真寺做礼拜，宰杀牛、羊，备办奶茶、杏仁、葡萄干、蜂蜜、馓子等自制食物，走亲访友，聚集宴饮，以示祝贺。古尔邦节，俗称"献牲节""忠孝节"，是信仰伊斯兰教民族的共同节日。按伊斯兰教规定，每年教历十二月上旬，教徒需履行宗教功课。十月九日为世界各地伊斯兰教徒到达阿拉伯的阿拉法特参加朝圣大典的日子，十月十日为古尔邦节。这是回族一年中最大的节日，他们宰杀牛、羊供奉真主，以馓子、水果等招待亲友，吃手抓羊肉、手抓饭等。

旧时居住在我国西北地区的回族有初夏野宴的习俗。他们携带熟食，通宵达旦酣歌起舞；秋高气爽之日，到野外登高观射，男女老少、新衣修饰，驰马校射、敲鼓奏乐，欢歌笑语，尽日而散，谓之“努鲁斯”。

我国回族分布甚广，多与汉族杂居。西北各省比较集中，回族饮食相对具有一定的独立性。而其他地区由于回族饮食与汉族烹饪文化相互交流，回族人则根据本民族的饮食习俗和宗教特点，形成了具有民族特色的清真菜点和各类糕点。北京东来顺的“涮羊肉”，烤肉宛的“烤牛肉、羊肉”，西安的“羊肉泡馍”“腊牛、羊肉”等，已成为闻名全国的名特食品。

4. 藏族的饮食习俗

居住在青藏高原及四川西部的藏族，唐时称吐蕃。他们主要从事畜牧业和农业，大多信奉佛教中的喇嘛教。由于地理环境和宗教的影响，藏族有自己独特的饮食风俗。藏族的日常食物主要是糌粑、牛、羊肉和奶子。糌粑是把青稞炒熟磨成面，用酥油茶和青稞酒拌和后，手捏小团而食。吃时，不用筷子，用手在米碗中边捏边食。食毕，用纸净碗，藏于怀中。食牛、羊肉，常将大块肉煮、烤熟，用刀割食。藏民普遍嗜茶，不分尊卑贵贱。煮茶的方法独特，先将茶叶放入水中烧沸，变成红色，再投入黄油及盐，搅匀即可。藏民喜欢酒。擅长用青稞酿酒，味淡而微酸，名曰“呛”，男女老少都颇有酒量，饮后男女互相携手笑唱，逍遥于市，以为乐事。藏民好客，宴客比较频繁，据《西藏宴客仪态》称，富贵者每月二三次，贫者也须有一次。宴客时，男女相对而坐，唱歌酬达。

藏族独具特色的民族节日甚多。藏历新年是藏族一年中最盛大的节日，藏历正月一日开始，三至五日不等。节日前藏历十二月初，人们开始准备年货。十二月中旬家家户户用酥酒捏制羊头，还要准备一个彩色的长方形“竹素琪玛”的五谷斗，称佛龛，斗内装满酥油糌粑、炒麦粒和人参果等食品，祈祝风调雨顺，牛羊满圈，五谷丰登。腊月二十九日晚家家吃“土粑”。新年一大早，妇女们悄悄从河边背回“吉祥水”。进餐时，长辈拿出酥油、糌粑和炸果子赏赐给自己的儿孙，全家共饮青稞酒，共祝新年吉祥如意。除此之外，望果节、赛马会、逛林卡等也是藏族重要的传统节日，在这些节日里，以淳朴的食物款待客人，桌子上一般都摆着“堆”。“堆”是用奶粒、酥油、糌粑和糖调和加工成方砖形。用酥油标成吉祥如意图案的食品。“堆”被视为藏族美食之冠。堆的四周还摆有酥油茶、青稞酒、人参果、肉食奶制品等食物。宴席开始，主人一边唱歌，一边给客人敬酒。客人一连三口干完为止。然后主人把各种美食敬给客人品尝。久居黄河峡谷的藏民，盛行一种用发酵面和牛奶、胡麻油、盐等烤制而成的“卡纸”食品。这种饼较大，最重百余斤，易保贮，成为当地藏族饮食一绝。藏族利用高原特产的冬虫夏草、人参果和蘑菇等创制的“虫草炖雪鸡”“人参果拌酥油”“蘑菇炖羊肉”等传统佳肴，被誉为“藏北之珍”。

由于受传统保护马匹观念的影响，藏族饮食中禁食马肉，驴及狗等有上牙动物的肉。少吃鱼、猪、鸡蛋，认为这三样食物对所吃藏药有抵触作用。平日一般端饭、斟酒、敬茶均用双手捧给对方，吃肉时不能将刀刃对准客人，饮酒时经常用右手无名指蘸少许酒，弹向空中三次，以示供佛敬神。

5. 维吾尔族饮食习俗

我国新疆天山以南塔里木盆地和天山以北准噶尔盆地的肥田沃野，是维吾尔族聚集生活的主要地区。历史悠久的维吾尔族有着丰富多彩独具的饮食习俗和特色美食，风靡全国的烤羊肉串，被誉为十全大补饭的“抓饭”，色、香、味俱佳的烤全羊，葡萄、瓜果，就如一幅千姿百态的民食风俗画卷展示在人们眼前。

由于维吾尔族信奉伊斯兰教，日常饮食主要为牛乳、羊肉、馕、奶皮、酥油、水果、红茶等，蔬菜较少。面粉、玉米和大米现已成为维吾尔族人民的日常主食。喜欢喝奶茶，吃馕、拉面和包子。待客时，较贵宾者，要宰羊，白煮后，大盘奉上，刀割而食。主要割羊尾肥脂，用手塞进客人口中，虽块大，客人也须张口来接，不得用手接取慢咽，更不得拒而不受，这是主人的敬宾之礼，客人吃后，依例回敬主人。最具民族风味的食品是烤羊肉串和“抓饭”，“抓饭”以羊肉、羊油、胡萝卜、葡萄干、洋葱和大米焖制而成。风味独特的“抓饭”是节日和待客不可缺少的食品。吃抓饭时既不用筷子也不用勺，而是将手洗净后，伸出五个手指把饭撮起来送到嘴里。民间有这样的俗语：“不用手抓抓饭不香，不抓吃不出抓饭好味道。”

维吾尔族的民族饮食特点具有明显的特征：一是具有严格的饮食禁忌，肉食以羊肉为主，忌食未经宰杀而死亡的畜肉。二是具有鲜明的地域特色，原料以新疆本地产的动植物为主，如牛羊、大米、小麦、葡萄、瓜果。三是受阿拉伯、波斯饮食文化的影响形成了独具异彩的民族特色，出现了“馕”“烤羊肉串”“烤全羊”“抓饭”等佳肴。

6. 朝鲜族饮食习俗

朝鲜族地区是我国北方著名的水稻之乡。食物种类繁多，式样亦丰富多彩。既有居家的日常饮食，又有举行各种传统礼俗活动、接待客人的节日饮食。朝鲜族能歌善舞，有尊老爱幼、礼貌待人的传统美德。饮食礼仪是朝鲜族饮食风情的重要组成部分。朝鲜族的饮食礼仪贯穿于饮食活动的全过程。如饮食的制作，摆饭桌、用餐、做客、待客、饮酒等，都有一定的传统规矩和风俗习惯。其中，最基本的内容是尊重长辈，礼貌待客，保持饮食卫生等。米饭是朝鲜族的主食，并伴有各种各样的米面糕饼。喜欢吃酱汤和生拌、凉拌的菜肴，其中以生拌活鱼、生拌牛肉、生拌鱿鱼和各种风味的山地植物野菜最具特色，滋补参汤营养丰富。厨房饮食多用铜质器具，用餐习惯于分食。朝鲜族是热情好客、好喝酒的民族。酒，是他们饮食生活中不可缺少的饮品。据史料记载，早在四五世纪时已酿造了高度酒。朝鲜族有“主酒客饭”的说法，

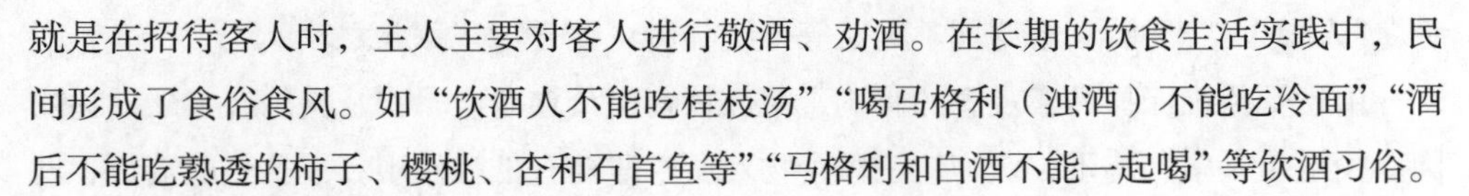

就是在招待客人时，主人主要对客人进行敬酒、劝酒。在长期的饮食生活实践中，民间形成了食俗食风。如“饮酒人不能吃桂枝汤”“喝马格利（浊酒）不能吃冷面”“酒后不能吃熟透的柿子、樱桃、杏和石首鱼等”“马格利和白酒不能一起喝”等饮酒习俗。

7. 哈萨克族饮食习俗

哈萨克族居民的生活习俗与维吾尔族有相似之处，信奉伊斯兰教，他们的节日除过古尔邦节和肉孜节之外，每年夏天牧民还举办“阿肯弹唱会”及每年辞旧迎新的那吾鲁孜节。哈萨克族是一个性情直爽、热情好客的民族。招待贵客的最高礼遇是宰一只黄头白身的大活羊。吃东西之前，主要会提一种叫“阿不都壶”的长颈铜壶请你洗手3次。拿着吃的东西，不能用鼻子去闻，吃烤馕时要掰成小块吃。吃过的东西或放在碗里的食物不要再给别人。饭后如果餐具不收走，不必急于离开，更不能跨过或踩踏餐布。

8. 苗族饮食习俗

在我国南方的少数民族中，苗族分布最为广泛，几乎遍布半个中国。以贵州最多，有贵州是苗族的大本营之说。苗族分白苗、青苗、黑苗、红苗和花苗。苗家饮食有两大特点：酸食与肉粥。据《苗族宴客仪志》说，苗族以“十月朔为大节岁首，祭盘瓠，揉鱼肉于木槽，扣槽群号以为礼。”意思是说在每年十月进行的祭祀活动中，人们把鱼肉放进大木槽中，众人围着木槽拍打并高声唱歌以为礼节。《滇行记程》记载，苗族多以草为灰，妇女以筒布为裙，以荷叶饭，涧水浇而食之，以芦管渍酒饮之，谓之“竿酒”。有“汉人敬茶，苗人敬酒”的说法。苗族食性喜酸，苗民酸食是从早期无盐的困境中寻找到一条“以酸代盐”的生路。故有“苗家不吃酸，走路打偏偏”的俗话。现在吃盐当然不成问题了，而盐制作酸食则是锦上添花了。湘西一带苗族村寨里，家家户户备有酸萝卜坛子，日常总有开味酸菜。酸鱼也是苗族传统食品，它是将鲜鱼入坛，经两三周后发酵变酸，食时用菘油或猪油煎炒后，别有风味。在广西北部苗族寨里，待客时讲究食用一种腌蚯蚓，这种当地生长的蚯蚓，长尺余，粗如拇指，入坛腌制后蒸熟热食，味道鲜美，营养丰富，是当地苗族款待高贵客人的佳品。苗族自古以来，凡肉食皆用白水煮，并放一把米。这样的肉格外好吃，汤也格外好喝，就形成了传统的饮食习惯了。苗家的肉粥常见的有鸡肉、鸭肉、狗肉、猪肠旺粥和牛胎盘粥等，味道极其鲜美，营养丰富，老少皆宜。湖南城步苗族自治县长安营乡盛产“长安虫茶”。据清光绪年间编修的《城步土志·卷五》记载：“茶有八峒茶……茶虽粗恶，置之旧笼一二年或数年，茶感化为虫，余名曰‘虫茶’。茶收贮经久，大多能消痰顺气。”此茶冲泡呈古铜色茶汁，喝之香气扑鼻，解渴生津，神奇无比。

9. 壮族饮食习俗

生活在我国南方的壮族，是我国人口最多的少数民族，历史悠久，文化灿烂。宗教信仰多神教，以自然物为崇拜对象，祖先崇拜占有重要地位，每家正屋都供奉“天地亲师”神位，还有的信仰佛教。壮族是典型的具有南方稻作文化代表性的岭南民族饮食文化特色，在古籍史料多有记录。《岭南杂记》中记载壮族先民“喜食虫，如蚯蚓、蜈蚣、蚂蚁、蝴蝶之类，见即啖之。”原始饮食古风遗俗显而易见。《徐霞客游记·粤西游日记三》云：“渔得数头……乃取巨鱼细切为脍，置大碗中，以葱姜丝与盐、醋拌而食之，以为至味。”这些古代饮食习俗，有的至今仍在壮族民间传承。

壮族全年月月有节，最隆重的节日是春节，日期同汉族，但有其民族色彩浓郁的民族事象。春节食品最为重要的是年猪、阉鸡和大年粽。杀猪必须“灌猪肠”，用猪血、猪大肠、糯米香料加工煮制而成。它是壮家喜爱的节日佳肴，大年粽以糯米、绿豆、猪肉及香肠作馅，用专门种植的粽叶包裹而成。据清初康熙年间《浔州府志》记：“浔俗，妇女多巧思，岁时馈饷，有以所谓冬叶苴秫，杂肉豆其中，大如升，煮昼夜，取出解食之，谓之肉粽。”春节祭祖灵时，大年粽放在供桌中央，四周簇拥着小粽，象征家族团结致富奔小康。农历三月三是壮族的传族民族歌节，又叫歌圩，“圩”意为集市。它仅次于春节，具有丰富的内涵。这天家家蒸五色糯米饭、煮五色蛋、杀鸡。男女青年盛装打扮赶歌圩，将糯米饭装进精巧的小布袋里，把蛋装进玲珑的网袋里。男女尽情对歌，相互钟情，同吃五色糯米饭、五色蛋。五色饭是用天然植物色素染糯米蒸制而成，三月三，清明、四月八等节日祭祀五色糯饭不可缺少，也可待客作馈赠亲友的佳品，有的地方食五色糯饭时，还配蒸腊肉、扣肉、粉蒸肉。

壮族是一个好客的民族，客人来到热情款待，盛夏，农村往往以粥代茶。敬客以酒，喜欢特酿的糯米甜酒、南瓜甜酒。有嚼槟榔的习俗。

10. 傣族饮食习俗

我国西南边陲的西双版纳，风光旖旎，景色宜人，傣族人们热情好客，能歌善舞，饮食风情独特。傣族饮食以烧为主，以酸辣为特征。日常饮食多是白紫糯米饭、带酸味的竹笋、白菜、萝卜等。热情待客，饮食较丰富。客人一进门先敬上槟榔。席上有丰盛的猪肉、鸡肉、鱼肉、牛肉和酸菜，烹调方法采用烤蒸、凉拌、剁等，风味不一，各具特色。肉类菜肴的制作一般用清水煮烂加入盐调味，只放辣椒、香草，别有风味。有时还有“蚂蚁蛋”“炸昆虫”“竹虫”“棕色虫”等上等佳肴，鲜香酥脆，非贵客不能奉献。“南崩”（即泡皮）也是傣族传统食品，用新鲜牛肉加工晒干而成的原料，先烧后炸而成，傣语俗语说：“油炸牛皮越泡越白，吃起来越脆越香。”现傣族曼景兰村寨有“傣味风味一条街”。全国各地也有傣族民族歌舞餐厅、酒楼，会感受到傣族饮食文化的丰富多彩。

11. 瑶族饮食习俗

生活在我国南方的瑶族，据说是苗族的分支。陆游《老学庵笔记》说，瑶族居山而耕，所种收获甚微，食品不足则猎野兽，甚至烧龟蛇而代食。瑶族人烹制食物，多截大竹作铛鼎，食物已熟而竹筒不燃，食之带鲜竹的清香，沁人心脾。瑶族多以米杂草子酿酒，用藤吸饮，故叫“藤酒”。瑶族人喜用蚁卵作酱，非常珍贵。

12. 侗族饮食习俗

我国的侗族，主要聚居在云南、贵州、湖南三省交界处，盛产大米，尤其以生产糯米见长。每当侗族富有特色的“坡节”时，侗族姑娘必备糯米饭和腌鱼馈赠情郎。糯米饭捏成团，被视为爱情的象征。“咸水糍粑”“侗果”“米花”“狗狼棒”等是侗族节日美食和待客珍品。“侗不离酸”，腌制发酵致酸的食品易于贮存，滋味更香醇。

二、宗教食俗

随着全球经济一体化的发展，文化的交流也日益繁荣，包括各种宗教文化已经在全世界各地广泛传播。在我国的一些国际性酒店房间里已经摆放有《圣经》《古兰经》等宗教文献；在许多国家国际航班的航空食品中已拥有印度教的严格素食、伊斯兰教的清真食品等。由此可见，在当今全球化经济发展的进程中，饮食文化方面的交流、相互渗透越来越体现出它的重要性。为了避免不必要的冲突，当代人必须懂得各种宗教信仰的饮食民俗，从而使人与人之间和谐共处、相互理解、彼此尊重。

1. 佛教饮食习俗

佛教产生于2500多年前的古印度，它作为一种宗教的哲学体系，对人的食欲以及饮食与修行、传教的关系有着许多独到的研究和规定。佛教将饮食从欲望、摄取、执著的角度分为四种饮食需求。第一是饮食需求段食，是人体由对食物营养及色香味的生理需求而进行的摄取行为；第二种是触食，是人体以眼、耳、鼻、舌、身、意六种官能去接触色、声、香、味、触、法六种境界，由于官能与意识结合而生起欲乐、适意的感觉；第三种是思食，即人在饮食方面的各种思虑、思考、意欲，使意识活动得以进行；最后是识食，与爱欲相应，执着的身心形成的潜意识活动。这四种饮食需求只有第一种是人的生理饮食活动，其他三种饮食行为应属于精神饮食活动的范畴。

在我国的历史上，南朝时期梁的开国皇帝梁武帝萧衍，在位48年间一心向佛，到了老年决定舍弃皇位，曾多次舍身出家到同泰寺去做和尚。他笃信佛教，大修庙宇，崇奉佛教，并以帝王之尊，素食终身，成为促进中国佛教信徒素食的关键推手。随着佛教的传播，佛家寺院菜流芳千古，遍布三山五岳，使佛教饮食带上宗教的色彩。久而久之，吃斋念佛、佛食兴素，成为饮食思想的定势，便成了中国佛教信徒不成文的清规戒律。

诞生于印度的原始佛教原本没有许多饮食清规戒律，僧侣托钵求食，遇荤吃荤，遇素吃素，但在寺院中主张戒杀放生，只吃三净肉（即自己不杀生、未亲眼看见杀生、不指使他人杀生的肉），所以现在各国的大多数佛教徒，包括中国藏族、蒙古族、傣族等民族的佛教徒在内，仍然是可以吃肉的。而我国汉族佛教徒基本上是吃素的，这一习惯的形成，是由于梁武帝的提倡并采取强迫命令的手段，强制佛教徒不许吃荤，一律素食。从此，形成了中国汉族佛教徒吃素的习惯和制度。

以我国汉族为主的佛教对饮食有着许多规定，出家人饮食方面的禁忌也很多，其中素食是最基本、最重要的要求。素食的概念包括不吃“荤”和“腥”。“荤”，是指有恶臭和异味的蔬菜，如大蒜、大葱、韭菜等。所谓“腥”，是指肉食，即各种动物的肉，甚至蛋类。对此类食物，出家人不能吃。不过素食的范围也比较广，例如，辣椒、生姜、胡椒、八角、香椿、茴香、桂皮、芜菁、芹菜、香菇类等都可食用。豆制品、牛奶和乳制品，如奶酪、生酥、醍醐等也都不在禁止之列。此外，佛教还要求僧人不饮酒、不吸烟。

佛教饮食制度讲究过午不食、分餐而食与进餐礼仪。过午不食，就是中午是僧侣吃饭之时，过了中午就不能进食了，不过这种饮食制度，在中国很难实行，特别是对于参加劳动的僧人。于是又产生了通融之法，如晚餐大多食粥，俗称“药食”等。佛寺僧侣的饮食实行的是分食餐制，吃同样的饭菜，每人一份。只有病号或特殊者可以另开小灶。食用前先要按规定念供，以所食供养诸佛菩萨，为施主回报，为众生发愿，然后方可进食。佛教弟子进餐时要遵循许多规定：“不得将口就食，不得将食就口。取钵放钵，并匙箸不得有声。不得咳嗽，不得擤鼻喷嚏：若自喷嚏，当以衣袖掩鼻。不得抓头，恐风屑落邻钵中。不得以手剔牙，不得嚼饭啜羹作声……这些规定是为了进食清洁卫生、吃相文明雅观，同时体现尊重他人、保障安全健康等理性因素。

2. 道教饮食习俗

道教是中国土生土长的宗教，富有浓厚的中华民族特色，在发展中由于受到“食医同源”的影响，获得了食养与食治的实践与认识。因此形成了道教重养生，追长寿的饮食观念。而这一观念已经深深渗透到中国许多普通人的饮食观念之中。

中国道教饮食文化的内容非常丰富，在经过对上千年前人饮食经验与理论的基础上，形成了重视食物烹调和节制饮食的思想，如“谨和五味”“饮食有节”等，并且指出过分追求美味佳肴和过度饮食都会招致疾病，如“膏粱之食”“饱食”“大饮”等，认为只要认真地注意饮食规律与实践，便可以享其天年，活过百岁，说“谨道如法，长有天命”“而尽终其天年，度百岁乃去”。这些都是中国道教信徒所尊奉的饮食养生之道。

道教信徒追求长生不老是道教的主要宗旨，对生命的尊重是道教思想的根本，由此渐渐形成饮食观念、信仰和习惯。主要饮食习俗包括：首先是“五谷为养”的观念，这也是今天中国居民营养膳食指南遵循的指导思想，以粮食作为养生的主体基础，五谷是生命的根基，以肉食、果品、蔬菜来改善、增益、补充、调节。将粮食作为主食，其余的肉食、果品、蔬菜统称为副食。主副食比例适当。膳食的酸碱平衡、主食和副食的平衡是十分重要的。其次提倡少食“辟谷”。谷在这里是谷物蔬菜类食物的简称，辟谷，即不进食物。辟谷又称却谷、断谷、绝谷、休粮、绝粒等，即在修行过程中相对不食或节制五谷杂粮的饮食。道教认为，人食五谷杂粮，要在肠中积结成粪，产生秽气，阻碍成仙的道路。辟谷是道士用来修身的一种方法，通常在辟谷期，不吃用火烹制的食物，只喝水和吃些天然的食物，如桑葚、黄精等。据说这种方法可以使人身轻体健、耳聪目明。有一些长寿的人也用定期停止进食的方法来增强身体的适应性。另外，在许多其他的宗教中也存在相似的修身方法，如藏传佛教。然而没有人在严格的科学实验环境中能突破禁食禁水7～10天或禁食30天左右的人体存活极限。有一些绝食表演者似乎可以不吃不喝很多天，但都是在表演者自己设定的环境、条件下进行。能够长期辟谷的人通常只是限制食物的种类和数量，但并不可能做到长期禁食或禁水。辟谷的饮食行为，从现代营养科学的角度看是不能提倡的，长期辟谷会导致人体营养不均衡，影响身体健康。拒食荤腥。“荤”的本义指的就是不良的气味，如臭味、怪味、刺激气味等，主要指含有刺激性气味的蔬菜，如葱、姜、蒜、辣椒、韭菜、芥末等食物，而“腥”原本是指带有血腥气味的动物肉食。道家信仰饮食民俗在中国古代对一般平民百姓生活影响并不大，因为他们本来就是在半饥半饱、与荤腥无缘的状态中生活，直到他们饿死也与神仙无缘。古代道教的信仰饮食民俗，带有浓郁的宗教色彩，形成了中国道教的“素食”及其素食菜肴食品的制作，它对丰富中国传统的饮食文化作出了一定的贡献。

3. 伊斯兰教饮食习俗

伊斯兰教是7世纪初阿拉伯岛麦加人穆罕默德所创立的一种神教。在中国旧称“回教”“回回教”“清真教”“天方教”。于公元7世纪中叶，伊斯兰教传入中国，信奉伊斯兰教的有回族、维吾尔族、东乡族、柯尔克孜族、撒拉族、塔吉克族、乌孜别克族，保安族等10个少数民族。伊斯兰教信徒的饮食习惯严格受到教规的影响与制约，在《古兰经》等伊斯兰教的典籍中，对饮食禁忌均提出了具体的要求。中国的穆斯林遵循着伊斯兰教经典所定的饮食清规，形成了别具一格的饮食习俗，称为“清真饮食”。伊斯兰教规定，穆斯林的饮食有许多禁忌，不善不洁者不可食。《古兰经》说：“一切异形之物不食”，清初回族著名经师学者刘智译著的《天方典礼》之《饮食篇》中讲：“天方人家，有驼、牛、羊、马、骡、驴六畜。非隆重节日不宰食。野兽、鱼、虫也有一些不可食。”近代有些地区虽放宽部分水产海鲜品的食用，如无鳞的鳝，以及蟹、海参、蚌、鳖之类，但仍有回民遵守教规不食。饮酒也为伊斯兰教所禁，凡宗教活动的餐桌上，绝对免酒。一般筵宴和便餐，可适量饮酒。

在伊斯兰教的饮食禁忌中，以禁食猪肉的习俗最为严格，伊斯兰教徒不仅不能食猪肉、养猪、用猪油炒菜，甚至忌讲“猪”字，称猪为“黑牲口”、猪肉为“大肉”、猪油为“大油”、属相为猪称“属黑”。关于可食动物《饮食篇》中讲：“兽与禽类，凡食谷、食刍而性善纯德者可食。”伊斯兰教对食物的选择，大致遵循美与丑、善与恶、洁与污的取舍标准。如乌鸦形丑，螃蟹横行，猪是肮脏的东西，不食；有病和自死的动物不洁。不利卫生安全，不食；性情凶残的动物，食后不利养性，也不可食，这与伊斯兰教提倡和平、平等、不抢掠的教义是一致的。

在伊斯兰教尊奉的三大民族节日里，饮食习俗体现得最为明显。一是“斋月”，是在回历九月的一个月中，穆斯林每天从黎明到日落禁止饮食，日落后至黎明前进食。午夜一餐，最为丰盛。直到十月初一才开斋过节，开斋这天是“开斋节”，又名“肉孜节”，人们杀牛宰羊，制作油香、馓子、奶茶等食物，沐浴盛装，举行会礼，群聚饮宴，相互祝贺。二是“古尔邦节”，又名“宰牲节”，有宰牲以献真主之意。在回历十二月初十，人们要把家中扫除干净，沐浴馨香，要赶在太阳升起前去清真寺听阿訇念《古兰经》，举行会礼，观看宰牲仪式，并互相拜节，宰羊煮肉，做抓饭、油香，举行各种娱乐活动。三是“圣纪节”，在回历三月二十日，于清真寺举行诵经、赞圣和讲述穆罕默德的生平事迹，人们宰牛宰羊，炸油香，馓子招待客人，亲友拜节祝贺。

我国信仰伊斯兰教者分布很广，饮食上也形成了南北差异。北方清真饮食源于陆上丝绸之路的开辟，受游牧民族影响大，以羊肉、奶酪、面食为主体；南方清真饮食源于海上香料之路，受农耕民族影响大，以牛肉、家禽、稻米为主，水产菜肴也有出现。由于清真饮食的诞生与发展，在我国形成了富有特色的“清真菜”。清真菜是指信仰伊斯兰教的中国少数民族食用的菜肴，或特指回族菜肴为清真菜。清真菜既有浓郁的伊斯兰宗教习俗，又有中国地方饮食文化风格。在中国信仰伊斯兰教的民族有十几个，他们虽然有着共同的饮食习俗和饮食禁忌，但在饮食风味上则存在着一定的差别，因而人们常习惯把主要居住在新疆的少数民族的风味菜肴划出来，称为新疆菜，把回族菜肴称为清真菜。

微课插播

基督教饮食习俗

基督教是世界上第一大宗教，其信徒约有18亿人，与伊斯兰教和佛教并称世界三大宗教。基督教信徒的饮食与常人没有太多的差别，也没有特别的讲究，《圣经》中强调人们应当“勿虑衣食”，不要为衣食所累，并且反对荒唐的宴会和酗酒，爱才是上帝最悦纳的祭祀，而不是别的，基督教中神是不食人间烟火的，也无人间的饮食欲望和追求。《圣经》中提倡为食物而劳动，这里的食物不是“必坏的食物”，而是永生的精神食物耶稣，做弥撒时神父使用无酵面包和葡萄酒进行祝圣后，称他们将变成“圣体”和“圣血”，然后进行分食。基督教信徒有不吃动物血、不吃勒死的牲畜和禁酒饮，虽然大多数基督教信徒遵守，但并不是绝对的禁忌，而提倡人们自己做出选择。基督教信徒要在饭前祈祷，感谢天主的恩赐。基督教徒每星期五要“行小斋”，不吃肉食，减少食物数量和品种，在受难日和圣诞节的前一天要“守大斋”，只吃一顿饱饭。

社会课堂

北京民俗博物馆

北京民俗博物馆是北京唯一国办民俗类专题博物馆，坐落于北京市朝阳区朝阳门外大街141号，馆址设在全国重点文物保护单位——北京东岳庙内。

历史上的东岳庙为国家祀典之所，具有七八百年的历史传承，民间祭祀活动则更为盛大，成为具有丰厚底蕴的民俗文化活动中心。1996年，北京东岳庙被国务院定为全国重点文物保护单位。1997年，成立北京东岳庙管理处和北京民俗博物馆。1999年，北京民俗博物馆正式对外开放。

北京民俗博物馆现成为北京民俗的研究中心、展示中心和活动中心。先后举办有“传统节日与法定假日”等各类学术研讨会数十次，出版有《北京民俗论丛》《老北京传统节日文化》等书籍。馆内常年举办民俗展览，推出了《人生礼俗文物展》《老北京商业民俗文物展》等大型展览10余个。在春节举办的东岳庙庙会被纳入国家级非物质文化遗产名录。此外，逢端午、中秋、重阳等传统节日，都会举办丰富多彩的民俗游园活动。依托馆内东廊院建设的东岳书院为公众提供传统文化讲座服务。博物馆已逐渐成为京城市民和各地游客了解北京传统民俗文化的重要窗口。

■ 模块小结

本模块简单介绍了传统食礼的发展过程与饮食习俗的意义。在现代礼仪中，重点介绍了宴会的类型，主人和客人的礼仪及宴席座次和餐桌安排。饮茶和饮咖啡也有一定的礼仪要求。在饮食风俗中，年节食俗、人生礼仪食俗各有其特征；宗教信仰食俗和少数民族食俗又有它的特殊性，不同时间、不同地方和区域饮食风俗就有差异。正是“十里不同风，百里不同俗。”通过探讨食礼和食俗，使我们得到启发，能更好地了解中国的饮食文化。

【延伸阅读】

1. 谭业庭．中国民俗文化［M］．北京：经济科学出版社，2010.
2. 云中天．中国民俗文化·节俗［M］．南昌：百花洲文艺出版社，2006.
3. 赵荣光，谢定源．饮食文化概论［M］．北京：中国轻工业出版社，2006.
4. 高丙中．中国民俗概论［M］．北京：北京大学出版社，2009.

【讨论与应用】

一、讨论题

1．冷餐酒会的特点是什么？

2．茶道的操作程序有哪些？

3．维吾尔族饮食习俗特点有哪些？

4．招待会吃中餐时，使用筷子有何礼仪规范，饮酒有哪些礼仪和规范？

二、应用题

1．了解并叙述自己当地的饮食风俗。

2．简单分析佛教、伊斯兰教、基督教及道教的食俗特点。

3．在中餐宴会中，客人发现食物中有异物，你认为应如何避免客人投诉？

4．简述自己在过年时到亲朋好友家中做客时，要注意的民间传承的礼仪与习俗事项。

中国饮食养生文化

■ 本模块提纲

单元一　中国饮食养生概述

单元二　中国饮食养生理论的实践应用

单元三　中国当代饮食养生观

■ 学习目标

知识目标：了解中国饮食养生的起源与发展，掌握中国饮食养生的特点。认识中国饮食养生文化的内容及其在中国传统文化中的地位和意义，掌握饮食营养的基本知识与饮食卫生的基本知识。

能力目标：通过本模块内容的学习，能够熟悉饮食平衡、五味调和、四季养生等观念及其日常运用。学习当代中国饮食养生的发展趋势与现代营养学的内容与应用，能够进行简单的菜单设计。

中国饮食文化的一个重要思想，就是饮食不仅是为了维持生命，更重要的在于养护生命，这就是中国人自古以来的饮食养生之道。《汉书·郦食其传》说："民以食为天"，说明饮食是保证生存不可缺少的条件。每个人只要活着就要吃，但是，人为什么要吃、应该怎样吃，却不是每个人都知道的。明代大医药学家李时珍曾说过："饮食者，人之命脉也"，这是千真万确的。如今，随着人们生活水平的日益提高，包括饮食养生在内的养生手段越来越成为人们追求的目标。

单元一　中国饮食养生概述

中国饮食文化的一个重要思想，就是饮食不仅是为了维持生命，更重要的在于养护生命，这就是中国人自古以来的饮食养生之道。《汉书·郦食其传》说："民以食为天"，这说明饮食是保证生存不可缺少的条件。每个人只要活着就要吃，但是，人为什么要吃、应该怎样吃？这却不是每个人都知道的。明代大医药学家李时珍曾说过："饮食者，人之命脉也"，这是千真万确的。因此我国古人认为，养生必须首先从饮食做起，懂得吃的科学和方法。吃是生命活动的表现，是健康长寿的保证，"安谷则昌，绝谷则危"。只有足食，才能乐业，"安民之本，必资于食"。因此，饮食不仅维系着个体的生命，而且关系到种族的延续，国家的昌盛、社会的繁荣、人类的文明。

一、中国饮食养生的起源与发展

原始人类在与自然界斗争的过程中，逐渐发现了有些动、植物既可充饥又可保健疗疾，积累了很多宝贵的经验。随着社会的进步，人们认识并开始利用火。"燧人氏钻木取火，炮生为熟，令人无腹疾，有异于禽兽。"可见火的发现是人类饮食营养、养生保健的一次进步，具有深远的意义。

随着陶器的出现和使用，食物的加工不仅限于"火上燔肉"和"石上燔谷"，烹调方法日益多样化，食物的味道也更加可口。此时期还出现了酒，在《吕氏春秋》中就已有"仪狄作酒"的记载，但最初只限于粮食作物和果实自然发酵而成的酒，此后又出现了复合成分的食用酒和药用酒。商代的大臣伊尹改革了烹饪器具，并发明了羹和汤液等食品，开创了煮食和去渣喝汤的饮食方法。公元前5世纪的周代，出现了专门掌管饮食营养保健的"食医"。此后，醋、酱、糖、豆腐等调料及食品也相继出现，为中国饮食养生观的形成奠定了物质基础。

战国时期的《内经》是我国第一部医学理论专著，其中《素问·五常政大论》中说："大毒治病，十去其六；常毒治病，十去其七；小毒治病，十去其八；无毒治病，十去其九。谷肉果菜，食养尽之，无使过之，伤其正也。"这可以说是我国饮食养生理论对人们长期饮食实践结果的高度总结。"食养"，亦即饮食养生，书中高度评价了饮食养生的作用。合理的饮食可以养生命之正，可以无毒治病，这是中国饮食养生理论的重大进步。饮食养生，也就是食疗养生，东汉名医张仲景治疗外感病时服桂枝汤后要配合饮食，有"啜热稀粥一升，余以助药力"，在服药期间还应禁忌生冷、黏腻、辛辣等食物，可见其对饮食养生及其辅助治疗作用的重视。

隋唐时期有很多食疗食养专著问世，如孙思邈的《千金要方》卷二十六专论食治，他主张"为医者，当晓病源，知其所犯，以食治之，食疗不愈，然后命药"。为什么呢？因为"是药三分毒"，对人体有害，而饮食治疗没有毒，对于生命的养护具有重要意义，体现了“药治不如食治”的原则，也体现了中华民族对于饮食与生命之关系的科学认识。此后的《食疗本草》《食性本草》等专著都系统记载了一些食物药及药膳方。宋代的《圣济总录》中专设食治一门，介绍各种疾病的食疗方法。宋代陈直著有《养老奉亲书》，专门论述老年人的卫生保健问题，重点谈论了饮食养生与人体健康的重要作用。元代饮膳太医忽思慧编撰的《饮膳正要》一书，继承食养、食医、食治结合的传统，对健康人的饮食做了很多的论述，堪称我国第一部饮食养生学专著。明代李时珍的《本草纲目》收载了谷物、蔬菜、水果类药物300余种，动物类药物400余种，皆可供食疗养生使用。此外，卢和的《食物本草》、王士雄的《随息居饮食谱》及费伯雄的《费氏食养三种》等著作的出现，使饮食养生理论得到了全面的发展，并在中医学理论体系中形成了独具特色的饮食养生理论。

微课插播

《随息居饮食谱》简介

《随息居饮食谱》为清人王士雄撰，成书于清咸丰十一年（1861），是一部著名的营养学专著。全书共一卷，列食物331种，分水饮、谷食、调和、蔬食、果食、毛羽、鳞介七类，每类食物多先释名，后阐述其性味、功效、宜忌、单方效方甚或详列制法，比较产地优劣等。论述清晰，重点突出，语言通俗易懂，是研究中医食疗法、养生保健、祛病延年的一本必备参考书。其中，对许多食物养生保健、食疗食治功能的论述，已被现代科学证明是正确的，具有相当高的使用价值与现实意义。

而今，随着社会经济的发展和人民物质生活水平的提高，人们越发重视饮食的科学性与合理性，意识到健康的饮食结构不仅能维持正常的生理功能，而且合理使用更能祛病强身、延年益寿，从而提高生命质量。通过现代营养学研究表明，中国传统饮食与人体所需的营养结构有很多不谋而合之处，进一步证实了中医饮食养生理论的科学性。

二、中国饮食养生的原则与特点

1. 中国饮食养生四大特点

（1）饮食养生宜早不宜迟　祖国医学一直认为，脾胃是人体的后天之本，故倡导养生特别是饮食养生至迟也须从青、中年开始，经过饮食调理以保养脾胃实为养生延年之大法。如味甘淡薄也足以滋养五脏，故劝人尽量少吃生冷、燥热、重滑、厚腻饮食，才不致损伤脾胃。如能长期做到顾护脾胃，从而起到保护脾胃的作用而恰当地进行饮食养生，则多可祛病长寿。

（2）饮食养生关键在于饮食有节　节制饮食的要点关键在于“简、少、俭、谨、忌”五字。饮食品种宜恰当合理，进食量不宜过饱，每餐所进肉食不宜品类繁多，要十分注意良好的饮食习惯和讲究卫生，宜做到先饥而食，食不过饱，未饱先止；先渴而饮，饮不过多，并尽量避免夜饮夜食等。此外，过多偏食、杂食也不相宜。

（3）病患宜先食疗后药治　食疗在却病治疾方面有利于长期使用，尤其对于老年人来说特别重要。因为老年人多有五脏衰弱，气血耗损，加之脾胃运化功能减退，故先以饮食调治更易取得用药物所难获及的功效。另一个方面，大多数老年人患有程度不一的慢性病或身体虚弱，一则难坚持长期服药，二则有的不太习惯，三则易发生不良反应，所以先通过食疗进行调理，如果效果不明显必要时再用药物进行治疗较为妥当。

（4）讲究饮食适宜与卫生　饮食过程要细嚼慢咽，最忌狼吞虎咽，这是人人皆知的道理。饮食养生的一个重要方面是善于学会选择健康的食物与节制饮食，对腐败、腻油、荤腥、黏硬难消化、干燥炙炒、浓醇厚味饮食要注意适当食用或不食用。清淡饮食对人的健康有益，所以选择口味清淡、易于消化的食物为好。另外饮食宜暖，但暖亦不可烫口，以热不灼唇，冷不冰齿为宜，坚硬或筋韧、半熟之肉品多难消化，食物要熟透细软，对于老人来说尤其重要。

2. 中国饮食养生的原则

（1）合理调配　人吃单一食物是不能维持身体健康的，因为有些必需的营养素，如一些必需脂肪酸、氨基酸和某些维生素等，不能由其他物质在体内合成，只能直接从食物中取得。而自然界中，没有任何一种食物含有人体所需的各种营养素。因此，为了维持人体的健康，就必须把不同的食物搭配起来食用。

我国人民早就认识到了这一点。如《黄帝内经》中说：“五谷为养，五果为助，五畜为益，五菜为充，气味合而服之，以补精益气。”“谷肉果菜，食养尽之。”这就全面概述了粮谷、肉类、蔬菜、果品等几个方面，是饮食的主要内容，并且指出了它们在体内起补益精气的主要作用，人们必须根据需要，兼而取之。同样，根据中药学的理论，还应注意食物的配伍问题。食物的配伍分协同与颉颃两方面。在协同方面又分相须、相使，在颉颃方面分为相反、相杀、相畏和相恶。这些知识对于我们调配饮食也是很重要的。

所谓相须，是指同类食物相互配伍使用，可起到相互加强的功效，如百合炖秋梨，共奏清肺热、养肺阴之功效。所谓相使，是指以一类食物为主，另一类食物为辅，使主要食物功效得以加强，如姜糖饮，温中和胃的红糖，增强了温中散寒生姜的功效。所谓相反，是指两种食物合用，可能产生不良作用，如柿子忌茶，白薯忌鸡蛋。所谓相杀，是说一种食物能减轻另一种食物的不良作用。所谓相恶，是指一种食物能减弱另一种食物的功效。所谓相畏，是指一种食物的不良作用能被另一种食物减轻，如扁豆的不良作用能被生姜减轻。

（2）五味调和 所谓五味，是指酸、苦、甘、辛、咸。这五种类型的食物，不仅是人类饮食的重要调味品，可以促进食欲，帮助消化，也是人体不可缺少的营养物质。中医认为，味道不同，作用不同。如酸味有敛汗、止汗、止泻、涩精、收缩小便等作用，像乌梅、山楂、山萸肉、石榴等；苦味有清热、泻火、燥湿、降气、解毒等作用，像橘皮、苦杏仁、苦瓜、百合等；甘味即甜味，有补益、和缓、解痉挛等作用，如红糖、桂圆肉、蜂蜜、米面食品等；咸味有泻下、软坚、散结和补益阴血等作用，如盐、海带、紫菜、海蜇等；辛味有发散、行气、活血等作用，如姜、葱、蒜、辣椒、胡椒等。因此，在选择食物时，必须五味调和，这样才有利于健康、若五味过偏，会引起疾病的发生。《黄帝内经》就已明确指出："谨和五味，骨正筋柔，气血以流，腠理以密，如是则骨气以精，谨道如法，长有天命。"说明五味调和得当是身体健康、延年益寿的重要条件。

要做到五味调和，一要浓淡适宜。二要注意各种味道的搭配。酸、苦、甘、辛、咸的辅佐，配伍得宜，则饮食具有各种不同特色。三是在进食时，味不可偏亢，偏亢太过，容易伤及五脏，于健康不利。对于最后一点，《黄帝内经》中指出："多食咸，则脉凝而变色；多食苦，则皮槁而毛拔；多食辛，则筋急而爪枯；多食酸，则肉胝而唇揭；多食甘，则骨痛而发落，此五味之所伤也。"即咸味的东西吃多了，会使流行在血脉中的血瘀滞，甚至改变颜色；苦味的东西吃多了，可使皮肤枯槁、毛发脱落；辣味的食品吃多了，会引起筋脉拘挛、爪甲干枯不荣；酸的东西吃多了，会使肌肉失去光泽、变粗变硬，甚至口唇翻起；多吃甜味食品，能使骨骼疼痛、头发脱落。以上都是因五味失和而影响机体健康的情况，从反面强调了五味调和的重要性。

（3）饮食要卫生　我国传统饮食历来有注意食品卫生的习惯，大教育家孔子很早就提出了一些食物不宜吃："食饐而竭，鱼馁而肉败，不食；色恶，不食；臭恶，不食；失饪，不食；割不正，不食；……"里面最重要的一条是不吃腐败变质的食物。所谓"食饐而竭"，就是说饮食经久而腐臭；"鱼馁"，是指鱼腐烂，"肉败"是说肉腐败，这样的食品不能吃。怎样判断食品是否变质呢？孔子的办法是观察食品的颜色和气味。"色恶"，是说颜色难看，"臭恶"，是指气味难闻，凡这样的食品都不应该吃，吃了会引起食物中毒。

（4）饮食有节 《黄帝内经》中说："饮食有节……故能形与神俱，而尽终其天年，度百岁乃去。"《管子》亦说："饮食节……则身体利而寿命益；饮食不节……则形累而寿命损。"《千金要方》里亦云："饮食过多则聚积，渴饮过多则成痰。"这些都说明了节制饮食对人体的重要意义。相反，若不重视饮食有节，想怎么吃就怎么吃，想什么时候喝，就什么时候喝，就会对健康带来极大危害。

所谓饮食有节，是指饮食要有节制，不能随心所欲，要讲究吃的科学和方法。具体地说，是要注意饮食的量和进食时间。

一是饮食要适量。这是说人们吃东西不要太多，也不要太少，要恰到好处，饥饱适中。人体对饮食的消化、吸收、输布、贮存，主要靠脾胃来完成，若饮食过度，超过了脾胃的正常运化食物量，就会产生许多疾病。南北朝时道家著名人物、医药学家陶陶居曾写过这样一首诗："何必餐霞服大药，妄意延年等龟鹤。但于饮食嗜欲中，去其甚者将安乐。""餐霞""服大药"，是当时追求长生不老常用的两种方法，陶陶居这首诗歌劝告世人：何必去追求什么长生不老药，还想靠那些东西益寿延年，寿比龟鹤。只要在饮食嗜好中，改掉那些最突出的毛病，就会给你带来安乐。那么，哪些是饮食嗜欲中的"甚者"呢？饮食过饱就是一甚。饮食过量，在短时间内突然进食大量食物，势必加重胃肠负担，使食物滞留于肠胃，不能及时消化，从而影响营养的吸收和输布，脾胃功能也因承受过重而受到损伤。其实，对于这一点，古人早有认识。如《黄帝内经》中说："饮食自倍，肠胃乃伤"。《博物志》说："所食逾多，心逾塞，年逾损焉。"《东谷赘言》中更明确指出饮食过量对人的具体危害："多食之人有五患，一者大便数，二者小便数，三者扰睡眠，四者身重不堪修养，五者多患食不消化。"过饱不利于健康，但食之太少亦有损于健康。有些人片面认为吃得越少越好，结果强迫自己挨饿，由于身体得不到足够的营养，反而虚弱不堪。正确的方法是"量腹节所受"，即根据自己平时的饭量来决定每餐该吃多少。"凡食之道，无饥无饱——是之谓五脏之葆"。这无饥无饱，就是进食适量的原则。只有这样，才不致因饥饱而伤及五脏。

二是饮食应定时。人们每餐进食应有较为固定的时间。这样才可以保证消化、吸收正常地进行，脾胃活动时能够协调配合、有张有弛。中医学认为，一日之中，机体阴阳有盛衰之变，白天阳旺，活动量大，故食量可稍多；而夜暮阳衰阴盛，即待寝息，以少食为宜。因此古人有"早餐好，午餐饱，晚餐少"的名训。清代马齐《陆地仙经》中提到："早饭淡而早，午饭厚而饱，晚饭须要少，若能常如此，无病直到老"。

（5）烹调有方　这是因为合理的烹调可以使食品色、香、味俱全，不仅增加食欲，而且有益健康。传统饮食养生学主张在食物的制作过程中，应注意调和阴阳、寒热，对老人饮食还提倡温热、熟软，反对黏硬、生冷。

所谓制作中的调和阴阳，是指在助阳食物中，需加入青菜、青笋、白菜根、嫩芦根、鲜果汁以及各种瓜类甘润之品，这样能中和或柔缓温阳食物辛燥太过之偏；而在养阴食物中加入花椒、胡椒、茴香、干姜、肉桂等辛燥的调味品，则可调和或克制养阴品滋腻太过之偏。所谓制作中的调和寒热，是指体质偏寒的人，烹调时，宜多加姜、椒、葱、蒜等调味；体质偏热的人，则应少用辛燥物品调味，并须注意制作清淡、寒凉的食品，如蔬菜、水果、瓜类。老年人因脾胃虚弱，烹调时应多加注意。《寿亲养老新书》中说："老人之食，大抵宜温热、熟软，忌黏硬生冷"，黏硬之食难以消化，筋韧不熟之肉更易伤胃，胃弱年高之人，每因此而患病。故煮饭烹食，以及制作鱼，肉、瓜、菜之类，均须熟烂方食。

（6）四时宜忌　《饮膳正要》中说："春气温，宜食麦以凉之；夏气热，宜食菽以寒之；秋气燥，宜食麻以润其燥；冬气寒，宜食黍以热性治其寒。"这段话说明了，由于四时气候的变化对人体的生理、病理有很大影响，故人们在不同的季节，应选择不同的饮食。《周礼·天官》中亦云："春发散宜食酸以收敛，夏解缓宜食苦以坚硬，秋收敛吃辛以发散，冬坚实吃咸以和软。"这种因时择味的主张至今仍为群众所习用。

春天，万物复苏，阳气升发，人体之阳气亦随之升发，此时应养阳，在饮食上要选择一些能助阳的食品，如葱、荽、豉等，使聚集一冬的内热散发出来。在饮食品种上，也应由冬季的膏粱厚味转变为清温平淡。冬季一般蔬菜品种较少，人体摄取的维生素往往不足，因此，在春季膳食调配上，应多采用一些时鲜蔬菜，如冬种绿色蔬菜春笋、菠菜、芹菜、太古菜等；在动物性食品中，应少吃肥肉等高脂肪食物。中医还主张："当春之时，食味宜减酸益甘，以养脾气，饮酒不可过多，米面团饼不可多食，致伤脾胃，难以消化。"这些都是值得我们注意的。

夏季酷热多雨，暑湿之气易乘虚而入，人们往往会食欲降低，消化力也减弱，大多数人厌食肥肉和油腻等食物。因此，在膳食调配上，要注意食物的色、香、味，尽力引起食欲，使身体能够得到全面足够的营养。中医认为，夏季阳气盛而阴气弱，故宜少食辛甘燥烈食品，以免过分伤阴，宜多食甘酸清润之品，如绿豆、西瓜、乌梅等。《颐身集》指出："夏季心旺肾衰，虽大热不宜吃冷淘冰雪、密冰、凉粉、冷粥"，否则饮冷无度会使腹中受寒，导致腹痛、呕吐、下痢等胃肠疾患，这点对年老体弱的人尤其重要，此外，夏季食物极易腐烂变质，因此，夏季一定要注意饮食卫生，不喝生水，生吃瓜果蔬菜一定要洗净。

秋天，气温凉爽、干燥，随着暑气消退，人们从暑热的困乏中解脱出来，食欲逐渐提高，再加上各种瓜果大量上市，应特别注意"秋瓜坏肚"。立秋之后，不论是西瓜还是香瓜、菜瓜，都不能恣意多吃了，否则会损伤脾胃的阳气。因气候干燥，在饮食的调理上，要注意少用辛燥的食品，如辣椒、生葱等皆要注意，宜食用芝麻、糯米、粳米、蜂蜜、枇杷、甘蔗、菠萝、乳品等柔润食物。明代李挺认为："盖晨起食粥，推陈致新，利膈养胃，生津液，令人一日清爽，所补不小"，此是主张秋季早晨要多喝点粥。

冬天，气候寒冷，虽宜热食，但燥热之物不可过食，以免使内伏的阳气郁而化热。饭菜口味可适当浓重一些，有一定脂类。因绿叶蔬菜较少，故应注意摄取一定量的黄绿色蔬菜，如胡萝卜、油菜、菠菜及绿豆芽等，避免发生维生素A、维生素B_2、维生素C缺乏症。为了防御风寒，在调味品上可以多用些辛辣食物，如辣椒、胡椒、葱、姜、蒜等。此外，炖肉、熬鱼、火锅亦可多食一点。冬季切忌黏硬、生冷食物，此类属阴，易伤脾胃之阳。对于体虚、年老之人，冬季是饮食进补的最好时机。

（7）因人制宜　此指因人们的年龄、体质、职业不同，饮食应有差异。

不同年龄的饮食要求是不同的，这一点对于现代人来说应是尽人皆知的。对于不同体质的饮食要求，在传统饮食养生学中是最为重要的特征。传统中医理论认为，人的体质有阴阳、冷热、虚实、燥湿等之分别，因此饮食不能够完全相同，必须因人而异。

同样的道理，不同职业的人员饮食也有差异。比如体力劳动者，首先要保证足够热量的供给，因为热量是体力劳动者能进行正常工作的保证。为此，必须注意膳食的合理烹调和搭配，增加饭菜花样，提高食欲，增加饭量，以满足工人们对热量及各种营养素的需求。此外，还要多吃一些营养丰富的副食以及蔬菜和水果。而脑力劳动者，脑消耗的能量占全身总消耗量的20%，因此，脑需要大量的营养。经研究证实，核桃、芝麻、金针菜、蜂蜜、花生、豆制品、松子、栗子等均有健脑补脑的良好功效，可多食之。

单元二　中国饮食养生理论的实践应用

如上所述，中华民族是一个非常注重养护、养育生命的民族，即平常所说的“养生之道”，这是“中华民族繁荣昌盛”的根本保证。而“养生之道”的基础又在于饮食养生，古人提倡“食饮有节”、杜绝“病从口入”等都是饮食养生的理论实践。

中华民族的饮食养生观，自古以来就建立在“人与自然和谐相处”前提下的，这样的饮食思想是最符合人类生命养育之道的。中国一个“和”字就体现了这样的饮食养生观。“和”不仅有平和、和谐、中和等含义，其中还包含着“人类以摄取植物性食物为主的饮食行为，是最有益于生命的滋养，且能够与大自然和谐相处”的观念。

中国菜肴烹饪体系的发展与形成，就是以中华民族的饮食养生观为理论基础为前提的最好实践产物。中国菜的菜肴制作、用料搭配、宴席组合，乃至一日三餐的食馔制作，都很好地运用了中华民族传统的饮食养生理论，在经过长期的菜肴烹饪与饮食实践活动中，不断丰富积累逐渐形成了较为完备的菜肴体系。因此，中国菜的养生之道成为中国菜形成与发展的灵魂所在。

所以，中国菜对中华民族养生理论的运用与实践，所体现出来的养生之道是值得我们研究和学习的。中国菜的饮食养生实践，揭示了中国饮食文化的丰富内涵。

一、孔子饮食养生观在中国菜中的运用

中国菜根植于儒家文化、黄河文化、中原文化的深厚土壤，以其丰厚的历史积淀与悠久的历史传承，成为世界饮食文化发展史上影响力最大、覆盖范围最广的菜肴体

系，是中国历史文化遗产的重要组成部分。因而，中国菜的养生之道受到儒家饮食养生观念的影响也是最大的。

在儒家经典著作《论语·乡党》中，记录了孔子一段关于菜肴、食馔饮食养生的论述，系统地阐述和表达了孔子的饮食养生观。他说："食不厌精，脍不厌细。食饐而餲，鱼馁而肉败不食。色恶，不食。臭恶，不食。失饪，不食。不时，不食。割不正，不食。不得其酱，不食。肉虽多，不使胜食气。唯酒无量，不及乱。沽酒市脯不食。不撤姜食，不食。祭于公，不宿肉。祭肉不出三日，出三日，不食之矣。食不语，寝不言。席不正，不坐。"等。

孔子关于饮食养生的论述对于后世产生了极其重要的影响。其中对于中国菜养生的影响，主要包括如下几个方面。

首先，是对于中国菜菜肴加工的影响。孔子有著名的"食不厌精，脍不厌细"之语。这一饮食之论，被许多后人认为是孔子倡导人们片面地追求精美考究的饮食生活方式。其实这是一种错误的理解。事实上，他完全是基于当时平民阶层粗粝劣食的现状而提出来的，告诉人们在食料充足的情况下，尽可能提高菜肴、饭食的加工水平和烹饪技术水平，使入口的菜肴、饭食精细些。如果长期食用加工粗糙的菜肴和制作粗劣的饭食对人体的健康是不利的，不符合起码的养生之道。在菜肴、饭食加热烹饪方面，孔子提出了"失饪不食"的科学养生观点。清人刘宝楠在《论语正义》中云："失饪，有过熟，有不熟。不熟者尤害人也。"显然，孔子倡导人们不要去吃加工不熟或过熟的食物，这就需要改进和提高菜肴的烹调技术。对于菜肴加工，孔子提出了"割不正不食"之论。"割不正不食"表面上看是对刀工的要求。其实，刀工的好坏又直接影响到菜肴烹饪的效果。如果一锅菜肴，食物原料切割的块大小不均匀，必然受热不匀，就会发生生熟不一致的现象，人们吃了这样的菜肴，就会影响消化吸收，甚至导致疾病的发生。所以，孔子一贯提倡的菜肴加工要精细、火候掌握要恰当、原料切割要均匀等要求，都是出于对菜肴烹饪与饮食养生的需要。

微课插播

孔子简介

孔丘（前551年9月28日—前479年4月11日），字仲尼。排行老二，汉族人，春秋时期鲁国人。孔子是我国古代伟大的思想家和教育家，儒家学派创始人，世界最著名的文化名人之一。编撰了我国第一部编年体史书《春秋》。据有关记载，孔子出生于鲁国陬邑昌平乡（今山东省曲阜市东南的南辛镇鲁源村）；孔子逝世时，享年73岁，葬于曲阜城北泗水之上，即今日孔林所在地。孔子的言行思想主要载于语录体散文集《论语》及先秦和秦汉保存下的《史记·孔子世家》。

其次，是对于菜肴调味的影响。孔子有“不得其酱，不食”“不撤姜食，不食”等论述。菜肴的调味也要讲究合理，否则不仅味道不美好，而且于人体有害，不符合饮食养生的原则。孔子的“不得其酱，不食”“不撤姜食，不食”的论点，对中国菜调味实践的指导意义极其重要，而且传承至今。据明人李时珍《本草纲目》研究成果表明，酱有“杀百药及热肠火毒，杀一切鱼、肉、蔬菜、蕈毒”的功能，而且姜更是“久服去臭气，通神明。除风邪寒热。益脾胃，散风寒，熟用和中”的良药。山东人“大葱蘸面酱”的菜食组合是典型的代表，而在中国菜中，举凡有生食的菜肴部分，如烤鸭、烤乳猪、生食蔬菜等，都必需蘸酱而食用的，其中饮食养生的道理是不言而喻。姜的运用，在中国菜肴的制作中更是充当重要的角色，笔者对中国菜常见的菜肴进行过统计，大多数海产原料、水产原料及一些食物属性属于凉性的菜肴制作，无不需要添加姜来调味。姜的温热功能，可以平衡寒性的食物，使其成为性味平和的菜肴，以利于菜肴的养生效果。所以，煮海蟹、拌海蜇之类的菜肴必佐以姜汁，就是中国菜肴养生的实践运用。

最后，是对于菜肴用料配合的影响。孔子提出“肉虽多，不使胜食气。”原意是说餐桌上的饭食再好再丰盛，也不能因贪口欲之享而不吃主食，只吃肉类菜肴。因为动物肉等辅食吃多了，是不易消化的。中国传统养生理论认为：“人以水谷为本”，其他只能作为辅助养益食料。所以，《黄帝内经・素问》中有“五谷为养，五果为助，五畜为益，五菜为充”的菜肴、饮食组合理论，这与孔子的饮食观点是不谋而合的。而且这一观点已被现代科学证明是合理的饮食结构类型。如果人们每天不吃谷物，而大量地享用山珍海味、大鱼大肉，不仅会导致营养失衡，还会影响消化系统的健康。因此，只有主辅相配得宜，饮食有节制，才合乎科学的原则，于人体健康才会有利。表现在中国菜养生的实践中，则形成了中国菜讲究原料配伍的技术特点。据笔者不完全的统计表明，中国菜中有60%以上的菜肴是荤素原料搭配而成的，即使一种主料的菜肴，也必定有多种小料与之配合。中国菜传统宴席中除丰盛的肉类菜肴以外，更重视宴席点心、主食的配合，为了有利于配合主食，宴席中还设计了一定数量的饭菜，这些都是出于饮食养生的需要。但今天的宴席主食已经变成被大家所忽略的部分，这就违背了中国饮食养生的基本原则。

二、“五味调和”在中国菜中的应用

儒家文化思想的核心内容是“中庸之道”，体现一个“和”字。中国菜的烹调技术与原料的配伍，乃至宴席菜肴的组合无不体现这一理念，并由此成为中国养生之道的理论基础。

中国菜的调味历来讲究“五味调和百味香”，而“五味调和”是其根本所在，这是中国菜养生理念的精华之处。中医理论认为：“五味入胃，各归所喜，故酸先入肝，苦先入心，甘先入脾……。”也就是说，任何一种味道过于偏重，都会造成对身体的伤害，所以菜肴、饭食做到味“和”最为重要。

趣味链接

阴阳五行学说与五味

中国传统文化中的阴阳五行学说是饮食文化中“五味”产生的理论根据。人体以生理结构为基础，“依合阴阳，调节饮食”，李时珍有“肝欲酸，心欲苦、脾欲甘、肺欲辛、肾欲咸”五味合五脏原则，详细地阐明了阴阳五行饮食对人体的影响。五味的调和是饮食烹饪的最高标准，是哲学与美学的结合。中国饮食文化中的调和，使食馔不仅供人充饥，美味佳肴也是人类的美的享受，从而造就了中国饮食“甘而不哝、酸而不酷、咸而不减、辛而不烈、淡而不薄、肥而不腴”，五味调成百味鲜的特色。中国饮食崇尚朴素自然，讲究原物、原味、原形、原质、原汤，以自然食品为主，以素食为主。

菜肴之中，五味调和之首，在于“汤”的应用，而对于熟谙中国菜真谛的世人来说，都知道中国菜烹调的精华在于“汤”的运用。没有“汤”，菜肴就失去了灵魂之所在。中国菜“汤”的制作历史悠久，早在魏晋南北朝时期就已经成熟，《齐民要术》一书中有详细记载。

菜肴中“汤”的运用之妙，完美体现一个“和”字上。首先，无论清汤、奶汤，其本身就是众多美味成分与营养成分的融合。汤内含有各种呈鲜味的氨基酸及少量的芳香物质，含有多种矿物质尤其含有丰富的钙，含有多种脂溶性维生素等，但这么多的营养素与美味成分融为一体而各不显现，达到的味“和”的境界。其次，汤是融合各种调味原料的最佳载体，无论调味料的种类、数量、使用方法如何变化，一旦添加到汤中后，便再无个性表现，而成为融合一体的复合美味，达到了“五味调和百味香”的菜肴制作妙境。

菜肴中的调味之“和”，还体现在虽然众味杂陈、百味千料，但绝对不使菜肴的口味有所偏颇，要达到“水火相济”，又不偏不倚的效果。《春秋左传》记载了这样的一段话：“公曰：‘和与同异乎？’（晏子）对曰：‘异！和如羹焉，水、火、醯、醢、盐、梅，以烹鱼肉，燀之以薪，宰夫和之，齐之以味，济其不及，以泄其过。君子食之，以平其心。’……”晏子是齐国时期著名的贤相，他的这段话虽然是在论述君臣之间的关系，但却是借用了中国菜烹调养生之道进行阐述的，这就从一个侧面揭示了中国烹饪调味的“和”。而这种表现在烹调技术上的“味之和”又恰恰与儒家文化的“中和”思想相吻合。其实，这种“和”的理念在菜肴的烹饪中除了调味，还表现在很多方面，比如配菜要讲究原料的质地、色形的“和谐”，用火要讲究轻重缓急与所烹制的原料相适“和”，宴席中则要讲究菜肴与菜肴之间的搭配之“和”等。

菜肴讲究烹调之“和”，可以说这是中国菜文化的最高水准。而“和”又是中国儒家文化的最高精神境界。正是因为菜肴的调“和”之美，使中国菜具有了“平和适中，受众广泛”的菜系属性与特质。可以毫不夸张地讲，中国菜无论在世界上的任何地区，没有人会拒绝接受，也没有人会不适应中国菜的饮食口味。近年来中国菜肴在世界饮食市场上的大行其道就证明了这一点。因为，它是“中和”的，不偏激、不猎奇、不走偏峰，不含混不清。而这与中华民族传统的养生思想是完全一致的。所以说，中国菜的灵魂是中国的饮食养生之道，儒家文化孕育的中国饮食文化或许能够在21世纪的今天造福于“地球村”的全体人类。中国菜当为世人惠，这既是中国菜发展的必然结果，也是中国菜应当发挥出来的历史作用。因为，中国菜“五味调和”的养生观念与当代人健康养生的生活追求是完全相吻合的。

三、“大味必淡”在中国菜中的应用

西汉儒学大师扬雄在《解难》一文中有：“大味必淡，大音必希……”之语。古人把“大味必淡”解释为“美味必淡而无味”，由此，“大味必淡”的表面意义显而易见。

“大味必淡”的观念虽然是一种哲学层面的说教，但中国菜在菜肴烹调的实践中却是一贯遵循的主张。当然，这里的“大味必淡”不是指菜肴烹调的没有味道，而是恰当的调味，才符合养生之道。《管子·水地》说：“淡也者，五味之中也。”因为水味极淡，才能融合众味，从而起到调和得宜的效果，所以淡味是大味，是至味。而厚味、浓味本身已经没有办法融合其他的味，因而老子有“五味令人口爽”之语，所谓“口爽”就是导致口腔味觉失真，引申为疾病的意思。《吕氏春秋》也说：“凡食，无强厚味，无以烈味重酒，是以谓之疾首。”我国古代的养生家都强调饮食“厚不如薄，多不如少。”“茹淡者安，茹厚者危。”“若人之所为者，皆烹饪偏厚之味，有致疾伤命之虞。”讲的都是清淡饮食养生的道理。

本来，调味艺术是包括中国菜在内的中国菜肴烹饪技艺的精华所在，但过多的使用大量的调味品，使菜肴口味浓重，不仅不能够达到品味艺术的境界，也不符合菜肴饮食养生的原则。现代营养学证明清淡的菜肴、饭食有益于人体的健康。比如烹调用油的过量使用，菜肴味道虽然浓香馥郁，但却容易因为脂肪的过量摄取导致心血管疾病的发生；而过量钠盐的食用，会增加高血压发病的机会等。中国传统中医养生学在实践中已经认识到了这一点，主张粗茶淡饭、淡薄滋味的养生观念。2000多年前的《黄帝内经》就有“味厚者为阴，薄为阴之阳”“味厚则泄，薄则通”的理论。清人在《老老恒言》一书中更是清楚地说：“血与咸相得则凝，凝则血燥。”因此说，菜肴、饭食口味过咸、过香、过甜、过辣、过酸等，都是不符合饮食养生原则的。而在众多的菜肴体系中，能够遵循“大味必淡”这一养生原则进行菜肴烹调的，中国菜表现得最为突出。

首先，中国菜好吃是因为能够品出美好的味道，而在过于浓重的、强刺激性菜肴味道中是达不到品味艺术境界的，也就没有美味可言。在从事中国菜制作的厨师传承中，历来就有“咸了出味淡了鲜”的说法，中国菜的制作对此是遵守不悖的。下饭的菜肴，味道要浓重一点，因为一般的饭是无味的，所以配合浓重口味的饭菜进食，可以起到平衡的效果，而实际上口味仍然处于较清淡的水平上。宴席用来下酒的菜肴，则要求以鲜味为主，所以在菜肴烹调中使用少量的盐起到提鲜效果即可。这在汤煲类菜肴、广东的海鲜菜肴、江浙菜肴的制作中表现得尤其突出，充分体现了中国菜这一养生原则。

其次，保持菜肴味道的纯正，也是“大味必淡”这一养生原则的具体表现。众所周知，中国菜向来以“口味纯正”的特点见长，菜肴调味讲究章法，讲究艺术效果，一方面重视菜肴原料的本味，一方面重视突出菜肴的主味。因此，中国菜中，杂乱无章、莫名其妙、含糊不清类型的口味是很少有的。一道菜肴，甜就是甜，鲜就是鲜，咸就是咸，体现的是菜肴口味的纯正。即使有的菜肴也运用复合味进行调味，但仍然遵循口味纯正的调味原则，如甜酸、酸辣、咸鲜等，也是一品便知，传给味蕾的信息是清晰可感的，这也是符合饮食养生的原理。中国菜除了少量口味浓重、具有强刺激味型的菜肴外，大部分都是以口味纯正为主。我国古人也早就认识到了这一点。《管子·揆度》曰：“其在味者，酸、辛、咸、苦、甘也。味者，所以守民口也。”纯正味道的菜肴、饭食可以使人保持清醒的品味状态，而过于偏嗜、过于刺激、过于混杂的味道可能使人失去对美味的控制能力。而食用口味纯正、清淡菜肴的人们就能够辨别五味，其目的就是让人们自觉地控制食欲。因为，不能够控制对美味的适度享受，就会导致饮食失控，与健康、养生是不利的。所以，《管子·内业》说：“凡食之道：大充，形伤而不藏；大摄，骨枯而血冱。充摄之间，此谓和成。”意思是说，饮食的规律在于适度，过于饱食，会使人体受损而没有好处，过于饥饿，会使骨骼萎缩而血气不和。所以，《管子·禁藏》提醒人们：“食欲足以和血气，衣服足以适寒温。”也就是说，生活的享受要有所节制，饮食只要能保证营养健康的需要就行。

四、“四季养生”在中国菜中的实践运用

中国传统的饮食养生之道，讲求的是从阴阳、应四时、致中和。所以，《黄帝内经·素问》说：“故阴阳四时者，万物之终始也，死生之本也，逆之则灾害生，从之则苛疾不起，是谓得道。”这就是中华民族“四季养生”的理论根据，菜肴饮食也是如此。

先哲孔子有“不时不食”的言论，其主要的意思就是不到成熟季节的食物不能食

用。许多植物的果实不完全成熟时，含有许多对人体有害的成分，对人体的健康不利，不符合饮食养生之道。所以《吕氏春秋》有“食能以时，身必无灾。”的论断，这可以说是对“不时不食”的最好诠释。

中国菜的菜肴配伍，最重视应时应节，什么样的时节使用什么样的原料，食用什么样的菜肴，皆以顺应四季为原则。齐鲁大地，四季分明，食物出产也应时应节，如春季菜肴配料多用韭菜、香菜、香椿、荠菜、春笋之类，而宴席菜肴也多以平和润滑、清爽菜肴见长。夏天则以清淡的汤菜、凉菜、蔬菜类菜肴为主，但在烹调肉类、海鲜类菜肴时一定要用姜、大蒜等调味，生姜温暖脾胃，大蒜的消毒杀菌功效尽人皆知。而冬季菜肴则以口味厚实，热量丰富之品居多，羊肉等动物肉类、火锅类菜肴成为冬季宴席上的主打品种，目的就是适应季节性的变化，以起到菜肴饮食养生的效果。

即便是一种菜肴，有时也要根据不同的季节采用不同的烹调方法，以适应季节性的变化。如鲁菜有一道著名的大菜“红烧肘子”。其实“红烧肘子”是一种笼统的称呼，真正在宴席中运用起来，是根据不同季节有所变通的。一般说来，“红烧肘子”适合于冬季宴席之用，味美肥厚，热量丰富。而夏天如果吃肘子则以“水晶肘子”见长，由于加工方法不同，“水晶肘子”中的脂肪含量大大降低，菜肴凉爽可口，清淡不腻，且有利水解热之效果。春季则以“清炖肘子”为佳，而秋天需要滋阴润燥的菜肴食品，“冰糖肘子”或“白扒肘子”则是最佳选择。再如淮扬菜中的“狮子头”一道菜肴也是如此讲究，春天要吃“春笋狮子头”，夏天要吃“清炖狮子头”，秋天要吃“蟹粉狮子头”，冬季则吃“红烧狮子头”。粤菜中汤煲类菜肴的应用，更是讲究四季的配合，什么季节适合进食哪一种汤煲，是有一定养生功能与意义的，所有这些的目的只有一个，就是菜肴搭配要符合饮食养生的原理。

《周礼》说：“凡食齐视春时，羹齐视夏时，酱齐视秋时，饮齐视冬时。”意思是说，食用饭菜要像春天一样温，食用汤羹要像夏天一样热，酱食要像秋天一样凉，饮料要像冬天一样寒。这是中国菜一贯遵循的养生之道。饭菜、汤羹、粥品要热食，益于养护脾胃，且味道美好，所以菜肴中有“一热胜三鲜”的说法。为此，冬季菜肴为了保温，在有条件的情况下使用保温餐具，如孔府就有一套水暖的银制餐具，即使在没有取暖设施的年代也可以使菜肴得到良好的保温效果。传统的中国宴席中，不仅热菜酒肴要热，冬季饮用白酒都要温热，也是为了养生之需。

总之，在中国菜的菜肴制作中，在中国宴席的运用中，甚至在人们的一日三餐中，无不以中华民族传统的饮食养生的原理作为指导，并在长期的烹调实践中去运用。由此形成了中国菜以养生为目的的饮食体系。

单元三　中国当代饮食养生观

一、现代营养学的运用

1. 平衡膳食的内容

平衡膳食，也可以简单理解为膳食营养供给与人体的生理需要之间的平衡。因此，平衡膳食需要同时在四个方面建立起膳食营养供给与机体生理需要之间的平衡：热源供应平衡，氨基酸平衡，各种营养素摄入量之间平衡及食物的酸碱平衡等。否则，就会影响身体健康，甚而导致某些疾病发生。

（1）热量供应平衡　现代营养学证明，食物中的碳水化合物、脂肪、蛋白质均能为机体提供热量，称为热源质。当热源质提供的总热量与机体消耗的能量平衡时，三者比例为：碳水化合物约占60%～70%、脂肪约占20%～25%、蛋白质约占10%～15%时，各自的特殊作用发挥并互相起到促进和保护作用，这种总热量平衡，热量比例也平衡的情况称为热源质构成平衡。当糖类、脂肪食物供给过多时，将引起肥胖、高脂血症和心脏病；过少时，则造成营养不良，有可能诱发多种疾病，如贫血、结核、抵抗力降低等。三种热量营养素是相互影响的，总热量平衡时，比例不平衡，也会影响健康。如蛋白质提供过少时，则影响蛋白质正常功能发挥，将造成体内蛋白质消耗。当碳水化合物和脂肪热量供给不足时，就会削弱对蛋白质的保护作用。

（2）氨基酸平衡　食物中蛋白质的营养价值，基本上取决于食物中所含有的8种必需氨基酸的数量和比例。只有食物中所提供的8种氨基酸的比例，与人体所需要的比例接近时才能有效地合成人体的组织蛋白。比例越接近，生理价值越高，生理价值接近100时，即100%被吸收，称为氨基酸平衡食品。除母乳和鸡蛋之外，多数食品都是氨基酸不平衡食品。所以，要提倡食物的合理搭配，利用蛋白质的互补作用，来纠正氨基酸构成比例的不平衡，提高蛋白质的利用率和营养价值。

（3）各种营养素摄入量间的平衡　不同的生理需要、不同的活动、营养素的需要量不同，加之各种营养素之间存在着错综复杂的关系，造成各种营养素摄入量间的平衡难于把握。中国营养学会制定了各种营养素的每日供给量。只要各种营养素在一定的周期内，保持在标准供给量误差不超过10%，营养素摄入量间的平衡就算达到了。

（4）酸碱平衡　正常情况下，人血液的pH保持在7.3～7.4。应当食用适量的酸性食品和碱性食品，以维持体液的酸碱平衡，当食品搭配不当时，会引起生理上的酸碱失调。酸性食品摄入过多，血液偏酸、颜色加深、黏度增加，严重时会引起酸中毒，同时增加体内钙、镁、钾等离子的消耗，而引起缺钙。这种酸性体质，将影响身体健康。

2. 平衡膳食的原则

（1）热能供应充足，能满足生理与劳动的需要，并保持平衡。

（2）各种营养素品种齐全，数量充足，营养素之间的比例符合人体生理需要，各餐分配合理。

（3）食物数量充足，各餐食物均衡，能满足人体对营养素的需求。

（4）合理烹调，改进食物色、香、味、形，提高食物消化率，减少营养素损失。

3. 平衡膳食的措施

平衡膳食就是为人体提供足够的能量和适当比例的各类营养素，以保持人体新陈代谢的供需平衡，并通过合理的膳食制度，合理制定食谱，合理选择原料与调剂配比，合理的烹调制作等具体措施，使膳食更适合人体的生理和心理需求。

（1）合理的膳食制度　合理的膳食制度，即合理地安排一天的餐饮，一两餐之间的间隔和每餐的数量与质量，使进餐与日常生活制度和生理状况相适应，还要与消化过程相协调。膳食制度如果安排适当，可以协助提高劳动、工作和学习效率。膳食制度主要包括每日餐次，用餐时间和食物分配等内容。每日餐次：我国人民的生活习惯，一般成人每日三餐；在正常情况下，这种三餐制是比较合理的，两餐之间的间隔，一般以4～6小时较为合适。用餐时间：每日用餐时间应与一日的活动内容和休息时间相适应，一般早餐7:00、午餐12:00、晚餐18:00，三餐定时，形成条件反射，有利于产生旺盛的食欲并利于消化吸收。食物分配：各餐的数量分配应根据劳动需要和生理状况安排，比较合理的能量分配，应该是午餐量稍多，早餐和晚餐量较少，一般早餐占全天总能量的30%，午餐占40%，晚餐占30%，总之应根据劳动状况和生活习惯来安排。

（2）合理制定食谱　食谱的基本内容包括每天食物的种类与数量和菜肴的名称，编食谱的目的是使人体有计划得到所需要的能量和营养素。食谱一般有一日食谱或每周食谱等，可根据不同需要来定。

（3）科学合理加工食物　包括合理选料与切配食物原料、科学地烹调制作食物等。合理地选择利用与调剂原料配料同样是具体实施平衡膳食的重要环节。它除了对菜肴的质与量、感官性状、食品成本等有重要影响，也与菜肴的营养卫生有着密切的关系。在选料和切配时要注意与平衡膳食有关的几点要求：必须高度重视原料的卫生要求和新鲜度；清洗切配过程中要注意减少营养素的损失；要重视合理配菜，使菜肴的营养成分更趋合理。科学烹调就是对食物原料进行科学合理的搭配，选用科学合理的烹调方法，使制成的饮食成品尽可能多地保存原有营养素，合乎卫生要求，具有色、香、味、形、质都良好的感官性状，以维持或提高食物的营养价值，达到刺激食欲，促进消化吸收，使食用者的生理需求和心理需求都得到合理满足的目的。概括地说，就是通过烹调使食物满足卫生、营养、美观三方面要求。

微课插播

体质指数与人身健康

体质指数是国际上公认的体格评价指标，是评价营养状况和肥胖等级的重要方法。其计算公式为：体质指数 = 体重（千克）/ 身高（米）的平方，正常值在 18.5 ~ 23.9 之间，超过 24 则被认为是过重，28 以上则属肥胖。这个计算方法虽然很简单，但得出的结果却能反映很多问题。研究人员通过大量数据调查，测定了体质指数与患癌风险之间的联系。男性体质指数每增加 5 点，患食道癌的风险会增加 52%。对女性而言，体质指数每增加 5 点，患宫颈癌或胆囊癌的风险会增加 59%。此外，胰腺癌、直肠癌、肾癌和乳腺癌等与肥胖也有一定的关系。

4. 中国居民膳食指南

我国制定居民膳食指南的目的是向人们建议合理膳食组成，使之符合食物构成“营养、卫生、科学、合理”的原则为基础。1989年制定了中国居民的第一个膳食指南，其间随着社会经济的发展和人们生活食物结构的变化有必要再加以修订。调查统计发现，我国居民因食物单调或不足所引起的营养缺乏病，如儿童发育迟缓、缺铁性贫血、碘缺乏症、佝偻病等虽有所减少，但仍需进一步控制；而与膳食结构不合理有关的慢性退行性疾病，如因摄食脂肪过多所致的心血管与脑血管疾病，因摄食物质中致癌物（致癌的前体物及食盐、脂肪过多）所致的肿瘤，因摄食热量过多所致的肥胖等营养过剩病与日俱增；我国居民维生素A、B族和钙摄入量普遍不足；部分居民膳食中的谷类、薯类、蔬菜比例明显下降，而油脂和动物性食物摄入过高；能量过剩，体重超重等问题日益显现；食品卫生问题也有待改善。同时，随着时代的发展和国民经济水平的提高，我国居民膳食消费和营养状况发生了很多变化，为了更加契合我国居民健康需要和生活实际，受国家卫生计生委委托，2014年中国营养学会组织了《中国居民膳食指南》修订专家委员会，依据调查数据、科学分析、健康报告等，对我国第三版《中国居民膳食指南（2007）》进行了修订，并于2016年5月份颁布。

（1）《中国居民膳食指南（2016）》的推荐内容

最新颁布的《中国居民膳食指南（2016）》是以科学证据为基础，从维护健康的角度，为我国居民提供食物营养和身体活动的指导，所述内容都是从理论研究到生活实践的科学共识，是指导、教育我国居民平衡膳食、改善营养状况及增强健康素质的重要文件。《中国居民膳食指南（2016）》核心推荐内容如下。

推荐一：食物多样，谷类为主

平衡膳食模式是最大程度上保障人体营养需要和健康的基础，食物多样是平衡膳食模式的基本原则。每天的膳食应包括谷薯类、蔬菜水果类、畜禽鱼蛋奶类、大豆坚果类等食物。建议平均每天摄入12种以上食物，每周25种以上。谷类为主是平衡膳食模式的重要特征，每天摄入谷薯类食物250～400g，其中全谷物和杂豆类50～150g，薯类50～100g；膳食中碳水化合物提供的能量应占总能量的50%以上。

推荐二：吃动平衡，健康体重

体重是评价人体营养和健康状况的重要指标，吃和动是保持健康体重的关键。各个年龄段人群都应该坚持天天运动、维持能量平衡、保持健康体重。体重过低和过高均易增加疾病的发生风险。推荐每周应至少进行5天中等强度身体活动，累计150分钟以上；坚持日常身体活动，平均每天主动身体活动6000步；尽量减少久坐时间，每小时起来动一动，动则有益。

推荐三：多吃蔬果、奶类、大豆

蔬菜、水果、奶类和大豆及制品是平衡膳食的重要组成部分，坚果是膳食的有益补充。蔬菜和水果是维生素、矿物质、膳食纤维和植物化学物的重要来源，奶类和大豆类富含钙、优质蛋白质和B族维生素，对降低慢性病的发病风险具有重要作用。提倡餐餐有蔬菜，推荐每天摄入300～500g，深色蔬菜应占1/2。天天吃水果，推荐每天摄入200～350g的新鲜水果，果汁不能代替鲜果。吃各种奶制品，摄入量相当于每天液态奶300g。经常吃豆制品，每天相当于大豆25g以上，适量吃坚果。

推荐四：适量吃鱼、禽、蛋、瘦肉

鱼、禽、蛋和瘦肉可提供人体所需要的优质蛋白质、维生素A、B族维生素等，有些也含有较高的脂肪和胆固醇。动物性食物优选鱼和禽类，鱼和禽类脂肪含量相对较低，鱼类含有较多的不饱和脂肪酸；蛋类各种营养成分齐全；吃畜肉应选择瘦肉，瘦肉脂肪含量较低。过多食用烟熏和腌制肉类可增加肿瘤的发生风险，应当少吃。推荐每周吃鱼280～525g，畜禽肉280～525g，蛋类280～350g，平均每天摄入鱼、禽、蛋和瘦肉总量120～200g。

推荐五：少盐少油，控糖限酒

我国多数居民目前食盐、烹调油和脂肪摄入过多，这是高血压、肥胖和心脑血管疾病等慢性病发病率居高不下的重要因素，因此应当培养清淡饮食习惯，成人每天食盐不超过6g，每天烹调油25～30g。过多摄入添加糖可增加龋齿和超重发生的风险，推荐每天摄入糖不超过50g，最好控制在25g以下。水在生命活动中发挥重要作用，应当足量饮水。建议成年人每天7～8杯（1500～1700mL），提倡饮用白开水和茶水，不喝或少喝含糖饮料。儿童少年、孕妇、乳母不应饮酒，成人如饮酒，一天饮酒的酒精量男性不超过25g，女性不超过15g。

推荐六：杜绝浪费，兴新食尚

勤俭节约，珍惜食物，杜绝浪费是中华民族的美德。按需选购食物、按需备餐，提倡分餐不浪费。选择新鲜卫生的食物和适宜的烹调方式，保障饮食卫生。学会阅读食品标签，合理选择食品。创造和支持文明饮食新风的社会环境和条件，应该从每个人做起，回家吃饭，享受食物和亲情，传承优良饮食文化，树健康饮食新风。

趣味链接

饮水的学问

水是人类赖以生存的、不可缺少的重要物质，但饮水也要讲科学。不能饮用的水有老化水俗称“死水”，也就是长时间贮存不动的水不能饮用；千滚水就是在炉上沸腾了一夜或很长时间的水；蒸锅水就是蒸馒头等剩锅水，不开的水；重新煮开的水。科学家推荐的喝水“行程表”：7:00 早晨起床后，先喝一杯温开水；8:00 早餐必需有液态食物；10:00 时必须补充一杯矿泉水或茶水。12:00 午饭吃了辛辣的食物一定要喝些汤粥来冲淡对胃肠的刺激。15:00 吃点水果可以提精神。19:00 晚上回家以后的补水是一天中的重要功课；21:00 晚上睡前一小时最好不要喝水。

（2）中国居民平衡膳食宝塔内容

中国营养学会依据最新版“中国居民膳食指南”，并结合中国居民的食物构成特点，设计绘制了“中国居民平衡膳食宝塔”。宝塔把平衡膳食的原则转化成各类食物的重量与质量，而且用图形方式把各类食物表示出来，使人一目了然就知道哪些食物可以多吃，哪些应少吃或选择食用。更便于人们在日常生活中实行，如图5-1所示。

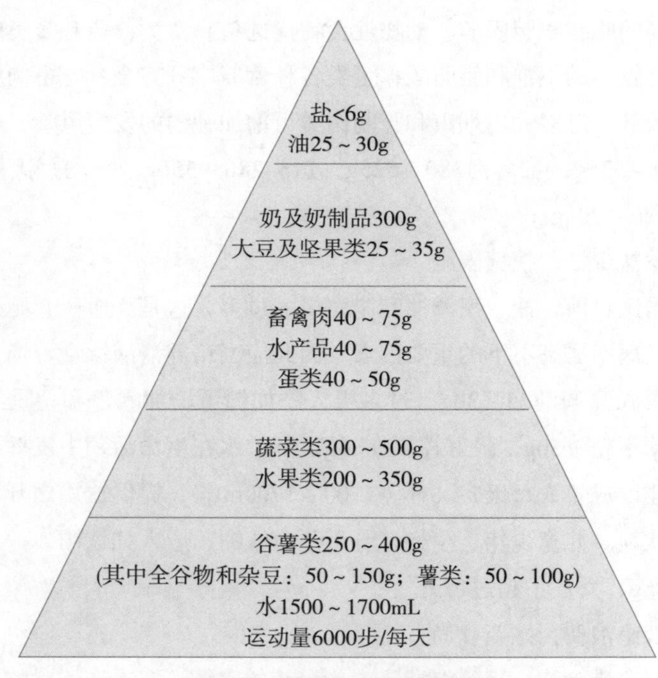

图5-1 中国居民平衡膳食宝塔

中国居民膳食宝塔共分五层，包含我们每天应吃的主要食物种类。膳食宝塔各层位置和面积不同，这在一定程度上反映出各类食物在膳食中的地位和应占的比重。

第一层是谷薯类食物，每人每天应该吃250～400g。其中，强调全谷物和杂豆每人每天应该吃50～150g；薯类每人每天要吃50～100g。

第二层是蔬菜和水果，每天应吃300～500g和200～350g。

第三层畜禽肉、水产品、蛋等动物性食物，每天应该吃120～200g。其中，畜禽肉40～75g；水产品40～75g，蛋类40～50g。

第四层是奶类和大豆及坚果类食物，每天应吃相当于鲜奶300g的奶类及奶制品；相当于干豆和坚果25～35g的食品。

第五层塔顶是食用油和食盐，每天食用油控制在25～30g，食盐不超过6g。

膳食宝塔没有建议食糖的摄人量，因为我国居民现在平均吃糖的量还不多，对健康的影响还不大。但多吃糖有增加龋齿的危险，尤其是儿童、青少年不应吃太多的糖和含糖高的食品及饮料。饮酒的问题在2007版本《中国居民膳食指南》中已有说明。

新的膳食宝塔强调足量饮水和增加身体活动的重要性。水是膳食的重要组成部分，是一切生命必需的物质，其需要量主要受年龄、环境温度、身体活动等因素的影响。新的指南提高了每天饮水的量，推荐在温和气候条件下生活的轻体力活动的成年人每日饮水应该在1500～1700mL(约8杯)。在高温或强体力劳动的条件下，应适当增加。饮水不足或过多都会对人体健康带来危害。饮水应少量多次，要主动，不要感到口渴时再喝水。目前我国大多数成年人身体活动不足或缺乏体育锻炼，应改变久坐少动的不良生活方式，养成天天运动的习惯，坚持每天多做一些消耗体力的活动。建议成年人每天进行累计相当于步行6000步以上的身体活动。如果身体条件允许，最好进行30分钟中等强度的运动。

（3）中国居民平衡膳食宝塔各类食物说明

膳食宝塔建议的各类食物摄人量都是指食物可食部分的生重。各类食物的重量不是指某一种具体食物的重量，而是一类食物的总量，因此在选择具体食物时，实际重量可以在互换表中查询。如建议每日300g蔬菜，可以选择100g油菜、50g胡萝卜和150g圆白菜，也可以选择150g韭菜和150g黄瓜。

膳食宝塔中所标示的各类食物的建议量的下限为能量水平1800kcal的建议量，上限为能量水平2600kcal的建议量。但根据2010～2012年的调查，我国城乡居民平均能量水平为2200kcal,是比较理想的能量水平。

谷薯类和杂豆。谷类包括小麦面粉、大米、玉米、高粱等及其制品，如米饭、馒头、烙饼、玉米面饼、面包、饼干、麦片等。薯类包括红薯、马铃薯等，可替代部分粮食。杂豆包括除大豆以外的其他干豆类，如红小豆、绿豆、芸豆等。谷类、薯类及杂豆是膳食中能量的主要来源。建议量是以原料的生重计算，如面包、切面、馒头应折合成相当的面粉量来计算，而米饭、大米粥等应折合成相当的大米量来计算。谷类、薯类及杂豆食物的选择应重视多样化，粗细搭配，适量选择一些全谷类制品、其他谷类、杂豆及薯类，每100g玉米糁和全麦粉所含的膳食纤维比精面粉分别多10g和

6g，因此建议每次摄入50～100g粗粮或全谷类制品，每周5～7次。

蔬菜。蔬菜包括嫩茎、叶、花菜类、根菜类、鲜豆类、茄果、瓜菜类、葱蒜类及菌藻类。深色蔬菜是指深绿色、深黄色、紫色、红色等颜色深的蔬菜，一般含维生素和植物化学物质比较丰富，因此在每日建议的300～500g新鲜蔬菜中，深色蔬菜最好占一半以上。

水果。建议每天吃新鲜水果200～350g。在鲜果供应不足时可选择一些含糖量低的纯果汁或干果制品。蔬菜和水果各有优势，不能完全相互替代。

畜禽肉。包括猪肉、牛肉、羊肉、禽肉及动物内脏类，建议每天摄入40～75g。目前我国居民的肉类摄入以猪肉为主，但猪肉含脂肪较高，应尽量选择瘦畜肉或禽肉。动物内脏有一定的营养价值，但因胆固醇含量较高，不宜过多食用。

水产品类。水产品包括鱼类、甲壳类和软体类动物性食物，其特点是脂肪含量低，蛋白质丰富且易于消化，是优质蛋白质的良好来源。建议每天摄入量为40～100g，有条件可以多吃一些。

蛋类。蛋类包括鸡蛋、鸭蛋、鹅蛋、鹌鹑蛋、鸽蛋及其加工制成的咸蛋、松花蛋等，蛋类的营养价值较高，以鸡蛋为佳，建议每日摄入量为40～50g，相当于1个鸡蛋以上的重量。

乳类。乳类有牛奶、羊奶和马奶等，最常见的为牛奶。乳制品包括奶粉、酸奶、奶酪等，不包括奶油、黄油。建议量相当于液态奶300g、酸奶360g、奶粉45g，有条件可以多吃一些。婴幼儿要尽可能选用符合国家标准的配方奶制品。饮奶多者、中老年人、超重者和肥胖者建议选择脱脂或低脂奶。乳糖不耐受的人群可以食用酸奶或低乳糖奶及奶制品。

大豆及坚果类。大豆包括黄豆、黑豆、青豆，其常见的制品包括豆腐、豆浆、豆腐干及千张等。坚果包括花生、瓜子、核桃、杏仁、榛子等，坚果的蛋白质与大豆相似，但含有多种有益脂肪酸。推荐大豆与坚果每人每日摄入量为25～35g，有条件的居民可适量增加坚果的食用量，以替代相应量的大豆食品。

食用油。食用油包括各种烹调用的动物油和植物油，植物油包括花生油、豆油、菜籽油、芝麻油、调和油等，动物油包括猪油、牛油、黄油等。每天烹调油的建议摄入量为不超过25g或30g，尽量少食用动物油。烹调油也应多样化，应经常更换种类，食用多种植物油。

食盐。健康成年人一天食盐(包括酱油和其他食物中的食盐)的建议摄入量为不超过6g。一般20mL酱油中含3g食盐，l0g黄酱中含盐1.5g，如果菜肴需要用酱油和酱类，应按比例减少食盐用量。

（4）中国居民平衡膳食宝塔的应用原则

膳食宝塔中建议的每人每日各类食物适宜摄入量范围适用于一般健康成人，在实际应用时要根据个人年龄、性别、身高、体重、劳动强度、季节等情况适当调整。年轻人、身体活动强度大的人需要的能量高，应适当多吃些主食；年老、活动少的人需要的能量少，可少吃些主食。能量是决定食物摄入量的首要因素，一般说人们的进食量可自动调节，当一个人的食欲得到满足时，对能量的需要也就会得到满足。但由于人们膳食中脂肪摄入的增加和日常身体活动减少，许多人目前的能量摄入超过了自身的实际需要。对于正常成人，体重是判定能量平衡的最好指标，每个人应根据自身的体重及变化适当调整食物的摄入，主要应调整的是含能量较多的食物。平衡膳食宝塔在具体应用中还要遵循以下原则：

以宝塔为依据，合理安排食物。平衡膳食宝塔建议的各类食物摄入量，是人群的平均值和比值。在每天膳食中应包含宝塔中的各类食物，各类食物的比例也应基本与膳食宝塔所示一致。但在日常的生活中也不要天天都按着宝塔推荐量去吃。要灵活运用，只要能经常遵循宝塔中各层各类食物的大体比例，来合理科学地安排摄食就可以了。

同类互换、口味享受。人们吃多种多样的食物除了获得均衡的营养，也是为使饮食更加丰富多彩，以满足人们的口味享受。宝塔中每一类食物中都有许多品种，虽然每种食物各有特点，但同一类中的各种食物所含营养素成分往往大体上相近。在膳食中可互相替换。所以在使用宝塔时，即要把营养与美味结合起来，又要同类互换，多种多样（品种、形态、颜色、口感）的原则调配一日三餐。

合理分配餐次与食量。我国多数的地区居民习惯是一日三餐。三餐食物量的分配及间隔时间多与作息时间和劳动状况有关，一般早、晚餐各占总能量的30%，午餐占40%为宜，特殊情况下可适当调整。通常上午的工作学习较紧张，因此早餐除主食外，还应安排：奶、豆、蛋、肉中的一种，并搭配适量蔬菜和水果。

因地制宜充分利用本地资源。各地的饮食习惯及产物不尽相同，只有因地制宜充分利用本地资源，才能有效地应用平衡膳食宝塔。牧民可适当提高奶的摄入量；渔民可提高鱼及水产品摄入量；农村山区可充分利用山羊奶、花生、核桃等资源替代动物蛋白质等。

养成习惯、永葆健康。应用平衡膳食宝塔应从小就进行营养教育。自幼养成习惯，并坚持不懈，只有这样才能使机体永葆健康，延年益寿。

勤俭节约、珍惜食物。杜绝食物浪费，是中华民族的美德。按需选购食物、按需备餐，提倡分餐不浪费。选择新鲜卫生的食物和适宜的烹调方式，保障饮食卫生。学会阅读食品标签，合理选择食品。创造和支持文明饮食新风的社会环境和条件，应该从每个人做起，回家吃饭，享受食物和亲情，传承优良饮食文化，树健康饮食新风。

二、饮食卫生与食品安全

随着科学技术的日益发达和物质生活水平的逐渐提高，人们对饮食卫生与身体健康的关系越来越重视，对食品的卫生要求也越来越严格。目前影响居民饮食卫生主要表现在如下几个方面。

1. 食品污染

所谓食品污染是指危害人体健康的有害物质进入正常食物的过程。污染食品的有害物质，按性质分包括生物性污染、化学性污染、放射性污染三大类。其中生物性污染主要包括微生物污染、寄生虫及虫卵污染、昆虫污染等。而化学性污染则主要包括一些金属、非金属毒物以及其他无机、有机化合物、如汞、有机磷、亚硝胺类等，主要来源于工业废水、废气、废渣的不合理排放；化学农药广泛应用；不合卫生要求的食品添加剂以及不卫生容器、器械、运输工具及包装材料等。这是目前威胁人类最严重的食品卫生内容。放射性污染是食物中被放射性物质污染。食品污染对人体健康的危害，涉及面相当广泛，如食品受病原微生物污染，在食品上大量繁殖或产生毒素时，可引起食物中毒。如果食品被某些有害化学物质所污染，含量虽小，但当长期连续地通过食物作用于人体，可表现为慢性中毒、致畸、致突变、致癌等潜在性危害。

2. 食物中毒

所谓食物中毒是指人们食用了“有毒食物”所引起的一类急性疾病的统称。所以一般认为肠道传染病与寄生虫病，人畜共患疾病，食物过敏，暴饮暴食引起的急性食源性疾病，以及长期或一次摄入机体以慢性经过的，包括致畸、致突变和致癌等对人体危害的疾病，都不属于食物中毒的范围。食物中毒发生的必要条件有三个方面，包括致病原（如微生物、毒素、化学物质等）、传播媒介（受到污染的食物）、感受体（即人体）。食物中毒一般有细菌性食物中毒（如发芽马铃薯中毒、未熟豆浆中毒、白果中毒等）、有毒动植物中毒（如河豚鱼中毒、有毒蜂蜜中毒等）、化学性食物中毒（如有机磷农药中毒、铅化合物中毒等）、真菌毒素和霉变食品中毒（如赤霉病麦、霉变甘蔗等引起的中毒等）。预防食物中毒有三个基本原则：首先是保持清洁。在开始烹饪前，一定要把手都彻底洗干净。餐具、砧板、抹布等厨房用品应该以水或消毒药水洗涤；其次是快速食用。食品买回来以后，不要放得太久，应该尽快烹饪供食，尤其是生食的食品原料愈快处理愈好，做好的食品也要赶快吃掉，以免二次污染；最后是保持对食物的加热与冷藏。细菌通常不耐热，加热到70℃以上，大部分的细菌就会死亡，因此把食品加热以后再食用比较安全。细菌比较耐冷，虽然冷却以后不会死掉，但是不容易繁殖，且温度在零下18℃以下时根本不能繁殖。能够防止细菌繁殖的温度是在5℃以下。

社会课堂

中国鲁菜文化博物馆

即山东鲁菜文化博物馆，坐落在山东济南“四星级”景区的山东旅游职业学院院区内，是山东省唯一一座反映鲁菜历史文化的博物馆。该馆始建于2010年，为一所独立三层楼房，总面积约4000平方米。馆内分为三个主题展区。

第一展区，为“鲁菜文脉”，通过不同时代出土的实物，系统展现了鲁菜发展的历史脉络。

第二展区，为“鲁菜风韵”，以丰富多彩、不同风格的菜肴模型，展示了鲁菜三大风味流派与孔府菜的风貌，并以“礼食”文明为核心，精选孔府宴、四四席、泰山御膳封禅宴为代表，系统地介绍了鲁菜自古以来体现“礼仪”文化的筵席以及筵席格局。

第三展区，为“鲁菜老号”，通过具有代表性的几个鲁菜历史老店“老字号”，如青岛春和楼等，形象再现了20世纪鲁菜的发展景象。

■ 模块小结

本模块扼要介绍了中国传统饮食养生的起源与发展情况，对传统的饮食平衡、五味调和、四季养生等内容进行了诠释，并对现代营养卫生知识加以介绍，从而揭示了中国人传统的饮食养生与健康的认识与实践。通过对中国营养学会推荐的膳食指南、饮食卫生的基本知识的介绍，以增进对饮食健康与食品卫生健康的认识和应用。

【延伸阅读】

1. 中国营养学会. 中国居民膳食指南［M］. 北京：人民卫生出版社，2016.
2. 庞杰，邱君专. 中国传统饮食文化与养生［M］. 北京：化学工业出版社，2009.
3. 贺娟. 黄帝内经——饮食与养生［M］. 北京：中国轻工业出版社，2010.

【讨论与应用】

一、讨论题

1. 从“五味调和”理论出发，谈谈古代养生学与现代营养学的相通之处。
2. 平衡膳食的原则有哪些？
3. 列举《中国居民膳食指南》的主要内容。
4. 一般来说，造成污染食品的有害物质都有哪些类型？

二、应用题

1. 用报纸或杂志的纸张包装食品，如瓜子、花生等，符合食品卫生要求吗？请进行简要的分析。

2. 结合对《中国居民膳食指南》的学习和对烹饪知识的学习，编制一份适合自己食用的三餐食单。

3. 写出自己在饮食卫生方面的不足，并制订一份改进计划。

中国饮食审美

■ 本模块提纲

单元一　就餐环境美化
单元二　菜肴审美鉴赏
单元三　饮食文学欣赏

■ 学习目标

知识目标：了解饮食环境的美化对饮食审美的重要意义，以及饮食文学在我国文学发展中的作用和影响。学习菜点欣赏的内容和要点，并在此基础上掌握中国饮食审美在中国传统文化中的意义。

能力目标：通过本模块内容的学习，能够初步掌握一些简单的餐厅美化技能和菜单设计，能够针对餐厅美化出现的问题进行鉴别和纠正。能够进行简单的餐饮消费的文化创意。

哲学家认为，人类从来都是按照美的规律来塑造自己的。中国的饮食烹饪活动也是毫不例外地按照这样的规律发展完善的。所以说，中国饮食文化发展丰富过程的本身就是一种美的创造活动，因而具有很高的审美价值和美学意义。

饮食既是一种摄取营养素的物质活动，也是一种讲究审美和情趣的精神活动。人们在物质享受的同时，又能够体验到精神上的欢愉。于是，在饮食活动中，人们不仅追求色、香、味、形、器俱佳的美馔佳肴，而且对幽雅和谐的饮食环境的刻意追求，也成为饮食审美的重要内容之一，甚至由此创造出了形形色色的饮食娱乐形式与大量的与饮食烹饪有关的文学作品，成为中国饮食文化最为闪光的部分。

单元一　就餐环境美化

人类的饮食活动必须在一定的环境中进行，饮食时，除了食物给予人的美好刺激，环境中的各种事物，如饮食器皿、厅堂建筑风格、餐厅及桌面的布置、桌椅等的摆设，以及色彩、光亮、灯饰、字画、盆景、花卉、音乐、温度、湿度等，都会对人的视觉、听觉、触觉和味觉产生一定程度的影响和作用，从而使饮食增添一层精神色彩和审美情趣。

环境在一定程度上左右着用餐者的心境和情绪，从而影响对食物外观内质的感知以及营养成分的消化吸收。饮食环境是否能够对人们的饮食活动起到良好的积极作用并增添饮食时的审美情趣，则取决于饮食环境组成的科学性与艺术性，其衡量标志是环境组成对用餐者在精神上、心理上和欲望需求的满足程度。幽雅的饮食环境与美食美器的相互辉映，为就餐者在饮食时具有良好的心境创造一个重要的客观条件。所以，中国饮食历来就十分重视寻求和创造一个幽雅的饮食环境。

饮食环境的美化，包括大意境之美与小意境之美。人们进餐时的良辰美景、可人韵事等属于大意境之美；而优雅的餐厅、漂亮的桌面及色、香、味、形、器俱佳的菜肴，则是小意境之美。本节内容主要是从饮食环境的技艺创造方面，来研究中国饮食环境美化的审美层面。

一、餐厅布置

餐厅是人们用来进餐的地方，一个风格幽雅的餐厅，不仅能够使就餐者产生好感和信任感，富有诱惑力，而且能给就餐者带来美的享受。因此，餐厅在配置上，既要讲究实用性，在格调上，又要力求美观大方，能够很好地表现出餐厅的个性与特色。

1. 餐厅空间布置

富有创意效果的餐厅布置是科学性与艺术性的有机结合。一方面利用现代科学技术，使餐厅内的温度、湿度、光线、色彩、空间比例适合实际需要，使人感到幽雅舒适。另一方面则要充分利用餐厅外的景观及各种家具设备，进行恰到好处的组合处理。

所谓餐厅布置的组合处理，是指根据餐厅空间的大小和特点，巧妙地按内在的比例关系，进行空间布局和处理。具体表现在如下几个方面：

一度空间的“点”；二度空间的“线”；三度空间的“面”；四度空间的“立体效应”。

由点、线、面、立体感综合产生的效果美，能给人以安静舒适、美观大方、闲适雅致、柔和协调的艺术效果和艺术享受。

就其艺术手段而言，餐厅的布置更应讲究围与透的结合、虚与实的结合方法。围是指封闭紧凑，透是指空旷开阔。餐厅空间如果有围无透，会令人感到压抑沉闷；但若有透无围，又会使人觉得空虚散漫。墙壁、天花板、隔断、屏风等能产生围的效果；开窗借景、风景壁画、灯光景箱、山水盆景等能产生透的感觉。大型宴会厅或多功能厅，如果同时举行多场宴会，则需运用隔断或屏风，以免互相干扰，可避免影响就餐者的良好情趣。小型餐厅则多利用窗外景色，或悬挂壁画、放置盆景等以造成扩大空间的效果。

餐厅的空间处理还必须注意分清主次，突出主题。

首先，在处理人与物之间的关系时，应扬人抑物。在餐厅中，就餐者是最主要的，一切装饰布置都要考虑到为调适进餐者的心理服务，应有助于人们的心情舒畅和对餐饮食品的品尝效果。因而，装饰布置、灯光色彩的运用都要围绕人们进餐这一主题。不恰当的装饰，如过于繁杂花哨、色彩灯光令人眼花缭乱，则会起到相反的效果。

其次，在处理人与人之间的关系时，应扬主抑次。如大型宴会餐厅的布置要突出主桌，主桌则要突出主位。正面墙壁装饰为主，对面墙壁次之，侧面墙壁再次之。餐厅照明应强于过道走廊照明，而餐厅其他的照明则不能强于餐桌照明等。

2. 餐厅家具布置

餐厅内的家具布置陈设会直接影响餐厅内的艺术效果。餐厅的家具一般包括餐桌、餐椅、餐具柜、屏风、花架、音像设备、服务台等。餐厅的家具必须根据餐厅的类型、大小、餐饮内容等特点设计配套，使其与餐厅的其他装饰布置相映成趣，形成统一的和谐风格。

餐厅家具的选用必须根据餐厅的性质而定。以餐桌而言，有圆有方，古典、民族风格的餐厅以方形的八仙桌见长，而现代风格的餐厅则多以圆形的或小形方桌配置，但无论选用哪一种都必须与餐厅的整体格调相统一。餐厅家具的选用除了考虑其耐用性和适应性，其外观和舒适感也是非常重要的。外观与类型一样，必须与餐厅的风格保持一致，或端庄稳重，或轻盈明快。家具的舒适感取决于家具的造型是否科学，尺寸比例是否符合人体的构造特征。

3. 色彩与照明

餐厅的布置离不开色彩和照明。良好的色彩应用与照明效果能产生完美的室内空间气氛，从而增进就餐者的舒适感和愉悦感。

首先，色彩对人的情感有着极大的影响作用。不同的色彩给人不同的感受，它可以使人感到愉快、恬静、兴奋，也可以使人感到沮丧、恐惧、悲哀、冷漠。例如：绿色，象征着生命、青春和大自然，使人感到朝气蓬勃、舒畅愉快；黄色，使人感到庄重、高贵、尊严；红色，使人联想到血、火、喜庆、光荣，令人兴奋、激动；紫色，表示浪漫、华丽；蓝色，给人以清新、宽广的感觉；白色表示纯洁、朴素、冷漠；黑色，表示肃穆、悲哀等。因而，餐厅的色彩设计必须考虑色彩与食欲的关系。我国传统的餐厅多以暖色调见长，以红、黄为主，辅以其他色彩，丰富其变化，以创造温暖热情、欢乐喜庆的环境气氛，给就餐者带来愉快欢娱的享受。

其次，餐厅的照明也应与餐厅内的风格相协调，以创造幽雅的进餐环境。餐厅的照明主要考虑光源的形式，大致有三种，即自然光源、人工光源、自然与人工混合光源，餐厅采用哪一种光源则应根据餐厅的档次、风格、类型等选用。一般的中式餐厅，为满足进餐者的传统心理要求，多采用人工光源，以金黄和红黄光为主，以增加其热烈喜悦的气氛。灯具的式样既有富有民族特色的吊灯、宫灯，也有各种各样现代风格的灯饰等，总之要和餐厅的风格相吻合。

二、餐桌布置

餐桌布置，也叫台面摆设，是指根据一定的美学原理和法则，将餐饮活动中所需的物品、饰件、餐饮器具美观合理地摆放在餐桌上的过程。它既供客人使用，又供客人观赏。

餐桌布置是餐厅美化的中心，空间布局、家具配置、色调设计、采光照明等，均需围绕餐桌布置进行。同时，餐桌布置的风格，对于进餐者有直接的影响，它还涉及礼仪、习俗、设宴目的、社交、饮食心理、接待服务等各个方面。因而，在传统的中国宴席中是非常重视的美化内容，形成了独具特色的中国饮食文化内容。

餐桌布置与摆设过程，必须遵守一定的美学法则与宴席习俗。

1. 突出宴饮主题与意境

餐桌布置要注重突出宴席的主题和意境。主题是餐桌布置式样的灵魂，也是宴席设计者对生活的认识与感受，以及审美情趣的反映。所谓意境是通过餐桌布置所展示出来的精神境界和艺术魅力。其中的“意”是指布置者主观情感与学识修养的有机结合运用，而“境”是指客人在观赏宴席台面时所激发的联想、感受乃至激情。二者契合，情景交融，主客共鸣，便能使人获得意动神驰的艺术享受。

餐桌布置的主题通常是根据宴席目的而确定的，如婚宴热烈喜庆，寿宴则要突出延年益寿的气氛，不可随意更改。餐桌布置的实质，就是布置者将宴席主人的愿望艺术地再现于宴席的餐桌之上。餐桌主题必须形象化，也就是要通过餐桌上的装饰图案将意境表示出来。意境有的明朗，有的含蓄，明朗者比较浅显，但并不是一览无余，含蓄者虽然深沉些，但也应使宾客观之了然。从这个意义上讲，太露、太藏的餐桌主题布置都不是最理想的，最理想应该是藏中有露，露中有藏。

2. 餐桌布置的原则

餐桌布置一般来说应遵守以下的原则。

第一，功用性。宾客赴宴，饮食总是第一需要。餐桌无论如何布置，都是受时间限制的，随着进餐过程的进行，其观赏作用将逐渐消失，因而必须考虑餐桌布置的实用价值。做到安全卫生，方便进餐，方便服务，因需设物，简洁清秀。

第二，美观性。宴席餐桌是客人视线凝聚的中心点，因此必须讲究美的形式。不论花坛式、花围式、花盘式、插花式、盆景式、雕塑式、剪纸式、瓜果垒砌式、工艺冷碟式等，都必须遵守一定的美学原理，运用适当的表现形式与法则。如餐桌要有整体效果，力戒杂乱无章；布局要匀称、活泼，防止重心倾斜和呆板；餐巾造型要错落有致，突出主宾等。

第三，愉悦性。这里说的愉悦性主要有四点。一是餐桌造型宜选用大家喜闻乐见的吉祥物；二是图案纹饰要注意均衡对称，以方、圆为佳；三是适当配用吉庆的祝福文字或徽记；四是可以借用幽默、风趣的饰物，活跃餐桌气氛，能激发主人与客人的高昂情绪，便于交谈。

第四，便利性。餐桌布置的用具较多，工作量大，而且时间较紧，用完后很快就要清理撤除。因此，餐桌布置时就应力求简洁、快捷。

3. 餐桌布置过程

餐桌布置过程又称为摆台，是指将宴席活动中所需的餐具、用品及相关的饰物按规范要求合理地摆放于餐桌的操作过程。餐桌通常由餐位、公用器物和装饰品三部分构成。形式多种多样，如按装饰程度分，有普通餐桌、艺术餐桌和观赏餐桌；按进餐特点分，有零点餐桌、茶话餐桌、风味餐桌和喜庆宴席餐桌等。餐桌布置的用具则应根据不同地区的风俗习惯和规格要求配置数量。餐桌布置的一般步骤包括铺桌布、装饰餐桌中心、摆位、摆共用器具、折叠插摆餐巾花等。餐桌布置的风格也是依据不同的地域有所区别，如东南地区大多俏丽，西北地区则呈现庄重，民间宴席餐桌多朴实无华，而商业宴席则豪华典雅等。

4. 餐桌布置的美化

餐桌布置的美化实际上是要求餐桌布置过程中对环境的利用，器具饰物的选用都要按美的规律来进行。首先，空间布局应以餐桌的大小、高低、形状和用途而定。一方面，比例要恰当，中心饰物要突出，其他饰物不能遮掩住餐具，口布花应精致小巧；另一方面，形体要协调，即做到“因桌治台，因台布局”，如圆形餐桌、正方形餐桌多用向心式布局；长形餐桌、椭圆形餐桌多用对称式布局等。其次，器物配置应恰到好处。一是要配套统一，如餐具、口布应为同一型号、颜色、纹饰，达到整体美的效果；二是要摆放合理，主体图案要朝着主宾，四周也能观赏到，不影响客人活动；三是协调美观，凡是涉及诸如形的构图、色的调配、主题的表达、意境的蕴涵及民风民俗等，都要能够统筹兼顾，恰到好处。

微课插播

餐厅看台桌面

所谓看台是专供宾客观赏的桌面，多见于高档宴席。它一般设置在餐厅的大门口或餐厅的中央，台面比较大。多用花卉、盆景、彩灯、瓜果雕刻、大型面塑、精致的工艺品、口布花、鲜花等造型，突出一个主题。如婚宴中的"龙凤呈祥"，寿宴中的"松鹤延年"，迎宾宴席中的"百花迎春"等。大多不摆客人进餐用的小件餐具，四周也不设桌椅，主要是起烘托气氛、显示规格、展示宴席艺术格调等作用。看台的运用，在我国的历史悠久。《金瓶梅》中有多次描写插花大看桌的场面，明、清的宫廷宴席也多用看台来展示皇室的规格档次。

三、菜单设计

菜单是饭店或餐厅在各就餐服务场所以书面形式向就餐客人明示所经营餐饮食品品种、规格和价格的产品目录。客人则凭借菜单选择预订自己喜欢的餐饮食品。

菜单的内容因菜单的种类不同可能有所差异。通常，菜单由菜品名称、菜品份额和价格、描述性说明、推销性信息四部分组成。

在现代餐饮经营管理中，人们越来越认识到菜单的重要性。菜单不仅只是餐饮企业推销产品或宾客选购餐饮食品的凭借，还反映着餐饮企业的市场定位，表明了餐饮企业的经营方针，体现着餐饮企业的经营素质，是餐饮企业经营管理活动的总纲，影响着企业的形象和经济效益。

1. 菜单的种类

菜单的种类繁多，可供分类的标志也很多。例如，根据菜单菜式不同，可分为中餐菜单、日餐菜单、西餐菜单等；根据餐别不同，可分为早餐菜单、早茶菜单、午餐菜单、晚餐菜单、宵夜菜单；根据餐饮形式不同，可分为冷餐会菜单、自助餐菜单、宴会菜单、团体菜单、客房送餐菜单；根据菜单的成熟性不同，可分为实验性菜单和成熟性菜单等。下面介绍餐饮经营常见的菜单。

（1）零点菜单　又称点菜菜单。这是使用最广泛的一种菜单形式，可以是早餐菜单、午餐菜单和晚餐菜单，也可以是特种菜单或客房送餐菜单。它不但适用于餐馆，也适用于旅游饭店的各类正餐厅、风味餐厅、咖啡厅等，成为餐饮业中最基本的菜单。零点菜单所提供菜式品种，在菜品原料、烹调方法和价格等方面进行了合理的搭配，菜肴种类较多，价格的选择余地也较大，能够迎合不同层次宾客的需要。宾客凭借零点菜单所列出的菜品名称、规格和价格等，根据自己的需要、偏好和可能来选择菜品；餐厅提供零点服务；厨房按宾客选择的菜品进行加工烹制。

（2）套菜菜单　又称定菜菜单、公司菜单或和菜菜单。套菜菜单是以固定价格所列出的整套餐饮食品。若是西餐正餐则包括开胃品、汤、沙拉、主菜、蔬菜、甜点、饮料等一组餐饮食品；若是中餐正餐则包括冷盘、热菜、素菜、汤、点心、主食、饮料等一组餐饮食品。它们的价格是以一组整餐餐饮食品为单位，而不是以单个菜式为单位。在价格形式上，中餐套菜菜单的价格，一般是按餐饮规格和就餐人数而定。由于中式套菜菜单各套餐饮内容完全由菜单设计者事先组合好，其中可能有宾客不欢迎的菜式，宾客对菜式的选择余地比较小。因此，在套菜菜单的菜品选择上，应特别注意菜式的合理搭配。根据宾客类型不同和经营上的需要，套菜菜单可分为普通套菜单、团体套菜单、宴会菜单等。

（3）混合菜单　混合菜单是把零点菜单与套菜菜单相结合，综合了两种菜单的优点。目前，混合式菜单所提供的菜品有两种类型：其一，以套菜形式为主，同时欢迎客人再随意点菜，以零点形式单独付款；其二，以零点形式为主，主菜同时供选择零点或套菜的两种不同价格，选择套菜的宾客在选定主菜后，可以在其他各类中再选定价格控制在一定限额内的辅菜。

（4）自助餐菜单　自助餐不管客人选用多少品种和数量的食品，都按规定每位客人的固定价格收取费用，这种餐饮形式深受各方面的欢迎。对于经营者来说，菜品的品种较少，菜品制作简单，可预先批量制作，不提供桌边服务，节约劳动力，餐饮成本低，经济实惠，销售量较大。对于活动组织者来说，自助餐除迅速、经济外，它的灵活性强。由于客人不一定占用固定座位，倘若对客人数量估计不准，一般对食品供应的数量、餐厅空间和座位数影响不大。对于就餐宾客来说，不需要传统的餐桌礼仪，进行社交活动方便，自由选用所提供的食品，经济实惠、快捷。

2. 设计要求

要求餐厅对所提供食品的花色品种安排合理，能够体现目标客源对餐饮食品的要求，有利于扩大销售、提高经济效益。根据餐厅营业性质、档次的高低和接待对象的消费要求，选择菜式品种、规格及风味；各餐厅菜式品种都安排有明显区别，各具特色；食品的花色品种应与食品原料供应、厨房烹调技术、生产能力相适应；没有因菜肴花色品种安排不合理而影响客人需求和食品销售的现象。

（1）菜肴品种的数量　零点餐厅的菜肴花色品种不得少于40～50种。自助餐厅不得少于20～30种，咖啡厅不少于30～35种，套餐服务不少于5～10种；各种餐厅的菜肴数量能够适应宾客多方面的消费要求。

（2）菜肴类型和档次　各类菜单所提供的食品丰富，营养平衡；菜单的菜式品种结构合理，冷菜、热菜、面点、汤类的比例控制在5∶15∶4∶3左右，便于客人消费选择；菜单的菜式品种高中低档搭配：档次较高、质量较好的菜式品种占25%～30%；中档产品占45%～50%；档次较低、价格较便宜的占20%～25%，能够适应多层次宾客的消费要求。

（3）菜品名称　菜品名称关系客人对菜品的选购。菜品名称可以采用反映菜品原料、烹调方法或风味特点的写实性命名方法；也可以采用渲染菜品某一特征的寓意性命名方法。采用寓意性命名方法时，不要太离奇或故弄玄虚使客人难以理解。这种菜品名称必须有介绍菜品的描述性说明。

（4）菜品介绍　菜单中有些菜品应配有菜品介绍和彩色照片，以简洁的文字描述菜品的主配料、烹调方法和服务，菜品份额及风味特点；以彩色照片作为文字说明的补充，显示菜品的品质，唤起客人注意，诱导客人选择菜品。

（5）装潢设计　应突出餐厅特点，菜单程序编排科学，注意重点推销菜品的布局，装潢考究，色彩和照片诱人，印刷清楚，尺寸规范，材料选择合理，以唤起宾客的注意。从心理学的角度讲，就是“唤起注意”，这是装帧的首要要求。装帧设计者应全面考虑效果，不能仅注意装帧本身而忽视装帧设计的目的。同时起到传递信息的作用，使宾客对菜单所要展示的餐饮食品有所了解，产生兴趣，激发购买的动机。其次，造成宾客对餐饮食品的良好印象，从而激发购买欲望，或谓启发欲望。这在心理学上属于“感情”或动机的问题，也可以说是“心象”问题。增加宾客对购买这种菜肴的信心。当客人在环境幽雅的餐厅就座，接过服务员呈递过来的菜单后，客人往往认为这只是制作考究的菜谱或产品目录，事实上菜单这份精美的作品是运用心理学的一般原理所进行的专业技术设计的成果。

为了使宾客对菜单产生良好的反应，达到预期目的，装帧设计者必须认真研究宾客的思维规律。包含注意、感觉、记忆、回想、暗示等一系列的心理过程。菜单装帧设计只有符合宾客思维活动规律，才能使宾客产生良好的反应，激发意识上的反应，起到菜单的凭借作用。

四、餐饮助兴形式

我国传统的宴饮聚会，虽然以品尝美馔佳肴为主要内容，但人们似乎并不以此为满足，于是在餐饮的过程中，又开展了一系列的娱乐活动，通过这些娱乐活动来增加宴饮的愉快成分，以助饮食活动之兴。而且，随着人们经济水平的日益提高，对饮食活动中娱乐、助兴形式的追求越来越强烈。自古以来，人们发明创造了各种各样的情趣盎然的娱乐助兴形式，最主要的有歌舞、声乐、戏曲、杂技、投壶、博弈等。

1. 投壶

投壶是我国古代宴席上的一种助兴游戏，它是用酒壶当箭靶，用棘木代箭，利用手的投掷，从一定距离的地方击中壶口，进入壶内的形式。这是古代宴席上流行较广、简便易行的助兴形式之一。早在春秋战国时期，投壶就已经流行，从大规模的宴会到小型的饮酒对酌，都能见到投壶的场面。先秦时的投壶含有一定的礼仪成分，汉代以后，礼仪的意味逐渐消失，而发展成为娱乐活动。古人投壶时所用的壶是一种广口大腹，颈部细长，壶内装满豆子，带有弹性，如果投掷时用力过猛，已投进的矢也会被弹出来。投壶用的矢系木质，形直而重，一头尖，另一头平齐，其长短是根据场地的大小和壶的距离而临时选用的。投壶是先选定一名“司射”，也就是裁判，以确定投壶的距离、规则等，并在活动中出现争议时进行裁决。汉代以后，因为娱乐性为主，几乎设宴必设投壶，规则集体商议，游戏的方法和花样也逐渐增多，其技艺性也逐渐形成。相传，晋时石崇家里有一名歌伎，能隔着屏风把矢投到壶中，令饮酒者们大为惊讶。而丹阳县尹则能闭着眼睛投壶。投壶游戏发展到了明朝，其玩的花样更加翻新，同时涌现出许多以投壶技艺闻名于世的人士，从而把古老的宴饮助兴游戏推向大众民间。据《五杂俎》记载，当时仅投壶的名称就有春睡、听琴、倒插、卷帘、雁衔、芦翻、蝴蝶等30余种玩法。但进入近代，投壶一项逐渐消失。

2. 歌舞

今人到饭店、宾馆进餐，人们喜欢在进餐饮酒过程中以歌舞相伴，以增加宴席的娱乐气氛。其实，宴饮以歌舞助兴，古人早已运用。最早的席间歌舞大多是出席人的自唱自舞，或持乐器自我吹弹，这也是客人向主人表达感激之情的一种方式。

西周时，宴饮讲究礼仪，但酒酣之后，人们总是禁不住要起身跳舞。《诗经》有"宾之初筵，温温其恭……舍其坐迁，屡舞仙仙"的描述。汉魏晋各朝，席间歌舞依旧保留着先秦遗风，就是身为主帅或是帝王，也要在大庭广众之中酣醉歌舞，在席众人，往往要群声和之。从南朝宋王室开始，汉族人很少在酒席间自我起舞，尤其是在上流社会，风气趋于奢华，席间只观赏歌伎们的乐舞，懒于自身动作了。到了唐代，在唐太宗的倡导下，席间自我歌舞之风再盛，但在不久之后，又逐渐消失，至宋代，席间歌舞的场地完全被专业艺人和歌舞伎所占据。这些专门从事宴席表演的伎者大多都有深厚的声乐造诣，舞蹈歌唱均达到了专业水平。因此，席间饮酒人就是酣醉之间，也不敢登场亮相。明清以后，席间的歌舞娱乐形式逐渐增多，有一两人的小唱，有盲人的琴弦奏曲，也有众人歌舞或轮流表演等。而进入近世以来，特别是随着现代音响影像设备的日益普及，人们席间大多借助这些现代化的设备来提供歌舞娱乐。

3. 杂技

杂技古称百戏，又称杂戏，是艺人们表演的特殊技巧。他们除了在一定的场所进行专门表演外，主要还受雇于酒席，在宴饮之间表演杂技，供客人们欣赏助兴。我国的杂技技艺大约起源于春秋战国时期，到了西汉，随着中外文化的交流，西域各国的杂技艺人涌入中原，逐渐形成了具有华夏特色的百戏杂技。杂技的花样众多，汉时已有大角抵、魔术、翻筋斗、花样摔跤、跳丸、跳剑、绳技等，总称为百戏。东汉时，每当皇帝出席国宴，都要大演百戏，以示娱乐。唐朝时国家有了专门的杂技团体，用于皇家宴会，其杂技项目也越来越多。就连各州、县举行宴会，也少不了有杂技表演，以助其兴。宋代的杂技表演水平达到了更高的境界，皇家宴席往往是酒过一巡，杂技歌舞换一场演出，至宴会结束，所有的演出无重复。清朝以后，杂技艺人大多涌向街头，在公共场所卖艺为生，宴饮间的表演逐渐减少，进入近代，杂技的表演已彻底远离了宴席。

4. 戏曲

聚宴间以戏曲为助兴娱乐方式古已有之，而且历史悠久。先秦时，从事简易戏曲表演者被称为优伶，其中专管歌舞的叫倡优，从事笑谑的称为俳优，吹打器乐的是伶优。汉唐之间，席间表演的戏曲在缓慢发展，优人们表演戏曲小品，大都是模仿历史或现实中的人物，通过诙谐的动作和语言来取悦宴者，以起到助兴的作用。宋朝之际，戏曲开始突飞猛进地发展起来，勾栏院中演出杂剧，豪门宴席则演小戏唱小曲。元明以后，戏曲得到很大的发展，以故事情节为主要内容的表演形式发展起来，宴席上请专门戏曲艺人来助兴成为时尚。《金瓶梅》中的西门庆，每举行宴席，几乎都要招唱曲艺伎助兴。有些戏班子是专门到有钱人家去唱堂会的。饮酒看戏的娱乐风尚到清朝时到达高潮，普天之下，以宴饮看戏为人生第一消遣方式。这种席间娱乐方式一直延续到晚清，甚至民国时仍有流行，直到新中国成立以后，才逐渐消失。

我国宴饮的助兴方式除上面的几种外，当然还有许多，如酒令游戏等。但古代大部分助兴形式逐渐消失了，取而代之的是新的娱乐活动和助兴形式。

单元二　菜肴审美鉴赏

中国烹饪是科学、是文化、是艺术。因此，要全面充分了解中国饮食的内涵，就必须从美学的高度来对菜点进行赏析。所谓菜点欣赏就是进餐者运用美学的原理，从菜点艺术的角度对中国菜点进行的审美评价。中国菜点的审美内容从传统意义来看包括菜肴的色、香、味、形、器及菜肴的命名艺术等方面。

一、菜肴的色泽之美

菜肴在入口之前，闻香、观色是最基本的感官鉴赏过程，理想的菜肴的色质，应是悦目爽神、明丽润泽的，能给人一种美的体验和感受。现代心理学的研究成果也表明，某些颜色对人们的情绪、思想和行为确实有着一定的影响，并能引起人们的不同心理反应。因此，菜肴的颜色，对客人的饮食需要也有一定的影响，具有“先声夺人”的效应。高质量的菜肴的色泽能给人以所需要的清纯感、名贵感、高雅感、卫生感和豪华感等。如绿色的食物能给人以清新、生机之感，金黄色的食物给人以名贵、豪华感，乳白色的食物则能给人以高雅卫生的感觉，红色的食物具有喜庆、热烈、引人注目的作用。科学家们还发现，色彩与人的食欲有密切关系。如红、橙等偏暖的色调能增进人的食欲；紫红、蓝等偏冷的色调能令人减少食欲。所以，在菜肴的制作过程中，应根据不同菜肴的原料特点，配以不同的颜色。

菜肴的色泽还是衡量菜肴质量好坏的一个重要指标。许多客人往往通过视觉对菜肴进行初步判断其优劣。各种菜肴的颜色应以自然清新、适应季节变化、适合地域跨度不同、适合审美标准不同、合乎时宜、搭配和谐悦目、色彩鲜明、能给就餐者美感为佳。那些用料搭配不合理，或烹饪加工不当，成品色彩混乱，色泽不佳的菜肴，不仅表明营养方面的质量欠佳，而且，还会影响就餐者的胃口和情绪。

中国菜肴的色泽主要源自于以下几个方面：原料的自然色泽、烹饪加热形成的色泽、调料调配的色泽、色素染成的色泽等。

1. 菜肴原料本色

菜肴大多数因含有呈色物质而显出颜色，烹饪原料自身固有的颜色，是没有经过任何加工处理的自身色彩，尤其是蔬菜的颜色和水果的颜色相对较多。蔬菜中的色素和呈色前体物质主要存在于像叶绿体和其他有色体等蔬菜的细胞质包含物中，同时较少地溶解在脂肪液滴以及原生质和液泡内的水中。在植物性原料中，有叶绿素、类胡萝卜素、黄酮色素、花色苷类色素、酯类化合物和其他类色素以及单宁等。如红色的番茄、红椒、鲜肉、辣椒油等；绿色的青菜、黄瓜、青椒、菠菜；紫色的茄子、紫菜头、紫色甘蓝：黑色的木耳、黑米等，这些色彩正是菜肴原料自然美的体现。肉及肉制品的色泽主要是由肌红蛋白及其衍生物决定。今天，随着生活物质的日益丰富，人们在选择菜肴时也逐渐意识到要最大限度地保持和体现出烹饪菜肴的固有的天然色彩。

2. 菜肴加工配色

中国烹饪博大精深，在很大程度上是由于中国广博的物产决定的。所以在中国的菜肴中，很少能看到一道菜肴是由单一原料做成的。大多数的烹饪菜肴均为配合烹制，即由两种或两种以上的菜肴原料组配烹制。菜肴色彩的组配有两种形式：同类色的组配和对比色的组配。随着人们对烹饪菜肴要求越来越高，烹饪菜肴的组配也多种多样。一个烹饪佳肴，不管其滋味如何，首先要考虑原料配合的是否合理、是否彼此衬托、是否自然悦目。这种自然的本色和原料组配相协调，立足营养美味，正是中国烹饪佳肴色泽所遵循的饮食美的传统原则。

3. 有色调味品的应用

在烹饪菜肴过程中，尤其是烹饪异味重的动物性原料，一般在烹饪之前都要经过预先去味或腌制的过程，在这一过程中要使用如酱油、醋、黄酒等有色调料进行预处理。同时，也成了原料的着色过程。各种有色调味品直接调配菜肴色泽，它对菜着色的形成和转变有着直接的作用，在烹饪中应用非常广泛。如红烧类、酱爆类、爆炒类菜肴等都需要采用兑色法以一定浓度、一定比例对菜肴的颜色进行调配。常用的有色调料如酱油、红醋、沙司、酱类调料、红糟等，在菜肴制作过程中使用的各种有色调味料与原料的固有颜色与复合调味料的使用是相互影响的，它可以改变主料的基本色相而产生新的复合色，是造成复合色的主要因素。

4. 菜肴中的自然成色

烹饪自然成色，是指烹饪原料在加热过程中，没有添加任何有色的调味料，而由烹饪原料自身含有的各种成分所引起的综合反应成色。菜肴原料在加热过程中，自身含有的营养物质、呈色部分等都会在加热的条件下发生化学变化，改变其原有的组织状态和色泽。如菠菜、青菜等绿色蔬菜类原料经过焯水或加热处理，颜色可以变得更翠绿或变暗，这是因为叶绿素在瞬间的加热过程中，水解成比较稳定的、呈鲜绿色的叶绿酸盐，使绿色更绿且其在弱碱冷却条件下更为稳定。而一旦加热过度，就会破坏这一状况，色泽转而变暗。水产原料类，如青褐色的虾蟹类经过加热后，虾蟹外壳中所含的虾青素会发生变化而呈红色。有色肉类菜肴原料，如猪肉类原料中所含的主要呈色物质血红素，经过加热处理，其所含的血红素中的亚铁极易被氧化成高铁，从而失去鲜红色而变成灰白色等。

5. 菜肴调味品复合成色

中国美食不仅体现滋味的美，另外其呈色的美也是重要指标之一。中国烹饪工艺是一种复杂的调配工艺，就其添加的调味品而言，数量不亚于数十种，有的菜肴多达几十种。与此同时，烹饪中所使用的各种调味品也构筑了丰富的菜肴色彩。在烹饪过程中利用烹饪预上色变色，在烹饪过程中使用某些调料，通过加热产生一定的化学变化才能产生相应的颜色。例如著名的北京烤鸭，烤乳猪等菜肴中使用的酱油、饴糖、蜂蜜、麦芽糖、黄酒等。其用量及比例直接关系到菜肴的色感和成品质量。

二、菜肴的香气之美

菜肴的香气自古以来就是中国饮食美的一个重要鉴赏标准。有时，人们在进餐时，还未见到菜肴的形，就已闻其香，并被菜肴浓郁的芳香所吸引，大有“未见其人，已闻其香”的意境，在没有品尝佳肴之前已经得到了一种美的享受。这就是香气的艺术魅力所在。清人袁枚有《品味》诗一首。云：“平生品味似评诗，别有酸咸也不知。第一要看香色好，明珠仙霞上盘时。”说的就是这样的道理。

菜肴的香气是指食肴和饮品自身所散发飘逸出的芳香气味。人们在进餐时，首先感受到的是菜肴的香气，并通过对气味的分辨来判断菜肴质量的优劣。一般来说，菜肴的温度越高，所散发的香气就越强烈，就易于被食者所感受。因此，热制的菜肴一定要趁热食用。如吃北京烤鸭，烫热的时候，浓香馥郁，诱人食欲，如果放凉后再吃，则浓香尽失，品质就会大为逊色，从而影响食者对菜肴的审美感受，对其质量的评价自然也就不会高。

菜肴香气来源主要有两方面。一方面来源于烹饪原料自身的味。烹饪原料中含有的香气成分非常复杂，科学实验表明不少于10万种。新鲜的蔬果大多具有浓郁的清香味，如黄瓜的清香、水果香、各种花香、芹菜香、茴香的香、芝麻香等。而鳞茎类、辛辣类蔬菜具有浓郁的香辛气味，如葱香、蒜香、姜香、洋葱香等。而各种动物性原料在没有加热前，几乎闻不到香气，均有其特有的异味，“水居者腥 ，肉攫者臊，草食者膻。”这些原料中均含有成分不同复杂多样的香气前体，只有经过加热后才会产生各种香气。还有各种动、植物油特有的脂香味，如猪脂香、鸡油香、麻油香、花生油香等；各式调料特有的香气，如黄酒、酱油、醋；各种风味的酱香；各种香料如八角、桂皮、花椒、丁香、甘草香等。来源于原料自身的香气种类繁多，属于自然香气，它是生物内自身的风味酶将香气前体转化而成的。菜肴的香气另一方面来源于烹调加工过程中产生的系列香味。大多数烹饪原料在没有加热前香气都较清淡，一经烹调加工便会香气四溢，诱人食欲。加热产生香气的原理，主要是由于羰氨反应产生的众多香气：油脂的水解、氧化、分解生成酚类、低级脂肪酸物质；糖的焦化反应能生成醛、醇、酮等物质；肽、核酸、氨基酸及含氮化合物的分解与氧化反应产生的香气，如清炖鸡的香气、萝卜煨牛肉的香气、红烧肉的香气等，都是通过加热才会产生一系列的香气。辛香原料中的洋葱、大蒜、花椒等原料中的香气成分是以结合状态存在于原料中，在原料没有被切碎或压碎加热的情形下其香味较淡，一经粉碎加热，便会散发出十分浓郁的香味，加热后产生的系列香气是在烹制加热过程中香气前体分解、转化或相互间反应生成。这里所说的香气前体是指有些物质本身无气味，但它们通过各种生物化学或化学等作用转化或降解成气味物质，这些物质即称为香气的前体物质，简称香气前体。除原料自身的香气和加热生香外，还有通过微生物的作用将香气前体转化而成的香气。

三、菜肴的味道之美

菜肴的味道是指菜肴入口后，对人的口腔、舌头上的味觉系统所产生的综合作用而给人留下的感受。对于中国菜肴来说，味道是构成菜肴审美内容的核心。人们到酒店去进餐，除了为获取人体所需的营养素，还有一个重要的内容，就是品尝菜肴的美味给人们所带来的美感。因此，对中国厨师来说，调味是一种艺术活动，通过运用众多调味品的综合效果，使菜肴的味道丰富多彩，诱人食欲。追求味道美，可以说是中国菜肴的精华所在，无论是调味品的种类还是调味的手法，可以说是世界上任何一个菜肴体系无法与之相比的。“吃在广州，味在四川”，其实吃的都是味。因为四川菜有“一菜一格，百菜百味”之美誉，反映了川菜调味艺术的水平。在中国，调味理论也自成体系，诸如“有味使之出，无味使之入”“大味必淡”“适口者珍”“无物不堪食，唯在火候，善均五味”“五味调和百味香”等，都反映了中国菜肴对“味”的审美标准和重视程度。

人类对于食物味道的审美，是在对事物的选择早已摆脱了对先天本能的依赖，主要凭教养获得的后天经验，包括自然的、生理的、心理的、习俗的诸多因素，其核心则是对味的实用和审美的选择。烹饪艺术所指的味觉艺术，是指审美对象广义的味觉。广义的味觉错综复杂。人们感受的菜肴的滋味、气味，包括单纯的咸、甜、酸、苦、辛和千变万化的复合味，属化学味觉；馔肴的软硬度、黏性、弹性、凝结性及粉状、粒状、块状、片状、泡沫状等外观形态及馔肴的含水量、油性、脂性等触觉特性，属物理味觉；由人的年龄、健康、情绪、职业，以及进餐环境、色彩、音响、光线和饮食习俗而形成的对馔肴的感觉，属心理味觉。中国菜肴的味道之美，正是面对错综复杂的味感现象，运用调味物质材料，以烹饪原料和水为载体，表现味的个性，进行味的组合，并结合人们心理味觉的需要，巧妙地反映味外之味和乡情乡味，来满足人们生理的、心理的需要，展示实用与审美相结合的烹饪艺术核心的味觉艺术。烹饪技术是实现味觉艺术的手段。其主旨乃是"有味使之出，无味使之入"。

趣味链接

菜肴的质感美

菜肴的美味之外，还有一种与味觉紧密联系在一起的审美感觉，叫作质感，是指菜肴进食时给食者留在口腔触觉方面的综合感受。质感通常包括菜肴的脆、嫩、滑、软、酥、烂、硬、爽、韧、柔、富有弹性、黏着性、胶着性、糯性等属性。菜肴的质感是影响菜肴审美的一个重要内容。古代有人说吃酥脆的菜肴时所发出的响声，能在十里之外听得到。这虽然夸张，但人们在进餐时对菜肴质感美的追求，却是显而易见的。一个酥嫩爽脆恰到好处的菜肴，才能使人在进食过程中得到惬意的快感与美感，从而获得愉悦的享受。

四、菜肴的形态之美

菜肴的形是指菜肴的成形、造型。它包括菜肴原料的形态、加工处理后的形状，以及加工成熟后的形态。菜肴形态的标准，主要看它能否给进餐客人带来视觉上的审美感受。一个造型优美、富于艺术价值的菜肴，能给就餐者以美的享受。这些效果的取得，要靠菜肴加工者的艺术设计和加工制作。菜肴的造型应以快捷、饱满、流畅为主，再辅以必要的美化手法，使其达到一定的艺术效果，从而增加菜肴美的成分。

从某种意义上说，中国菜肴不仅仅是一种美味佳肴，而且还应是一件艺术佳作。各种食品原料经过厨师的艺术加工，形成优美的造型、逼真的形象和适度的色泽，就能对客人产生强烈的感官刺激，给人以视觉、味觉、嗅觉上美的享受和快感，使其增长食欲。在各种菜肴的造型上，既可利用色、形、技巧创造适宜的型体，也可利用引人遐想、趣味横生的几何图案等，都会给客人美的享受。同时也能满足客人邀请宾朋时自尊、求胜、争美的心理需要。餐桌上的造型艺术越来越丰富，饭店客人对菜肴形美的要求也越来越高，但无论怎样的造型都必须以食用为基本前提。另外，即使普通的大众点菜，也同样应讲究造型，使客人一见则喜，一见则奇，一食则悦，百吃不厌。

菜肴造型之分类方法有诸多种。其一，从狭义上来划分，可分为动物类造型、植物类造型、几何类造型、静物类造型等；从广义上来划分有各式飞禽走兽、鱼虾水产类造型，各种花草树木造型，各类果实造型，长方形、圆形、椭圆形、放射形造型等，各种花瓶、篮子、龙舟等静物造型，其种类数不胜数。其二，从菜肴的冷热程度划分，可分为冷菜造型和热菜造型。热菜造型通常分为两种，一种为普通造型，一种为艺术造型。普通造型，追求刀工精细，装盘得体，造型自然，朴素大方；艺术造型则是以神似为主，追求一种神似，如徽菜中的名菜“凤炖牡丹”，以鸡喻凤，以猪肚切片拼摆成花形作牡丹，追求的是一种神似；鲁菜中的“乌龙戏珠”，以海参作龙，以冬瓜丸喻珠也同样如此。冷菜造型相对热菜造型来说则有更大的创作空间和更高的造型要求。冷菜原料一般先烹制而后切制装配，有较多的美化菜肴的时间，能够进行精切细摆，同时也减少了破坏菜肴的可能。在造型上以形似为主，它能够以非常明确的形式将宴会的主题充分表现出来，意境突出；能够抓住宴会的主题，能够引导人们进入宴会的意境，从而渲染宴会的气氛。如婚宴上以一道“鸳鸯戏水”或者“龙凤呈祥”的冷盘来烘托气氛，渲染主题；寿宴上以一道“松鹤延年”或“鹤鹿同春”来表达人们的祝贺之意；好友相聚则以一道“岁寒三友”或“梅兰竹菊”，来表达友谊之情。它能非常直观、明了地表现出人们的良好愿望，而这些是热菜所不及的。热菜多为酥烂，细嫩之物，不利于烹后切割，更不利于细刀工的再次表现。热菜中有许多菜带有一定量的汤汁，稠黏多味，而且易受串味的制约，因此它不利于拼盘。同时热菜还受温度的影响，温度的高低直接决定着菜肴的质量，因而不能长时间拼摆堆叠造型。其三，从菜肴造型的原料品种划分，可分为单一原料造型和多样原料造型。单一原料造型如东坡肉、清蒸鱼、白切鸡等；多种原料造型如五彩鱼丝、什锦虾球、梅菜扣肉、溜核桃鸡等。其四，按造型方式划分可分为单体造型和组合造型。单体造型如炸鱼排、香酥凤翅、凤尾虾排；综合造型是经两种或两种以上原料经单独加工，然后组拼成一个造型的方法，这是菜肴造型中经常使用，也是司厨者乐用的一种方法，如龙井鲍鱼、片皮鸭、明珠甲鱼、梅菜酥排等，它具有一菜多味、多料、多色之特点。

造型在菜肴中具有非常特殊的魅力。创造形象悦目、美观大方的造型菜时，更需要遵循一定的形式法则，掌握造型的一般规律，加上娴熟高超的烹调技术，才能在菜肴之形的创造过程中得心应手，胸有成竹。虽然菜肴造型丰富多彩，但其在造型规律上却只有3种：首先是写实象形，即对自然物象如实描绘、刻画，又叫摹仿性造型，如菊花鱼、玉米鱼、布袋鸡等。其次是夸张变形，用加强的方法对物象的代表性特征加以夸张，使物象更加具有典型化，如“葵花鸭”中将葵花的果实变形夸大，既抓住了物象的主要特征，又美化了物象；冷盘“孔雀开屏”中，将孔雀的尾巴加以夸张变形处理使其更美观，更突出孔雀的主要特点和部位。再次是简化添加，简化去掉一些繁琐部分，使物象更加集中、单纯、精美；添加与之相反，在一个造型中把不同形象及各种有内在联系的形象有代表性地集中在一起，以丰富形象，增添新意，从而增强整个造型的艺术效果，如拼摆飞禽类的羽毛时，采用简化的柳叶片代表复杂的羽毛原形，使之简化、单纯；拼摆蝴蝶时添加上鲜花，拼摆鸳鸯时添加上荷花，拼摆雄鹰时，添加上蓝天或广阔的草原，做鲤鱼菜肴配上龙门等，能使菜肴更富有朝气，更富有诗意。

五、菜肴的器皿之美

传统评定中国菜肴优劣的标准，是把菜肴的盛器包括在内的，也就是说饮食器具是组成一个完整菜肴不可分割的部分。这是中国饮食文化审美的一个重要内容，其原则就是雅致与实用的统一。清代著名的文学家兼美食家袁枚在《随园食单》中说“美食不如美器”，就可以看出古人是如何把菜肴的盛器视为重要的饮食审美范畴的。菜肴的盛器之美主要表现在盛器与菜肴之间的搭配关系，如一般质量的菜肴用一般质地的器具盛放，而那些山珍海味的高档菜肴，则必须用精致讲究的器具盛装。其中，包括器具的色泽与菜肴色泽的搭配，菜肴的形态与盛器的形态相一致，器具的花纹与菜肴的色调相协调等。因为器具的美对于中国菜肴的整体美显得极其重要，因而器具的设计制作等工艺水平也得到了相应的发展，并有独特的鉴赏标准。仅以制作盛器的材料而言，就有铜、青铜、铁、锡、金、银、钢、陶、瓷、琥珀、玛瑙、琉璃、玻璃、水晶、翡翠、骨、螺、竹、木、漆器等。以陶瓷来说，要名窑名家制作为佳。在中国人的心目中，美食只有得配美器盛装，才能尽显美食的风采，才能相得益彰，给进餐带者来美的享受和艺术的熏陶。

1. 器皿质地代表的美学风格

一般来说，金质、银质象征荣华富贵；瓷器则象征高雅与华丽；紫砂、漆器象征古典与传统；玻璃、水晶象征浪漫与温馨；铁器、陶器象征粗犷与豪放；竹木、石器象征古朴与乡情；搪瓷、钢器象征清洁与卫生。

2. 菜肴与器皿的搭配审美

美食与美器的巧妙搭配，应追求器具用材、规格、花色等方面与菜肴的和谐统一，要充分考虑到器具与菜品的美学风格以及筵席主题的一致性，使其形成完美的统一体。

（1）器具的选用要与菜点的特性相融合　对不同质地的菜点，应配以不同品种的器具，视菜肴质地的干湿程度、软硬情况、汤汁多少，配以适宜的平盘、汤盘、碗等，其不仅仅是为了审美，更重要的是为了便于食用。例如，平底盘盛装爆炒菜，汤盘盛装烩制菜，椭圆盘盛装整鱼菜，深斗池盛装整只鸡鸭菜，莲花瓣海碗盛装汤菜等。再则，菜肴与器具之间在品质、规格等方面要相称，不可以品质不一，差距过大。造型菜肴选料精、做工细、成本高，身价高于普通菜，盛装器具不仅宜大、宜精，而且要成龙配套。高档酒席和名贵菜肴，要选配较高级的器具，如配一般的器具就会使酒席宴会的气氛和菜肴质量逊色，当然也不要奢华，要做到菜肴与器具和谐统一。

（2）器具的外形要与菜点的造型相匹配　中国菜品种繁多，形态各异，故器具的形状也是千姿百态。可以说，在中国，有什么样的肴馔，就有什么样的器具相配。因此，选用与菜肴适合的器具应根据菜肴的不同形状，运用“象形”“会意”的手法，以取得相得益彰的效果。例如，有的筵席为提高宴会效果，采用几何形纹饰盘。这类盘以圆形、椭圆形、多边形为主，盘中的装饰纹样多沿盘器四周均匀、对称展开，有强烈的稳定感，有一种特殊的曲线美、节奏美和对称美。选用这类器具关键要紧扣“环形图案”这一特点，使菜肴与盘饰的形式、色彩浑然一体，巧妙自然，在统一中富有变化。再有现今流行的象形盘，这类器具是在模仿自然物的基础上设计而成的，以仿植物形、动物形、器物形为主，质地上除采用瓷器、玻璃外，还采用木质、竹质、藤质，甚至贝壳等天然材料，对于这些象形盘的使用，可依菜择盘，也可因盘设菜，总的意思就是要使菜点的形状与器具的形状相匹配，创造出和谐的艺术美。

（3）器具的大小应与菜点的数量相适应　人们常说“量体裁衣”，食与器的搭配也是这个道理，菜肴的数量要和器具的大小相称，才能有美的感官效果。一般来说，菜肴的体积应占盛器容积的80%～90%为宜，平底盘、汤盘（包括鱼盘）中的凹凸线为食、器结合的“最佳线”，用盘盛菜时，以菜不漫过此线为佳；否则的话把量多的菜肴装在小盘、小碗内，菜肴势必在盛器中堆砌得很满，甚至把汤汁溢到器外，不但不美观而且有碍卫生；如果把数量少的菜肴装在大盘、大碗内，菜肴只能占其很小的位置，就会显得分量不足，除非那些需要点缀和围边的菜肴；再有，把汤汁漫至器缘的肴馔，只能给人以粗糙的印象，从而直接影响到就餐者的情绪，给食客带来不良的心情。

（4）器具的颜色纹饰要和菜肴色泽相协调　器具和菜肴的色彩组合，是相互映衬，相互烘托的，它们之间存在着调和与对比的关系，即统一色的应用和对比色的应用。目前，宾馆酒楼常用的是色彩单一，无明显图饰的单色盘，且以白色盘居多，也有少量的蓝色盘、红色盘以及透明的或磨砂玻璃盘等。这类盘子在餐桌上烘托菜肴的功能突出，有较强的感染力，常能与菜品色泽构成色彩对比，显得艳丽悦目，深受大家喜爱。比如将绿色青蔬盛在白花盘中，便会使食客产生清爽悦目的艺术效果；但是如果将绿色青蔬盛在绿色盘中，既显不出青蔬的鲜绿，又埋没了盘上的纹饰美。对于“虾子海参”“五香爆鱼”等色泽较深的菜肴选用白色的或浅色的盘碟，可以减轻菜肴的色暗程度，给人愉快的感觉；如果再用较深色的盘碟，就不会调和菜肴的色度，从而抑制人的食欲。而对于“太湖银鱼”“鸡蓉蛋”等洁白如玉的菜肴配以黄花、红花瓷等色调的盘碟，或带有色彩图案的器具，则能进一步体现菜肴的特色，给人以淡雅的色调效果，使人心情舒畅，增加食欲。因此，器具上的图案和色彩应因菜制宜，应与菜肴相辅相成，相得益彰。

（5）器具选用应满足菜肴点缀、美化的需求　现在，大多数酒店对成形的菜肴一般都要进行点缀和围边，一是可使杂乱无章的菜肴变得整齐有序；二是使菜肴与盛器本身色彩协调，衬托菜肴之气氛，使人赏心悦目。所以在给菜肴搭配器具时就要考虑菜肴的点缀、围边将采用何种形式，是全部围上，还是部分点缀，要预留位子，以便于对菜肴的美化。

总之，美食与美器合理搭配，是一门艺术性和技术性较强的学问。美食离不开美器，美器需要美食相伴，要达到美食与美器的完美组合，其内在的奥妙，还需广大烹饪工作者不断去探讨和研究。

六、菜肴的名称之美

美食给人的美感是多方面的，如果再加上一个美好动听的菜名，可以把人的美感引向新的境界。因而，中国自古以来就非常重视菜肴的命名。从宏观上来说，中国菜肴的命名以讲究典雅好听为主，所谓典雅是说菜肴的名称大多都有一定的含义或寓意，或富有质朴之美，或充满意趣之雅，或奇巧，或诙谐，各得其妙。就以菜肴的意趣之美来看，讲究的是有虚有实，有的以虚为主，有的是以实见称，也有虚实结合的，但都能起到画龙点睛的效果。记实的菜肴有的是原料加制法，如麻辣仔鸡、醋熘白菜；有的是地名加菜名，如德州扒鸡、北京烤鸭；有的是人名加菜名，如东坡肉、文思豆腐；有的是以菜肴形态命名，如灯影牛肉、蝴蝶海参。而以虚为手法的命名，实际上是把菜肴的名称艺术化，有的借助诗情画意，如白鹭上青天、黄莺穿绿柳；有的掌故翻新，如三阳开泰、春风得意；有的取其意境，如平地一声雷、佛跳墙；有的反语正说，如叫花鸡、怪味鸡；有的巧用俗语，如寿比南山、四海为家；有的妙语谐音，如恭喜发财、一团和气、百年好合等。其目的都是顺应心情心理，增加菜肴的艺术感染力，增加菜肴的美感。

微课插播

饮食审美与心理需求的关系

饮食首先是人的一种生理活动，但随着物质生活的日益提高，饮食活动就开始追求审美和情趣而发展成为一种精神活动。人们在物质享受的同时，又能够体验到精神上的欢娱。于是，在饮食活动中，人们不仅追求色、香、味、形、器俱佳的美馔佳肴，而且对幽雅和谐的饮食环境的刻意追求，也成为饮食审美的重要内容之一，在满足生理需求的同时，也满足了心理上的需求。

中国古人云：“物无定味，适口者珍”。古人之所以有“适口者珍”的经验总结，恰恰反映了人们的审美情趣是各有所异的。不同的进餐者，由于生活习惯、审美标准、心理需求、口味嗜好、身体状况、宗教信仰、地理环境等的不同影响，而形成了不同的审美需求。我国历来有“东辣西酸，南甜北咸”的说法，反映的就是这个道理。因此，饮食审美没有一定的标准，因而只有满足不同的审美需求，才是饮食审美的最高标准。

中国有句俗话，叫作“开门七件事，柴米油盐酱醋茶”，它高度地反映了饮食在人类整个生活中的重要意义。饮食与人类生活如此之密切，自然会在各个方面得到反应。对于来源于生活又高于生活的文学创作来说，是不可能不在文学作品中反映人们的饮食文化的。甚至可以说，美食佳肴、美酒香茶等，其本身就是激发文人创作的最好题材。于是，大量的以饮食为内容和反映饮食文化的文学作品应运而生，并在长期的积累中已洋洋大观，成为中国文学发展史上不可或缺的组成部分。

单元三　饮食文学欣赏

一、烹饪典籍

中国烹饪典籍是中华民族宝贵的文化遗产，也是人类文明发展史上光辉灿烂的文献宝库之一。烹饪典籍是指我国清朝以前出现的有关烹饪的著作，一般地说，烹饪典籍应是多卷或单卷本，可以独立成书。单篇的关于烹饪的文章或诗词是不能称为烹饪典籍的。某些古代笔记中间也有烹饪的内容，但这些笔记本身也不能称为烹饪典籍。

中国烹饪典籍一般可分为狭义和广义的两大类。狭义的烹饪典籍是指记述古代烹饪理论、烹饪技术、掌故及菜肴与面点制作法的著作。如《中馈录》《山家清供》《随园食单》等。广义的烹饪典籍是指与饮食烹饪有联系的一系列古代著作，如《本草纲目》《四民月令》《齐民要术》等。

中国古籍非常丰富，烹饪方面的饮馔典籍也数量可观。有些是烹饪方面的专著，也有一些散见于诗文小说、经史、杂记、随笔以及农医古籍中。从内容上看，可以分为烹饪原料、菜谱食论、食疗方剂、饮馔文艺、涉馔掌故、饮食市场六大部分。

1. 烹饪原料

烹饪原料类的典籍主要是指记录各类菜肴等食品加工时所使用的原材物料。农田作物类有宋代曾安止的《禾谱》和明代徐光启的《甘薯疏》等；茶酒类有唐代陆羽的《茶经》和宋代苏轼的《酒经》等；果蔬类有宋代陈仁如的《菌谱》和明代王世懋的《瓜蔬疏》等；畜禽类的有晋代张华的《师旷禽经注》等；水鲜类有宋代傅肱的《蟹谱》及清代陈鉴的《江南鱼鲜品》等。

2. 菜谱食论

在这方面突出的有北魏贾思勰的《齐民要术》（第63～89篇）、宋代林洪的《山家清供》、佚名的《居家必用事类全集》、宋羽的《宋氏养生部》、明代高濂的《遵生八笺》、清代袁枚的《随园食单》、顾仲的《养小录》、佚名的《调鼎集》、徐珂的《清稗类钞・饮食》、薛宝辰的《素食说略》等。

3. 食疗方剂

这类的典籍主要集中在我国传统的医学类著作中。主要的有孙思邈的《备急千金要方·食治》、昝殷的《食医心鉴》、孟诜的《食疗本草》、陈士良的《食性本草》、陈宜中的《奉亲养老新书》、忽思慧的《饮膳正要》、贾铭的《饮食须知》、李杲的《食物本草》、李时珍的《本草纲目》、王士雄的《随息居饮食谱》等。

4. 饮馔文艺

我国史籍中的饮馔文艺类书可谓比比皆是。《诗经》《楚辞》《汉赋》《唐诗》《宋词》《元曲》其中都有大量描写饮馔的篇幅。明清小说更是无一不写饮馔故事与场景的。《红楼梦》写的是官府饮食，《金瓶梅》写的是商贾饮食，《西游记》写异域饮食，《三国演义》写军旅饮食，《水浒传》则写以饮酒为主的江湖饮食，《儒林外史》写文士饮食，每每都有精彩篇章。不仅如此，诸如史上大文豪如司马相如、曹操、曹植、陶渊明、杜甫、李白、苏东坡、陆游等都有司厨体验的文章诗歌及名菜传世。他们以文学的笔法写饮食活动，以鉴赏的眼光去评价美食，使得烹饪流光溢彩。

5. 涉馔掌故

这类典籍则集中在《馔史》《幼学琼林》《古今图书集成》《清稗类钞》等书中。另外，还有一些见诸笔记、游记、杂文等史籍中，大多是有名有姓，甚至是有据可考的故事。如“望梅止渴”“莼鲈之思”“以书换鹅”“画饼充饥”等。民间流传的名菜点的轶闻趣事，也属于这一类的内容。如“东坡肉”“太爷鸡”“油炸脍”等。

6. 饮食市场

影响较大的有《酉阳杂俎》《东京梦华录》《梦粱录》《西湖老人繁胜录》《武林旧事》《都城记事》《辍耕录》《帝京景物略》《扬州画舫录》《广东新语》等。

二、诗词歌赋

中国是诗歌的故乡，是词赋的家园。历代无数的诗人词人，用自己的艺术天赋，创作了无以胜计的诗词歌赋，成为世界上保留古代文学作品，特别是诗词歌赋最多的国家之一。在这众多的诗词歌赋中，有很大一部分是描述和歌颂中国古代的饮食、烹饪内容的，形成了独具特色的中国饮食文化的精彩部分。

以赋来说，战国时屈原的《招魂》可以说是描述和记录饮食内容的开山之作，及其后，便大量涌现，以汉魏时期最盛，故有“汉赋”之称。主要有汉代张衡的《西京赋》《七辩》，傅毅的《七激》，扬雄的《蜀都赋》，枚乘的《七发》，崔骃的《七依》，晋左思的《三都赋》(蜀都、吴都、魏都)，潘岳的《字征赋》，郭璞的《蜜赋》，束皙的《饼赋》，张华的《豆羹赋》，张翰的《豆羹赋》，陆机的《七徵》，傅玄的《桑椹赋》，夏侯湛的《荠赋》，三国时曹植的《七启》，徐干的《七喻》，王粲的《七释》，南朝梁肖子范的《七诱》，唐代张颖的《形盐赋》，王冷然的《苏合山赋》，施肩吾的

《大羹赋》，宋朝苏轼的《老饕赋》《菜羹赋》《服胡麻赋》，鲍照的《园葵赋》，陈兴义的《玉延赋》，明代张嶷的《豆芽菜赋》，清蒲松龄的《煎饼赋》等。这些都是历史上很有名的篇章，它们从名字到内容都是以描写饮食烹饪为主的。

现以明朝张嶷的《豆芽菜赋》为例，来看看所写的内容。据明代史学家谈迁的《枣林杂俎》记载，朝廷为选拔贤良，考试出了一个选试豆芽菜赋的题，选试的人中，蒙城的张嶷得了第一名，并被任命为浙江道御史。《豆芽菜赋》在进行了必要的以天下奇味为内容的铺陈后，对豆芽进行了详尽的描述。云："有彼物兮，冰肌玉质。子不入于淤泥，根不资于扶植。金芽寸长，珠蕤双结，匪绿匪青，不丹不赤。宛讶白龙之须，仿佛春蚕之蛰。虽狂风疾雨，不减其芳，严露严霜，不减其实。物美而价轻，众知而易识。不劳乎椒桂之调，不资乎刍豢之汁。数致而不穷，数餐而不厌……涤清肠，漱清臆，助清吟，益清职"。用文雅生动的语言，把普通豆芽的生长、性态、形象、品格、风味等作了详尽的描述。

诗、歌、词描述饮食烹饪的，更是浩瀚无边。我国历史上的诗人们所作的诗中，几乎大多都涉及到了饮食的内容。如李白的诗十有八九不离酒，杜甫的诗中则多有饮食的描述，苏东坡的诗则写了许多烹饪的内容，而陆游写饮食烹饪的诗篇则有数百首。以歌来述颂饮食的，也为数不少，如唐李峤《长林令王象饧丝结歌》，杜甫《阌乡姜七少府设鲙戏赠长歌》，陈函辉《买油歌》，王祯《芠麦歌》等，都脍炙人口。还有大量的词作，宋词中写饮酒的尤多。花蕊夫人费氏《宫词》百首，《清宫词》百首等，则是以写饮食烹饪的内容为多。现在列举数例加以欣赏。

调味品中的花椒是古今使用量较大的一种烹饪原料，屈原《离骚》中有"杂申椒与菌桂兮"，《九歌》中有"奠桂酒兮椒浆"等句子；曹植《七启》中有"紫兰丹椒，施和必节"；左思《蜀都赋》中有"或蕃丹椒"等句。明僧宗林有《花椒》诗一首，云："欣欣向口向西风，喷出玄珠颗颗同。采处倒含秋露白，晒时娇映夕阳红。调浆美著骚经上，涂壁香凝汉殿中。"唐朝的王维有《椒园》五言绝句，写到："桂尊迎帝子，杜若赠佳人，椒浆奠瑶席，欲下云中君。"裴迪也有名为《椒园》的五言绝句，云："丹刺罥人衣，芳香留过客。幸堪调鼎用，愿君垂采摘。"当然，还可以举出更多的例子来，像杜甫、白居易、李贺、孟浩然等都写过歌颂花椒的诗句。

又有葵菜，在古代是很受人们重视的一种园植蔬菜，曾被列为"百菜之首"，现在四川等地仍为常食之品。历史描述葵菜的诗赋有很多。宋朝的鲍照在《园葵赋》中仅用了300余字，就把葵菜的种植、生长、采撷、烹饪、食用及在当时的地位作了生动的描述。如赋中写葵菜的烹饪时说："女妪归桑，拂比苇席，炊彼穄粱，秋壶援醢，曲瓢卷浆，乃羹乃瀹，堆鼎盈筐，甘旨蒨脆，柔滑芬芳。消淋逐水，润胃调肠"。晋陆机有《园葵》五言古诗二首，唐白居易有《烹葵》诗云："昨卧不夕食，今起乃朝饥。贫厨何所有，炊稻烹秋葵"。还可以举出许多，如李白、杜甫、苏轼、陆游等都有关于烹葵食葵的诗句。

豆腐自古至今，都是人们常食的大宗食品，因而历代文人也为此留下了大量的描写豆腐的诗词文赋。最有名的是宋代朱熹的《豆腐》诗，说："种豆豆苗稀，力竭心已苦。早知淮南术，安坐获泉布"。苏轼也有"烂蒸鹅鸭乃瓠壶，煮豆作乳脂为酥"。明代孙大雅的《豆腐》诗云："淮南信佳士，思仙筑高台。人老变童颜，鸿宝枕中开。异方营齐味，数度见琦瑰。作羹传世人，令我忆蓬莱。如荤厌葱韭，此物乃成才。戎菽来南山，清漪浣浮埃。转身一旋磨，流膏入盆罍。大釜气浮浮，小眼汤洄洄。顷当晴浪翻，坐见雪花皑。青盐化液卤，绛蜡窜烟煤。霍霍磨昆吾，白玉大片裁。烹煎适吾口，不畏老齿摧。蒸豚亦何为，人乳圣所哀。万钱同一饱，斯言匪俳句"。而尤自芳《咏菽乳》八绝，把豆腐、豆浆、豆皮、豆花、豆腐干、腐乳、豆汁、豆渣都分别描述了一番。当然，其他人写豆腐的诗文还有许多，不尽列举。

通过上面对花椒、葵菜、豆腐三种食物的部分诗词歌赋的介绍，足可见我国古代有关饮食烹饪的诗词歌赋之一斑。由熊四智主编的《中国饮食诗文大典》收录的自先秦至清末的诗词歌赋近2000首（篇）之多。

三、饮馔语言

饮馔语言一般包括两个方面，一是烹饪饮食行业的专业用语，二是指与烹饪饮食活动内容有关所形成的生活、文学等方面的语言。

各行各业有自己的行话行语，饮食烹饪也不例外，用于这方面的专业语言不仅内容丰富，而且自成体系。烹饪饮食专业语言大概包括酒店名称、经营词语、烹饪加工技术用语等。以店名为例，仅酒店之名，自古以来就有无数称谓，如食店、饭店、饭庄、饭馆、饭铺、馆子、酒家、酒楼、酒肆、酒馆等。如果再按不同的饮食店来分，又有许多分类的叫法，如大荤铺、二荤铺、食堂、便饭铺、面店、饺子馆、糕团店、豆花馆、面馆、小吃店、小吃部、小食馆、冷面屋、饼屋、小面摊、食担、茶室、茶社、茶楼、茶居等。这一类词语的流行范围几乎是整个社会。经营词语也是饮馔语言中的一大类，不过它的流行范围较之饮食店名称要小一些，主要适应于酒店内部及和顾客交流时使用。如开始营业叫"开堂"，营业的高峰期叫"涌堂"，顾客座满叫"盈堂"，营业期内顾客人数少叫"冷堂"，服务员重复顾客点的饭菜叫"喊堂"或"鸣堂"等。属于烹饪技术的词语，据不完全统计，大约有3000余条。这些烹饪专业技术用语不仅反映出了烹饪行业本身的特点，也同时反映出中国烹饪工艺的复杂性，它的本身就是中国饮食文化的一部分。烹饪专业技术术语一般可分为原料加工、烹制、调味等内容。原料加工术语相对来说数量较少一点，但有些专业性特强，如把猪脑称为"天花""脑乳"，猪舌称为"口条""龙舌"，羊心称为"安南台""七孔灵台"等。烹饪制法术语约有300余条，如调味汁就有麻汁、豆汁、豉汁、糖醋汁、番茄汁、冰糖汁、姜、煎封汁、西汁等20余种。除此而外，菜肴的名称在运用时也有一些特别的借用词语，如以数量词命名的就有一品、双冬、二冬、双脆、三元、三鲜、三白、三丝、四宝、四喜、五福、五彩、五柳、六合、六宝、七星、七彩、八宝、八仙、九色、十锦、十景、百花、百鸟、千金等。另外有运用各种吉祥动物的名字或部位，如龙眼、凤眼、凤翅、凤尾、麒麟、鸳鸯、蝴蝶等；有用植物的花、叶、果实的，如芙蓉、佛手、菊花等；也有用名贵材料的，如玛瑙、水晶、金银、珊瑚等。

与烹饪饮食活动内容有关所形成的生活、文学等方面的语言，涉及社会的各个方面，形式也是多种多样的。一般包括成语、歇后语、俗语谚语等。这些特殊语言的形成无不与饮食烹饪有关。其实，在现实的生活中，人们一开口说话，也往往是离不开谈吃谈喝，久之或借意或谐音，便成为固定的表达方式，还有一些是事出饮食典故，流传下来，就成为成语。例如常见的成语就有数百条，如丰衣足食、节衣缩食、饥不择食、发愤忘食、饱食终日、食前方丈、食不甘味、食不厌精、食古不化、嗟来之食等，都是直接用食或以食为比喻的成语。再如饮水思源、饮食男女、饮鸩止渴、粗茶淡饭、饭来张口、茶余饭后、一饭千金等，则是以饮和饭为比喻的成语。

以饮食烹饪为内容或为借喻的歇后语也是数量众多，这些歇后语大都是广大人民群众在生活中的经验积累而形成的。例如：

小葱拌豆腐—— 一清二白。

茶壶煮饺子——有嘴倒不出。

腊月喝冷水——滴滴在心头。

猪八戒吃人参果——食而不知其味。

哑巴吃黄连——有苦说不出。

歇后语在日常生活中的使用频率之高也是其他语言所不及的。

另外，俗语、谚语中与饮食烹饪内容结合而构成的用语更是比比皆是。仅以“吃”构成的俗语就不计其数。如“吃不了兜着走”“吃什么饭的”“吃亏”“吃皇粮”“吃手艺饭”“靠山吃山，靠水吃水”“吃大锅饭”“一招鲜，吃遍天”“干什么吃的”“吃干饭的”“吃小亏占大便宜”“吃醋”“吃香”“吃苦”“吃不消”“吃得开”“吃里爬外”“不吃那一套”“吃透精神”“吃人不吐骨头”“吃软饭”“白吃”等。这样的一些流行在广大人民群众生活的常用俗语、谚语、俚语等，都是与饮食烹饪内容联系在一起的。有些看上去，简直是不可思议的，但大家听了都心知肚明，而且生动活泼，有时一大堆复杂的道理，一句简单的俗语就可表达得清清楚楚。因而它们又有很强的生命力，并且也起到了丰富祖国语言的作用。

社会课堂

黄山中国徽菜博物馆

中国徽菜博物馆于2018年1月开馆，坐落在徽菜的发源地安徽省黄山市。该馆共4层，6大展区，展示内容包括徽菜的起源与发展、徽菜的特色、千滋百味的徽菜、名人名菜、名店与名厨以及徽菜的创新与未来等。中国徽菜博物馆按照传承徽菜文化、展现地域环境与食材、丰富徽食体验的总体思路，设有徽菜文化展陈区、生态食材走廊区、宴席文化展陈区、臭鳜鱼主题馆区、即食体验经营区五大主题区，并且通过大型投影、数字媒体、文物展陈、情境展陈、文化展陈的传统与现代相结合手法，来体现历史感、现代感及艺术感；在构思、造型、艺术上进行突破，反映现代人的思想感情和审美意识。作为国内首座徽菜博物馆，通过以徽菜产品为核心的“展示＋体验”及线上线下互联网模式，将徽菜文化和徽州文化、旅游结合起来，成为一个展示、弘扬和传播徽菜文化的新平台，与徽州文化广场、城市展示馆互补，形成参观、交流、体验、消费等完整的文化旅游产业链，开启以徽菜产品为核心的文化展示与美食体验的全新模式。

■ 模块小结

本模块介绍了中国饮食审美的意义与审美内容。中国饮食审美是一个复杂的审美过程，它包括饮食环境的美化、菜点本身的美感及由此形成的饮食文学等内容。环境的美化既有餐厅布置、桌面布置、菜单设计的物质层面，又有以增进愉快气氛的助兴娱乐形式；菜点本身的美感则包括菜肴的色、香、味、形、器及名称在内的审美范畴。饮食文学的欣赏则是由饮食的物质层面上升为精神层面的产物，它既是饮食生活的艺术反映，也是人们饮食生活的升华。

【延伸阅读】

1. 陈光新. 中国筵席大典［M］. 青岛：青岛出版社，1995.
2. 杨铭铎. 饮食美学及其餐饮产品创新［M］. 北京：科学出版社，2007.
3. 苏志平. 烹饪美学［M］. 北京：中国劳动社会保障出版社，2001.

【讨论与应用】

一、讨论题

1. 进餐环境影响进餐的情绪吗？
2. 菜点审美的内容包括哪些方面？
3. 饮食审美的原因是什么？
4. 饮食文学包括哪些方面？

二、应用题

1．请你设计一下，婚礼宴席应营造什么样的环境氛围？

2．尝试列出几个寓意祝寿题材的菜名，介绍给你的客人。

3．饮食审美是以什么为前提产生的？它是一种什么样的活动？

4．一桌宴席有10位客人同时进餐，但他们对同一种菜肴的评价却不相同。有的客人说A菜肴的口味太咸了，有的人则认为A菜肴的口味太淡。人们对相同的菜点的审美结果为什么会不同呢？

附录：食馔类、酒茶类国家级非物质文化遗产名录

我国是历史悠久的文明古国，拥有丰富多彩的文化遗产。非物质文化遗产是文化遗产的重要组成部分，是我国历史的见证和中华文化的重要载体，蕴含着中华民族特有的精神价值、思维方式、想象力和文化意识，体现着中华民族的生命力和创造力。保护和利用好非物质文化遗产，对于继承和发扬民族优秀文化传统、增进民族团结和维护国家统一、增强民族自信心和凝聚力、促进社会主义精神文明建设都具有重要而深远的意义。国家级非物质文化遗产名录，是经中华人民共和国国务院批准，由文化部确定并公布的非物质文化遗产名录。为使中国的非物质文化遗产保护工作规范化，国务院发布《关于加强文化遗产保护的通知》，并制定“国家 + 省 + 市 + 县”共4级保护体系，要求各地方和各有关部门贯彻“保护为主、抢救第一、合理利用、传承发展”的工作方针，切实做好非物质文化遗产的保护、管理和合理利用工作。

国家级非物质文化遗产是由中华人民共和国文化部组织相关专家进行评审，由中华人民共和国国务院批准公布。2006年批准命名了第一批国家级非物质文化遗产名录，截至2017年年底，我国已经正式进行了四批国家级非物质文化遗产项目的评审，批准公布了4批1372个国家级代表性项目，包含3154个子项。在公布的国家级非物质文化遗产名录中，食馔类、酒茶类占据了相当的数量，下面所列举的名单是根据国家非物质文化遗产中心公布的食馔类和酒茶类名录。

第一批名录

茅台酒酿制技艺，贵州省

泸州老窖酒酿制技艺，四川省泸州市

杏花村汾酒酿制技艺，山西省汾阳市

绍兴黄酒酿制技艺，浙江省绍兴市

清徐老陈醋酿制技艺，山西省清徐县

镇江恒顺香醋酿制技艺，江苏省镇江市

武夷岩茶（大红袍）制作技艺，福建省武夷山市

自贡井盐深钻汲制技艺，四川省自贡市、大英县

凉茶，广东省文化厅

第二批名录

绿茶制作技艺：西湖龙井，浙江省杭州市

婺州举岩，金华市

黄山毛峰，安徽省黄山市徽州区

太平猴魁，黄山区

六安瓜片，六安市裕安区

红茶制作技艺（祁门红茶制作技艺），安徽省祁门县

乌龙茶制作技艺（铁观音制作技艺），福建省安溪县

普洱茶制作技艺：贡茶制作技艺，云南省宁洱县

大益茶制作技艺，勐海县

黑茶制作技艺：千两茶制作技艺，湖南省安化县

茯砖茶制作技艺，益阳市

南路边茶制作技艺，四川省雅安市

晒盐技艺：海盐晒制技艺，浙江省象山县、海南省儋州市

井盐晒制技艺，西藏自治区芒康县

酱油酿造技艺（钱万隆酱油酿造技艺），上海市浦东新区

豆瓣传统制作技艺（郫县豆瓣传统制作技艺），四川省郫县

豆豉酿制技艺（永川豆豉酿制技艺、潼川豆豉酿制技艺），重庆市、四川省三台县

腐乳酿造技艺（王致和腐乳酿造技艺），北京市海淀区

酱菜制作技艺（六必居酱菜制作技艺），北京六必居食品有限公司

榨菜传统制作技艺（涪陵榨菜传统制作技艺），重庆市涪陵区

传统面食制作技艺（龙须拉面和刀削面制作技艺、抿尖面和猫耳朵制作技艺），山西省

茶点制作技艺（富春茶点制作技艺），江苏省

周村烧饼制作技艺，山东省

月饼传统制作技艺，山西省、广东省

素食制作技艺（功德林素食制作技艺），上海市

同盛祥牛羊肉泡馍制作技艺，陕西省

火腿制作技艺（金华火腿腌制技艺），浙江省

烤鸭技艺（全聚德挂炉烤鸭技艺、便宜坊焖炉烤鸭技艺），北京市

牛羊肉烹制技艺：（东来顺涮羊肉制作技艺、鸿宾楼全羊席制作技艺、月盛斋酱烧牛羊肉制作技艺、北京烤肉制作技艺），北京市

冠云平遥牛肉传统加工技艺，山西省

烤全羊技艺，内蒙古自治区

天福号酱肘子制作技艺，北京市

六味斋酱肉传统制作技艺，山西省

都一处烧麦制作技艺，北京市

聚春园佛跳墙制作技艺，福建省

真不同洛阳水席制作技艺，河南省

第三批名录

白茶制作技艺（福鼎白茶制作技艺），福建省福鼎市

仿膳（清廷御膳）制作技艺，北京市

直隶官府菜烹饪技艺，河北省

孔府菜烹饪技艺，山东省

五芳斋粽子制作技艺，浙江省

第四批名录

奶制品制作技艺（察干伊德），内蒙古自治区正蓝旗

辽菜传统烹饪技艺，辽宁省沈阳市

泡菜制作技艺（朝鲜族泡菜制作技艺），吉林省延吉市

老汤精配制，黑龙江省哈尔滨市阿城区

上海本帮菜肴传统烹饪技艺，上海市黄浦区

传统制糖技艺（义乌红糖制作技艺），浙江省义乌市

豆腐传统制作技艺，安徽省淮南市、寿县

德州扒鸡制作技艺，山东省德州市

龙口粉丝传统制作技艺，山东省招远市

蒙自过桥米线制作技艺，云南省蒙自市

参考文献

1. 华国梁，马健鹰，赵建民. 中国饮食文化[M]. 大连：东北财经大学出版社，2002.
2. 黄剑，鲁永超. 中外饮食民俗［M］. 北京：科学出版社，2010.
3. 张海林. 中国烹饪学基础纲要［M］. 郑州：中州古籍出版社，2006.
4. 路新国. 中国饮食保健学［M］. 北京：中国轻工业出版社，2001.
5. 于干千. 旅游食品营养与卫生［M］. 昆明：云南大学出版社，1999.
6. 汪福宝，庄华峰. 中国饮食文化辞典［M］. 合肥：安徽人民出版社，1994.
7. 高启东. 中国烹调大全［M］. 哈尔滨：黑龙江科技出版社，1990.
8. 周文柏. 中国礼仪大辞典［M］. 北京：中国人民大学出版社，1992.
9. 陆永庆，崔晓林. 现代旅游礼仪［M］. 青岛：青岛出版社，2000.
10. 颜其香. 中国少数民族饮食文化荟萃［M］. 北京：商务印书馆，2001.
11. 赵荣光，谢定源. 饮食文化概论［M］. 北京：中国轻工业出版社，2000.
12. 王景海. 中华礼仪全书［M］. 长春：长春出版社，1992.
13. 国家旅游局人事劳动教育司. 中国烹饪概论［M］. 北京：中国旅游出版社，1996.
14. 熊四智. 中国烹饪学概论［M］. 成都：四川科学技术出版社，1988.
15. 张起钧. 烹调原理［M］. 北京：中国商业出版社，1999.
16. 陶文台. 中国烹饪概论［M］. 北京：中国商业出版社，1988.
17. 马波. 现代旅游文化学. 青岛：青岛出版社，1998.
18. 梅方. 中国饮食文化·原理·艺术［M］. 北京：中国建材工业出版社，1997.
19. 王子辉. 中国饮食文化研究［M］. 西安：陕西人民出版社，1997.
20. 马宏伟. 中国饮食文化［M］. 呼和浩特：内蒙古人民出版社，1997.
21. 赵一山，罗莉. 点菜的门道［M］. 北京：中国轻工业出版社，2007.
22. 中国营养学会. 中国居民膳食指南［M］. 北京：人民卫生出版社，2016.